普通高等教育“十一五”国家级规划教材

城市规划管理信息系统

（第二版）

孙毅中　李爱勤　周　岚　叶　斌　编著

科学出版社

北京

内 容 简 介

本书基于城市规划信息化建设的实践，紧扣当前城市规划信息化建设的需求和热点，系统地阐述了数字规划平台的业务分析、设计与开发方法。重点讨论了基于地理信息公共服务平台的数字规划的技术体系、构建方法及其应用，不仅对基础地理信息、规划编制、规划实施、动态监测、三维景观、阳光权力、公众参与和知识规则等几个重要的数字规划平台组成部分进行了详细的分析、建模和设计，而且给出了相应实例，还阐述了基于地理信息公共服务平台的数字规划的总体框架、功能服务、数据服务、业务流程设计与实现。

本书可作为地理信息系统、城市规划、土木工程、计算机信息系统等专业本科生和研究生的教材，也可供从事城市规划与管理、地理信息系统设计与开发、相关应用软件开发等工作的人员参考。

图书在版编目(CIP)数据

城市规划管理信息系统/孙毅中等编著. —2版. —北京：科学出版社，2011.2

普通高等教育“十一五”国家级规划教材

ISBN 978-7-03-030044-7

Ⅰ.①城… Ⅱ.①孙… Ⅲ.①城市规划-城市管理-管理信息系统-高等学校-教材 Ⅳ.①TU984-39

中国版本图书馆CIP数据核字(2011)第009481号

责任编辑：杨 红 赵 冰 / 责任校对：桂伟利

责任印制：徐晓晨 / 封面设计：耕者设计工作室

科 学 出 版 社出版

北京东黄城根北街16号

邮政编码：100717

http://www.sciencep.com

北京中石油彩色印刷有限责任公司 印刷

科学出版社发行 各地新华书店经销

*

2004年7月第 一 版 开本：B5(720×1000)

2011年2月第 二 版 印张：20

2019年7月第六次印刷 字数：400 000

定价：59.00元

(如有印装质量问题，我社负责调换)

第二版前言

我国城市规划行业的信息技术应用起步于20世纪80年代后期，其以常州、洛阳和沙市三个中等城市利用世界银行贷款开展城市规划管理信息系统的建设为标志。经过20多年的发展，城市规划行业已经成为我国GIS应用最有影响、发展最为快速、取得实际成果最多的行业之一。尤其是GIS的应用为城市的规划与管理提供了快捷有效的信息获取手段和分析方法，提供了新的规划管理技术、新的规划方案表现形式、新的公众参与形式和公众监督机制。

随着新的《中华人民共和国城乡规划法》(以下简称《城乡规划法》)的实施和信息技术的快速发展，人们对城乡规划管理及其方法和手段提出了更高的要求。数字规划的提出以及在一些城市的尝试，为城乡规划要素、规划资料、规划过程、规划管理、规划成果的数字化和可视化奠定了基础，这将使城乡规划决策更加科学、管理更加高效、政务更加公开、权力更加“阳光”、展示更加直观。

为加快我国城乡规划行业信息化专业队伍的培养，推进数字规划进程，编者结合从事城市规划信息化建设的研究、开发、成果和经验，紧扣当前城市规划信息化建设的需求和热点，在参阅了有关论著、期刊文献的基础上编写成本书，并在近两年的本科和研究生教学过程中得以修改完善。

本书共9章，第1章介绍了城乡规划及其信息化的基本概念及城市规划信息化的发展现状、存在问题及发展趋势等；第2章阐述了城市规划信息化的需求调查、分析、表达与方法等；第3章介绍了开展城市规划信息化的前期制度建设、技术准备和标准制定等；第4章以数字规划平台为例，讨论了数字规划总体框架设计，尤其是体系、系统、数据库和功能设计等；第5章介绍了基础地理信息系统的业务模型、数据服务、功能服务和开发实现，包括综合管线信息系统、城市三维景观系统和城市地质信息系统；第6章介绍了规划编制管理信息系统的业务模型、数据服务、功能服务和开发实现，包括规划编制管理和规划编制成果管理系统；第7章介绍了规划实施管理信息系统的业务流程、数据服务、功能服务和开发实现，包括“一书三证”审批系统、数字报建系统和规划网站；第8章介绍了规划动态监测信息系统的业务模型、数据服务、功能服务和开发实现；第9章介绍了基于知识与规则的城市规划系统，包括城市规划知识与规则的获取、表达、建模、解析与应用。

孙毅中主要编写第1章、第2章、第4章、第5章部分章节；李爱勤主要编写第3章、第4章、第6章、第7章部分章节；周岚主要编写第2章、第6章、第8章部分章节；叶斌主要编写第3章、第6章、第7章部分章节；江丽钧主要编写第6章、第9

章部分章节；樊星主要编写第 2 章部分章节；姚驰主要编写第 3 章、第 6 章、第 9 章部分章节；谈晓珊主要编写第 2 章、第 5 章、第 8 章部分章节；申淑娟主要编写第 1 章、第 6 章、第 8 章部分章节。本书参考了“南京市‘数字规划’信息平台”研发需求报告、设计文档、技术总结报告等有关内容，南京市规划局陈乃栋、王芙蓉、谢士杰、赵蕾、张弨、王辉、包考国、祁金年、崔蓓等一批同志参加了该项工作；成骅、薛晓蕾、赵晓琴、侯旭东、徐文祥、胡平昌参加了书中实例部分的研发工作。全书由孙毅中、李爱勤统稿、定稿。

在本书的撰写过程中，始终得到南京师范大学虚拟地理环境教育部重点实验室、南京市规划局、浙江省测绘与地理信息局的领导和同事们的大力支持，本书正是上述三家单位的一些研究工作、研究成果和建设实例的提炼与总结，也包含了丽水市建设局与实验室共同承担的数字规划和地理信息共享平台建设的成果。在此一并表示感谢。

由于数字规划的研究和建设处于初步尝试阶段，编者还缺乏足够的经验，书中不足之处在所难免，恳请专家学者与读者批评指正。

编　者

2010 年 6 月

第一版前言

当前，我们正处在科学技术飞速发展、社会经济突飞猛进的历史时代。城市建设一日千里，这对城市规划管理观念、方法和手段提出了新的更高要求。通过现代科学技术手段尤其是信息化手段改进城市规划管理，提高城市规划水平已成为历史的必然。在此大背景下，城市规划管理信息系统这门学科应运而生了。

我国城市规划管理行业的信息技术应用起步于20世纪80年代后期，其以常州、洛阳和沙市三个中等城市利用世界银行贷款进行城市规划管理信息系统的建设为标志。经过近15年的发展，城市规划管理行业已经成为我国GIS应用最有影响、发展速度最快、取得实际成果最多的行业。GIS的应用为城市规划管理提供了快捷有效的信息获取手段、信息分析方法，提供了新的规划管理技术、新的规划方案表现形式、新的公众参与形式和公众监督机制。

当前，城市规划管理行业信息化建设的重点主要是两个方面：城市规划管理信息系统（urban planning management information system，UPMIS）和城市综合管线信息系统的建设。

本书共9章，重点介绍了城市规划信息系统建设的理论、技术、方法和应用，并简要介绍了城市综合管线管理信息系统建设的技术与方法。第一章绪论，介绍城市规划管理的概念与内容、城市规划管理信息系统的特点、发展现状、存在问题及发展趋势等；第二章城市规划管理信息系统分析，介绍城市规划管理信息系统的需求调查、分析、表达与方法、城市规划管理业务分析与模型建立等；第三章城市规划管理信息系统设计，介绍城市规划管理信息系统的结构、功能、界面、环境和安全设计等；第四章城市规划管理信息系统空间数据库设计，介绍城市规划管理信息系统的数据库设计的特点、方法、步骤、空间数据库的概念设计和逻辑设计、空间数据的分类与编码、空间数据的存储与组织等；第五章城市规划管理信息系统文档数据库设计，介绍城市规划管理信息系统流转控制数据表、工作流控制数据表、业务审批表、视图设计、存储过程设计等；第六章城市规划管理信息系统开发、集成与测试，介绍城市规划管理信息系统的编程、测试、集成、实现和项目管理等；第七章城市规划管理信息系统运行、维护与管理，介绍城市规划管理信息系统运行、维护、维护队伍建设、数据更新及人员培训等；第八章城市规划管理信息系统开发建设实例，介绍常州市城市规划管理信息建设的全过程；第九章城市综合管线信息系统建设，介绍城市综合管线信息系统的特点、功能与应用等。

为加快我国城市规划行业信息化专业队伍的培养，推进UPMIS的应用，本书

作者在多年从事该领域的研究与开发、工作成果和经验的基础上，参阅了有关论著、期刊文献，并同相关专家、学者交流之后，编写了本教材，同时在近两年的本科教学试用过程中对其进行修改完善。孙毅中主要编写第一章 1.3～1.5 节和第九章，参加第二章、第三章、第四章、第六章、第八章部分章节编写。张鑑主要编写第一章 1.1 节、1.2 节和第七章。周晟主要编写第四章和第一章，参加第二章、第五章、第六章、第七章、第九章部分章节编写。缪瀚深主要编写第二章。严荣华主要编写第三章，参加了第四章部分章节编写。王卫国主要编写第五章、参加第八章部分章节编写。苏乐平编写第六章和参加第三章、第四章、第七章部分章节编写。潘伯鸣编写第四章 4.3 节、第九章 9.3 节。厉绪东编写第八章 8.5 节。赵建华编写第六章 6.6 节。最后由孙毅中统稿定稿。

在全书的撰写工作中，始终得到了闾国年教授、盛业华教授的指导和帮助，他们从本书体系结构的确定、章节的安排、相关资料的提供，到最后的统稿和定稿都付出了大量的劳动。

在研究与写作过程中，得到了江苏省建设厅副厅长张泉高级规划师、常州市规划局局长张东海高级规划师、常州市武进区副区长陈虎博士、常州市规划局总工程师顾春平等各位领导的指导与支持。国家基础地理信息中心陈军教授、蒋捷博士、许礼林高级工程师、王发良高级工程师为常州市规划国土局图文办公系统建设所做的开拓性工作，为后来多个规划管理信息系统开发与建设奠定了坚实基础。常州市国土局信息中心主任周国锋高级工程师、常州市城市规划管理信息中心陈宁刚高级工程师、黄鹏华工程师均参加了多个规划图文办公系统的开发与建设，在此一并表示感谢。

本书涉及的一些研究工作和研究成果主要来自于常州市城市规划管理信息中心与南京师范大学地理信息科学江苏省重点实验室承担和参与的常州市城市规划管理信息系统、拉萨市规划管理信息系统、淮安市规划管理信息系统、宜兴市规划管理信息系统、金坛市规划管理信息系统、常州市基础地理信息系统、常州市综合管线信息系统、丽水市规划管理信息系统以及丽水市综合管线信息系统的成果。

本书涉及的一些研究工作也得到了广州城市信息研究所王宁总经理、宋振宇副总经理、樊星经理，上海数慧系统技术有限公司曹健总经理、苏乐平副总经理和北京吉威数据软件开发有限公司李贵现副总经理、崔云峰经理的大力支持。本书部分内容引用了他们的研究与产品成果，特别是引用了广州城市信息研究所的部分开发技术文档，谨此表示衷心感谢。

常州市城市规划管理信息中心李清、李洁两位女士承担了部分插图的绘制，黄鹏华工程师承担了部分文字的录入工作，常州市国土管理局办公室副主任刘明江工程师和原常州市规划设计院副总工程师孙洪寿高级工程师对书稿进行了文字校对工作，在此向他们表示诚挚的感谢。

由于全面系统地对城市规划管理行业的GIS应用研究还是初步的，作者还缺乏足够的经验，不足之处在所难免，恳请专家学者与读者批评指正。

编著者
2003年12月

目　　录

第1章　绪　　论

1.1　城乡规划与规划信息化

1.1.1　城乡规划

1. 城乡规划概念

城乡规划是指对一定时期内城市的经济和社会发展、土地利用、空间布局以及各项建设的综合部署、具体安排和实施管理。城乡规划包括城镇体系规划、城市规划、镇规划、乡规划和村庄规划。城市规划、镇规划分为总体规划和详细规划(图1.1),其中详细规划包含控制性详细规划和修建性详细规划两个阶段。

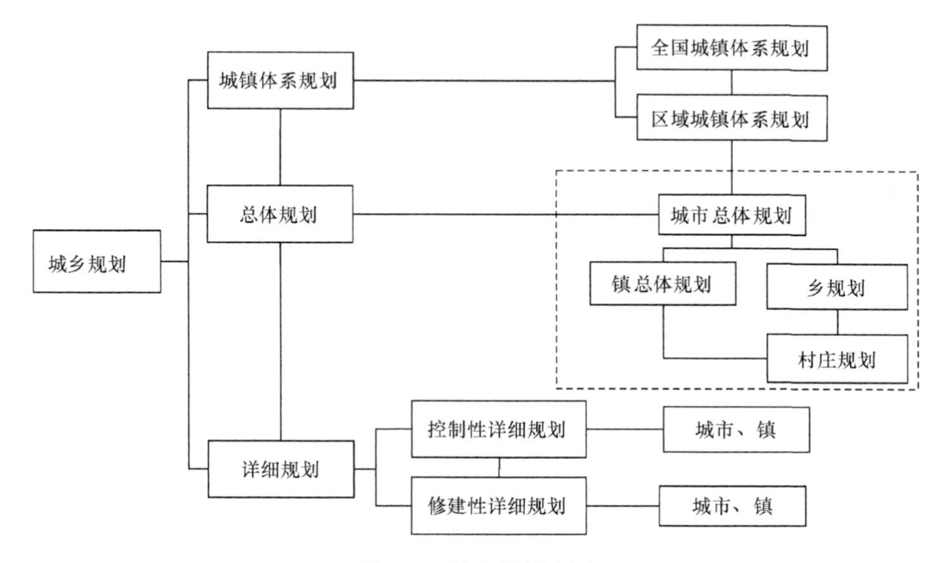

图1.1　城乡规划内涵

城镇体系规划是指一定地域范围内,以区域生产力合理分布和城镇职能分工为依据,确定不同人口规模等级和职能分工的城镇的分布和发展规划。它的主要任务是主导城市空间结构调整,指导区域性基础设施配置,引导生产要素流动和集聚。重点是制定城市化和城市发展战略,为政府引导区域城镇发展提供宏观调控的依据和手段,共分为四个层次,即全国、省域、市域、县域规划。

城市规划是为实现一定时期内城市的经济和社会发展目标,确定城市性质、规

模和发展方向，合理利用土地，对城市空间布局和各项建设的综合部署和全面安排。

镇规划是在县市域城镇体系规划的指导下，综合研究和确定镇性质、规模和空间发展形态，统筹安排镇各项建设用地，合理配置镇各项基础设施，处理好远期发展与近期建设的关系，指导镇的合理发展。

乡规划、村庄规划的内容包括：规划区范围，住宅、道路、供水、排水、供电、垃圾收集、畜禽养殖场所等农村生产、生活服务设施、公益事业等各项建设的用地布局、建设要求，以及对耕地等自然资源和历史文化遗产保护、防灾减灾等的具体安排。乡规划还应当包括本行政区域内的村庄发展布局。

城市总体规划、镇总体规划的内容包括：城市、镇的发展布局，功能分区，用地布局，综合交通体系，禁止、限制和适宜建设的地域范围，各类专项规划等。而规划区范围、规划区内建设用地规模、基础设施和公共服务设施用地、水源地和水系、基本农田和绿化用地、环境保护、自然与历史文化遗产保护以及防灾减灾等内容是城市总体规划、镇总体规划的强制性内容。城市总体规划、镇总体规划的规划期限一般为 20 年。城市总体规划还应当对城市更长远的发展做出预测性安排。

详细规划是以总体规划为依据，详细规定建设用地的各项控制指标和其他规划管理要求，或直接对建设做出具体的安排和规划设计，分为控制性详细规划和修建性详细规划。控制性详细规划是以总体规划或分区规划为依据，细分地块并规定其使用性质、各项控制指标和其他规划管理要求，强化规划的控制功能，指导修建性详细规划的编制。修建性详细规划是在当前或近期拟开发建设地段，以满足修建需要为目的而进行的规划设计，包括总平面布置、空间组织和环境设计、道路系统和工程管线规划设计等。

2. 城乡规划体系

我国城乡规划体系包括三个方面的内容：城乡规划法律法规体系、城乡规划行政体系、城乡规划工作体系（图 1.2）。在遵守规划法规体系的前提下，在行政体系的支撑下，规划编制、实施和监督管理构成了完整的城乡规划工作体系。在这个体系中，法规是依据，行政是主体，而规划编制、实施和监督管理是面向客体（服务对象）的管理过程。

城乡规划法律法规体系包括法律、法规、规章、规范性文件、标准规范，根源于宪法，属于特别行政法，包括主干法及其从属法规、专项法和相关法。主干法确定城乡规划工作的基本架构，如国家的《城乡规划法》和地方的《城乡规划条例》；主干法的实施需要制定相应的从属法规，如《城乡规划管理技术规定》。专项法是针对城乡规划中特定议题的立法，如《城市历史建筑和街区保护条例》；相关法是城乡规划涉及的社会各方面的法律法规。其中《城乡规划法》是这个领域的最高法律和核

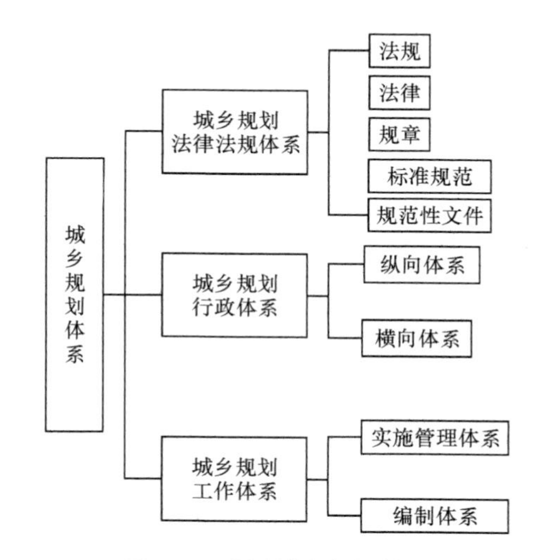

图1.2 我国城乡规划体系

心法，其他行政规章和地方法规是它的配套与完善(图1.3)。各省市依据《城乡规划法》，结合地方具体条件制定地方性的“城乡规划法实施办法”或“城乡规划条例”；加之多项城乡规划“技术标准”和“技术规范”的公布，国务院、住房和城乡建设

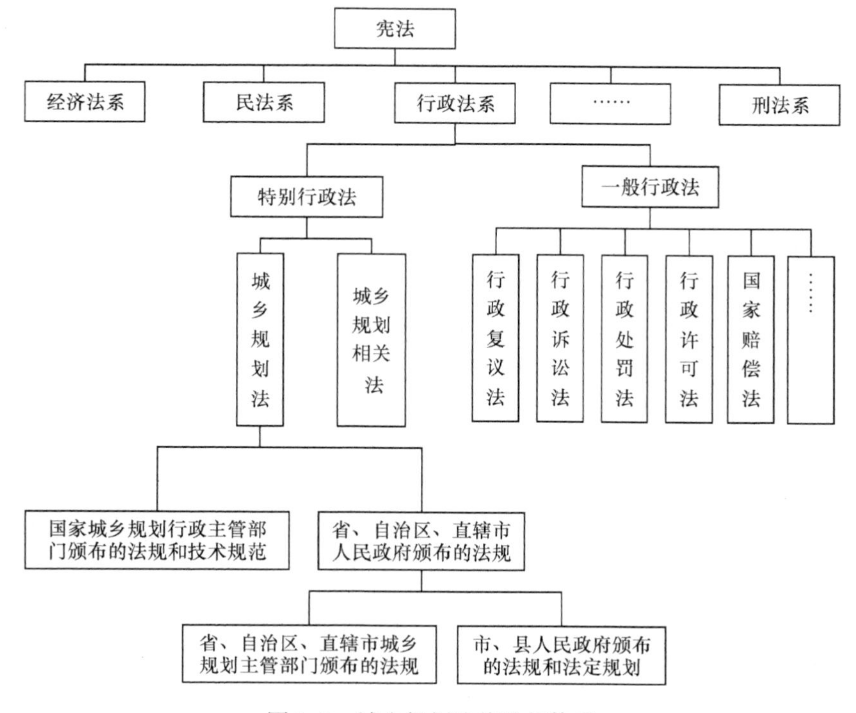

图1.3 城乡规划法律法规体系

部等制定的《村庄和集镇规划管理建设条例》、《城乡规划编制办法》、《城镇体系规划编制审批办法》等多部配套法律法规的出台，使得城乡规划的法制框架更加完善，城市建设和规划“有法可依”的局面基本形成。

城乡规划行政体系按照部门等级可划分为城乡规划行政的纵向体系、城乡规划行政的横向体系。城乡规划行政的纵向体系是指由不同层级的城乡规划行政主管部门组成，包括国家城乡规划行政主管部门，省、自治区、直辖市城乡规划行政主管部门以及城乡的规划行政主管部门。它们分别依法对各自行政辖区的城乡规划工作进行管理。上级城乡规划行政主管部门对下级城乡规划行政主管部门进行业务指导和监督。城乡规划行政的横向体系指城乡规划行政主管部门是各级政府的组成部门，对同级政府负责。城乡规划行政主管部门与本级政府的其他部门一起，共同代表本级政府的立场，执行共同的政策，发挥在某一领域的管理职能。它们之间的相互作用关系应当是相互协同的，在决策之前进行信息互通与协商，并在决策之后共同执行，从而成为一个整体发挥作用。

城乡规划行政体系按照分管内容又分为城乡规划的编制和审批两个方面。我国实行城乡规划编制和审批的分级管理体制。县以上各级人民政府是负责组织城乡规划编制的行政管理部门。编制城乡规划一般分为总体规划和详细规划两个阶段。根据实际需要，大、中城市在总体规划的基础上可以编制分区规划。详细规划分为控制性详细规划和修建性详细规划。直辖市的城市总体规划由直辖市人民政府报国务院审批；省和自治区人民政府所在地城市、城市人口在100万以上的城市以及国务院指定的其他城市的总体规划，由省、自治区人民政府审查同意后，报国务院审批；其他城市的总体规划和县级人民政府所在地镇的总体规划，报省、自治区、直辖市人民政府审批，其中市管辖的县级人民政府所在地镇的总体规划，报市人民政府审批。分区规划和详细规划一般由市人民政府城乡规划行政主管部门审批。县级人民政府所在地镇的城乡规划由县级人民政府负责组织编制。

城乡规划工作体系包括城乡规划的编制体系、城乡规划的实施管理体系（城乡规划的实施组织、建设项目的规划管理、城乡规划实施的监督检查），可分为规划研究、规划编制、规划管理和规划实施监察四个部分。规划研究即城市和区域的发展战略研究，根据城市经济、社会发展目标，确定城市发展目标以及城市性质、规模和发展方向，确定城市规划区范围和城市发展的重大工程建设项目。规划编制分为总体规划（包括大、中城市的分区规划）和详细规划两个主要阶段。各个层面的区域城镇体系规划为城市总体规划提供依据，而修建性详细规划只作为特定情况下的开发控制依据，如建设计划已经落实的重要地区。规划管理是指对城乡规划的组织与编制、规划的实施和实施后的监督检查等进行管理。城乡规划实施管理是围绕规划选址、用地审批和建设审批的全过程展开的，具体落实在“一书三证”，即“规划选址意见书”、“规划用地许可证”、“建设工程规划许可证”和“村镇规划许可

证”的审批执行上。规划实施监察贯穿于城乡规划实施的全过程，是城乡规划实施管理工作的重要组成部分，具体包括建设活动监督检查、行政监督检查、立法机构监督检查和社会监督。建设活动的监督检查内容有建设申报条件、建设用地复检、施工前验线、施工过程现场检查和竣工验收；行政监督检查主要是各级人民政府及规划主管部门对管辖范围内的城乡规划实施情况、规划管理执法情况和内部人员执法情况进行定期和不定期的监督检查，以及时发现问题并予以纠正；立法机构的监督检查是指有关部门对城市总体规划进行审查指正，并定期或不定期地对城乡规划进展情况进行检查督促，促进其改正和完善。

1.1.2 城市规划信息化

1.《城乡规划法》的新要求

2008年1月1日起执行的《城乡规划法》将“城市规划”改为“城乡规划”。虽然只有一字之差，但调整的对象即从城市走向城乡，强调资源保护，侧重规划的实施和监督，避免再出现“规划规划，纸上画画，墙上挂挂”的现象；强调公众参与和社会监督，完善了对违章建筑的处理机制，并把对城乡规划主管部门自身工作的约束摆到重要位置。在城市化快速发展阶段，规划只有充满弹性，才能动态地适应城市的快速变化。新的《城乡规划法》打破了原有的城市二元结构，将规划制定、实施、修改和监督检查等各项工作以城市为中心扩展到城乡一体化，其覆盖的业务范围和地理位置都有很大的扩展，要求更为规范、更为严格。国家鼓励采用先进的科学技术，增强城乡规划的科学性，提高城乡规划实施及监督管理的效能，同时，城乡规划行业与各行业间的信息交换和共享逐年增加，这意味着在新法的指引下，规划信息化面临着新的机遇和挑战。规划的管理制度、管理手段、管理方式都将不断地调整、完善和优化，如何更好地应对城乡规划在广度和深度上的变化，如何适应规划管理体制改革、规划管理模式的变动、管理程序的调整，如何使规划管理更加科学化、公开化，这些都是规划部门运用新技术、新方法和新手段，特别是信息化技术的支撑。

信息技术对城乡规划的影响表现在对城乡规划所需信息的采集、分析、处理和利用方面，更为重要的是它改变了城乡规划内部信息流程及其与社会的信息交流与反馈机制，进而对城乡规划的管理体制产生深远的影响。

2. 城市规划信息化

计算机于20世纪60年代开始进入城市规划领域，相关理论的发展也为城市规划提供了新的手段和技术平台，规划信息化由此拉开序幕。80年代以后，随着网络技术和GIS技术的迅速发展，规划管理部门开始应用GIS技术建立城市规划信息系统。目前，城市规划行业已成为信息技术开展应用最早、技术种类最多、构

建难度最大、普及程度最高、发展速度最快的行业，率先全面实现了城市规划设计、审批管理、实施监督等主要工作环节人机互动作业的信息化工作方式变革。全国200多个城市建设了城市空间信息基础设施系统；全国近1000个城市规划设计院全面采用地理信息系统、计算机辅助设计等手段，实现规划基础数据管理数字化、规划设计网络化、方案展示虚拟化；全国近300个城市建设了以工作流技术为核心的城市规划管理信息系统；全国首批20个城市和178个国家级风景名胜区建设了基于“3S”技术（遥感技术、地理信息系统和全球定位系统的统称）的规划实施遥感监测系统。

3. 城市规划信息化体系

若从城市规划体系的角度来看待规划信息化体系，则其将以一个“大系统”呈现出来，其中包括“规划编制与审批子系统”、“规划实施管理子系统”和“规划监督检查子系统”，如图1.4所示。

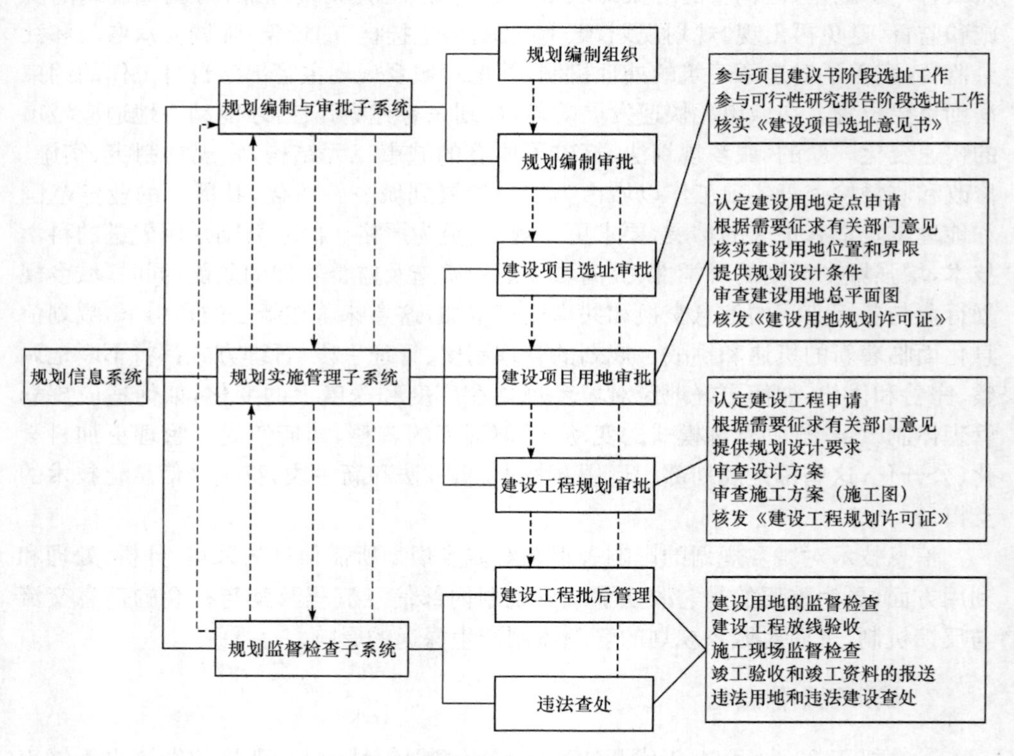

图1.4 规划信息化的“大系统”

从图1.4可以看出，规划信息系统中各个子系统相互影响、相互促进，互为一体：规划编制与审批的结果会影响规划实施管理，规划实施管理的结果会影响规划

监督检查，而规划监督检查的结果将反过来影响规划实施管理和规划编制。每个子系统之下的各个业务之间也有类似的关联性存在。

信息化体系由标准体系、数据体系、技术体系、应用体系、安全体系、软硬件基础设施等构成。规划全过程的信息化需要从数据层面、应用层面、政策法规、标准规范、共享机制和动态更新维护机制等各个层面来加以保障。覆盖规划全过程的规划信息化体系可归纳为图1.5。

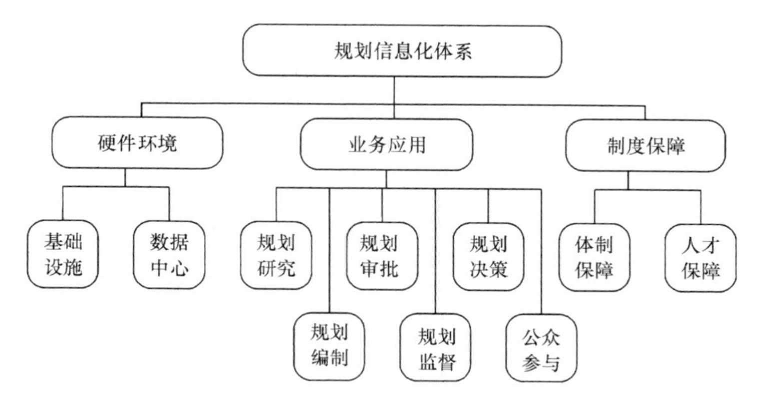

图1.5　覆盖规划全过程的信息化体系

1）基础设施

需要有强大的服务器作为数据和各类应用的载体，需要为每位业务人员配备相应的台式计算机，需要有相应的存储设备、打印绘图输出设备、安全设备以及带宽高、安全可靠的网络设施等的支持。

2）数据中心

包括法律法规文档数据、基础地形数据、市政综合管线数据、各类规划编制成果数据（含规划控制数据）、规划实施管理业务数据、行政公文数据、档案数据等。数据库的建设需要信息标准规范的保障，因此还必须开展相应的信息标准规范研究制定工作。

3）业务应用

包括规划编制、规划审批、规划监督、规划研究、规划决策、公众参与等全过程的各类业务应用系统。

4）保障措施

包括信息化队伍的建设、各类应用人员的培训、安全保障制度的建设、共建共享机制的形成、数据更新和应用系统维护机制等。

无论从城市规划体系的角度，还是从信息化体系的角度，城市规划体系是规划信息化的出发点，也是其最终的归宿。

1.2 城市规划信息化发展历程

1.2.1 国外发展现状

计算机于20世纪60年代开始进入城市规划领域，相关理论的发展也为信息处理提供了平台。80年代，英国部分规划管理部门开始应用GIS技术建立城市规划信息系统。1995年的调查显示，64%的地方政府已经拥有或正在实现GIS/AM（自动制图）系统。2000年的调查进一步证实了城市规划信息系统不断普及，超过90%的地方政府机构正拥有或正在实现GIS。其用途集中在制图和规划申请审批上。美国弗吉尼亚州Fairfax县政府的GIS中，规划管理信息系统是重要的一部分，规划管理部门通过此系统可以方便地查询、调用规划信息和城市其他相关信息以辅助规划管理决策。同时，城市发展变化的各类新信息又通过各个部门进入GIS。城市规划地理信息系统充分地发挥了其强大的空间及相关属性信息的管理和展示功能。城市规划信息化在国外的应用典型有以下几个方面。

1. GIS和高分辨率遥感结合

遥感探测范围大、可随时更新、成图速度快、收集资料方便等特点使其一出现就受到社会的广泛关注。新一代传感器和多传感器平台的研制使得遥感图像的空间分辨率、光谱分辨率及时相分辨率指标均有了进一步的提高，也使得遥感能满足城市规划领域对数据的要求，广泛应用于城市规划的城市空间信息现状分析、城市变化监测和规划实施监督领域。例如，美国斯科特戴尔市利用高分辨率遥感获得该市的三维数字地图、植被分类分布图、精确的洪泛区预测模型、建筑物变化分析及水资源管理数据等；法国利用TM影像监测南特市大气质量；美国利用高空间分辨率遥感数据为公共交通运输系统的分析和空间建模提供支持。

2. GIS与万维网技术结合

在GIS软件领域，已经开始了基于互联网的数据共享、应用共享，这大大减轻了数据采集、转换、传递、技术服务、软件安装、升级、分发等工作量，促进了GIS的推广、普及。多媒体技术与互联网相结合是最近几年的新发展，它对城市规划也有很大影响。将视频、图像、遥感影像、航空照片、声音等多种媒体文件与GIS结合起来，可帮助规划人员和决策者更全面地了解所面临的问题。伊利诺伊大学在芝加哥Pilsent社区规划和城市设计中，引入Nasar的公众城市的思想，应用GIS和万维网（world wide web，WWW）技术在网上调查居民对自己社区未来的设想以辅助规划决策。一个有关社区基本情况的可视化的城市规划信息系统在Internet上建成，居民的意见进入GIS数据库后规划人员可方便地查阅、汇总分析，并生成

居民构想图辅助规划;同时,汇总信息和规划设想又实时向公众发布。

3. 城市专业模型植入

城市模型研究始于20世纪初期,是城市规划从定性化走上定量化的标志。把某些专业模块植入城市规划信息系统中以加强其分析和提高实际应用的能力。其思路为把GIS作为一种数据库工具,对具体规划问题的解决要运用专业知识,结合传统经典理论、模型和新技术,有针对性地选择最优的系统模型,并配以GIS强大的空间数据库提供空间及属性信息,同时运用GIS空间展示功能形象、直观地表现分析结果,以提高规划工作的效率和精度。例如,荷兰利用GIS软件以及元胞自动机(cellular automata,CA)方法,将空间划分为大量微小的单元,各单元之间按照一组转换规则相互作用,从而模拟土地利用等因素随时间而发生在空间上的变化,建立一个动态模拟模型,对荷兰某地区的土地利用性质的未来发展变化进行了模拟预测;瑞典将城市规划信息系统用于规划道路选线,使用基于栅格的GIS软件,在设计的前期阶段对不同方案的经济、社会与环境效益与影响进行综合评价,确定优化方案。目前世界上使用的典型的城市模型有:1985年美国Stephen H. Putman开发的基于空间相互作用的DRAM/EMPSAL模型;1990年英国Eschenique开发完成的MEPLAN模型;1990年委内瑞拉Barra开发的基于空间输入输出的TRANUS模型;1994年美国加利福尼亚大学Landis开发的基于GIS的CUF模型;1996年美国华盛顿大学城市仿真和政策分析中心开发的基于微观仿真的UrbanSim模型;1995年David Simmonds顾问机构开发的DELTA模型等。

4. 空间信息可视化和景观仿真

城市规划中的空间信息可视化主要用于景观仿真。长期以来,平面图、剖面图、透视图以及实体模型一直是城市规划中空间信息可视化的基本方法。20世纪60年代末,开始了利用计算机表达图形的研究,由此产生了计算机图形、图像处理技术,也带来了城市规划领域中可视化表达技术的革命。细致、真实地反映城市现实和规划远景的三维可视化技术逐渐成为规划人追求的热点。目前发展最快的三维可视化技术是虚拟现实技术(VR)和增强现实技术(AR),以期实现实时三维图形产生、多传感器交互、高分辨率显示,能让操作者随时改变视角、位置、路线,观察由计算机产生的城市环境,使人沉浸在虚拟的显示环境中,并与它发生交互作用。AR技术允许参与者看见现实环境中的物体和环境,同时又把虚拟物体图形叠加到真实的物体和环境中。在城市规划中采用AR技术,将拟建的建筑物三维模型合成到真实的城市环境中,用户就可以根据视觉效果对规划方案进行直观视觉评价和分析。

5. 地球模拟器

1999年,日本宇宙开发事业团、日本原子能研究所以及海洋科学技术中心开始共同开发地球模拟器。地球模拟器是矢量型超级计算机,用于预测及解析整个地球的大气环流预测、全球变暖预测、地壳变动等。地球模拟器的出现给规划人提供了一种崭新的技术手段——构建地理模拟系统。城市规划因其行业的性质,方案的科学性只能在若干年后出现结果时才能得到验证。因此,方案中错误的细节往往会造成巨大的损失和资源的浪费。但由于城市是一个典型的动态空间复杂系统,发展变化又受到自然、社会、经济、文化、政治、法律等多种因素的影响,因而其行为过程具有高度的复杂性。过去规划人们只能根据现有的数据经过GIS、统计等系统的简单分析结合现有的经验制定长远的规划方案,这样的方案缺乏实验性的依据。由元胞自动机和多智能体(multi-agent)组成地理模拟系统,使实时模拟城市环境复杂系统的时空动态变化特征成为可能。CA和多智能体系统具有强大的复杂系统模拟的能力。CA与多智能体的结合将有助于对一系列城市环境复杂系统的模拟和规划,成为探索和分析地理现象的格局、过程、演变及知识发现的有效工具。利用地理模拟系统技术,包括CA和多智能体,可以对复杂的城市系统进行模拟及调控实验,为城市规划提供辅助决策依据。通过在CA中嵌入合理的规划目标,可以对复杂的城市系统进行模拟及调控实验,为城市规划提供辅助决策依据。

6. Google Earth

Google Earth(简称GE)是Google公司于2005年6月推出的免费卫星影像浏览软件。它以高分辨率的卫星影像为基础数据,集成了诸如餐饮、银行网点、购物中心、电影院、学校、医院、便利店等多达44种与生活密切相关的分类信息。GE有如下特点:地理信息直观,强劲的三维引擎和超高速率的数据压缩传输,多源影像数据和完整的分类数据库支撑,影像和矢量数据来源多样化并且突出重点,紧密结合搜索引擎,提供便捷、免费的通用服务。GE的发展使利用GE平台,通过整合城市道路、建筑物及各种矢量地图资料,构建一个虚拟环境,进行虚拟环境游览、规划信息的查询、分析等工作变得简单,减轻了大量数据的采集整理工作。目前规划设计成果多采用二维平面信息来反映多维信息,这样存在着许多缺陷。在Google Earth平台中建立三维虚拟环境,并在三维基础上进行规划审批,可以更加直观与全面。通过全方位自由控制场景,人机交互,在漫游的同时,规划方案设计中的缺陷能够轻易地呈现出来,从而减少由于事先规划不周全而造成的无法挽回的损失与遗憾,大大提高规划设计审批的效率。Google Earth基于位置服务的功能、免费的遥感影像数据、三维建筑物实现无缝建模、不同数据格式的转换、地形与地物融

合、海量数据导入、成果发布的数据格式简单化、网络共享性,都为其在构建虚拟城市的应用中提供了一个很好的平台。将其引入到虚拟城市构建中,降低了其应用和开发的门槛,有助于地理信息的迅速普及和发展,带给规划行业崭新的理念。

7. 城市规划管理

城市地理信息系统(UGIS)在城市规划、建设与管理的实际工作中取得了显著效益,成为重要的城市管理工具。美国、日本、澳大利亚等许多国家在城市规划、市政工程、交通设施、公共服务、动态监测等方面都广泛地应用了UGIS。美国华盛顿特区采用34个城市信息子系统进行城市动态管理,例如,交通子系统能定时发布交通状况信息、导向车辆运行,这是GIS用于城市交通管理的成功范例。1988年,法国巴黎市政府开始建设城市信息系统,城市地籍和地下管线管理的GIS主要用于协调城市规划和管理部门的工作。20世纪80年代初,泰国曼谷市政府泰国电话局、曼谷市供电局和供水局建立了一个合作机构,为未来基础设施发展而共同建设UGIS,完成覆盖曼谷市20km^{2}地区的试验项目。该项目的建成有效地提高了地下管网的管理水平,有助于减轻曼谷市的交通阻塞、控制洪流,为开发者和投资者提供土地信息服务。

经过30多年的迅猛发展,目前发达国家已将规划信息化作为城市现代化的标志与重要基础设施之一,用于城市动态管理和规划发展,并将它作为对城市重大问题和突发性事件进行科学决策的现代化手段。

1.2.2 国内发展现状

我国规划信息化从20世纪80年代开始真正起步,当时基本处于探索试验阶段。90年代后,随着信息技术(information technology,IT)的迅速发展和计算机的普及,一些城市纷纷加大了对信息化的资金和技术投入。经过近30年的发展,规划信息化取得了长足的进步。许多城市已经建立起了切实可用的各类信息系统,应用水平也得到了很大的提高。信息化对于规划行业的规范化、科学化,提高规划编制研究、规划实施管理和规划执法监察等各项工作的效率以及规划决策管理水平等,都起到了非常重要的推动作用,为城市的全面数字化规划管理积累了丰富的经验和技术,产生了非常明显的社会经济效益。我国的规划信息化过程大致可以划分为以下三个阶段。

1. 探索和应用新技术阶段

我国规划信息化的启发和开端是以遥感应用为先导的:1980年在天津和1983年在京津渤地区对如何利用遥感影像辅助规划进行了有益的探索,即由地质矿产部、城市建设环境保护部、北京市政府合作开展了“北京航空遥感综合调查”应用项

目(代号“8301”工程)。“8301”工程的成果引人注目,许多城市相继跟进,都收到良好的应用效果。随之出现了北京市规划设计研究院与北京大学合作开发的应用软件 PURSIS,应用在县域规划。武汉测绘科技大学和湖北省规划院在黄石、襄樊两市总体规划编制中应用遥感和计算机技术也取得了良好的效果。同济大学和苏州合作研制的“苏州城市建设信息系统”是国内规划同行研制和应用城市信息系统的先行者。同济大学与上海建设部门制定了《上海城市建设信息系统发展(十年)规划》,更为兄弟城市树立了有目标、有计划地进行信息化建设的示范。为建设空间信息系统,北京市规划设计研究院设立了“地理编码系统”的课题。重庆建筑工程学院昆明分院则为图形数据管理系统的研制做了大量工作。贵州省规划院和黔西县城建局合作开展计算机技术在城镇规划建设和管理方面的应用,都收到了良好的效果。

1989 年,利用世界银行贷款,我国正式在常州、洛阳和沙市三个中等城市进行城市规划管理信息系统的研究探索和建设。同期,利用 ESRI 公司赠送的 PC ArcInfo 软件,中国城市规划设计研究院在十堰市开展了城市地理信息系统的应用尝试,以 PC ArcInfo-Coverage 为数据模型,建立起了该市约 $10km^2$ 中心城区的基础地形图库和规划成果图形库以及相应的地理信息应用系统,对该市城市总体规划的编制起到了积极的辅助作用。

20 世纪 90 年代后,信息技术发展迅速,随着国民经济建设和城市化进程的加快,特别在经济特区和东南沿海城市,对 UGIS 的需求出现了一股热潮,加大了资金和技术投入。深圳、海口、广州、厦门等城市的 UGIS 建设进入了城市规划编制、规划管理空间数据大规模建库和业务应用阶段。这一阶段信息系统的建设以 GIS 技术为中心,集成简单的办公自动化(OA)技术,属于比较经典的 GIS 应用。借助于 UGIS 这一先进技术,对城市规划空间信息的建库、查询、制图、分析、更新等都起到了积极作用,并对土地、环保、房产管理等部门产生了有效的辐射作用。可以说,通过在规划行业引入 GIS 技术,在城市问题的分析评价与科学决策等方面,都产生了非常明显的社会效益和经济效益。

在这一时期,信息化先行城市通过建立基础地理信息数据库、规划编制成果数据库和地下管网数据库等空间或非空间数据库,实现了城市空间信息资源的计算机管理。在信息查询、检索和图形输出等方面,比传统工作有了很大的提高。

2. 建设规划数据库、规划管理办公自动化阶段

20 世纪 90 年代中后期,许多城市认识到采用 UGIS 和 MIS 技术实现规划信息化具有明显的局限性,难以达到信息资源结合规划业务充分应用和动态更新的目的,于是在规划信息化工作中开始大力采用 OA 技术。

这个阶段引入了工作流技术,使用工作流来描述建设项目的规划审批流程。

同时，把信息化需求分解成相对稳定和易发生变化的两个部分。相对稳定的部分一般指规划领域内的公共知识，如图纸审核方法、资料查询检索和数据分析方法等；易发生变化的部分包括工作流程、操作界面和表单、组织机构及人员的调整等。对相对稳定的部分采用公共组件来实现，对易发生变化部分采用定制手段来实现，然后通过工作流把组件和定制部分连接起来，形成一个完整的办公自动化系统。

这一时期，随着OA技术的引入及其与UGIS技术的结合，大大推进了规划业务的办公自动化水平，支持了规划业务的动态特性，提高了规划业务运行的效率和准确性，扩大了规划服务的范围，提高了规划动态模拟、实时监测与调控管理的能力。通过建立办公自动化系统，许多城市的规划信息化取得了实实在在的进步和应用效果，大大增强了对规划信息化建设的信心和发展憧憬。

值得一提的是，在这一阶段由于新技术应用的成功，许多城市进一步认识到也可以应用计算机技术对地下管线进行普查和管理，纷纷投入开发。1996年前后，随着地下管线管理信息系统的开发和推广，城市最基础的地下设施实现了现代化数字管理，大大丰富了城市规划管理信息化的内容。

3. 结合IT主流技术，可持续发展的全面规划信息化阶段

进入21世纪以来，随着城市化进程加快，对城市规划、建设和管理的网格化和动态调控的需求日益增加。地理信息系统(GIS)、遥感系统(RS)、全球定位系统(GPS)等“3S”技术和网络技术、数据库技术、知识管理技术等多种IT技术互相融合，已初步形成一体化的应用开发和集成框架，促使各类信息资源共建共享和应用系统充分整合，这是规划信息化发展进程中面临的重大机遇。规划信息化越来越表现出起步于UGIS而又高于UGIS，逐步向IT主流技术靠拢的发展趋势。

2002年11月27日，国内著名的IT咨询机构计世资讯(CCW Research)主办的“中国软件平台产业发展战略研讨会”上，与会者达成一个共识：软件平台正引领国内软件业发生一场变革，一个新的软件平台产业正在悄然而迅速地形成。应用软件平台是在J2EE、.NET或SOA软件基础架构平台的基础之上的全新平台。与其他管理应用软件系统的一个重要区别在于：它本身不是一个可立即交付用户使用的软件产品或半成品，但系统实施人员、合作伙伴或第三方很容易在此平台基础之上快速构建出最终的应用软件产品。

在新的历史时期，以基础平台为核心，开发一体化的集成框架，实现业务应用的快速建模和随需应变，集成GIS、OA、MIS、CAD、知识管理、商业智能(business intelligence，BI)等各门类的IT技术，在广泛采用IT工业标准的前提下，使用以扩展标记语言(extend makeup language，XML)表示的元数据对系统进行描述和集成，为用户提供各种量身制作的服务，已成为新一代规划信息系统开发的主流方法和实施手段。

由此可见，在这个阶段，规划信息化除了满足规划局自身的信息化需求外，将在城市的可持续发展、公众信息服务、城市动态监测管理、辅助决策、经济社会发展和宏观调控等方面都产生重大影响。

我国规划信息化三个阶段的技术环境和特征可以简单概括为如表 1.1 所示。

表 1.1　我国规划信息化三阶段技术环境和特征

编号	技术	第一代(1986～1997 年)	第二代(1998～2007 年)	第三代(2008 年至今)
1	计算机	PC机、局域网络、C/S、关系型数据库为主	C/S与B/S并存、对象-关系型数据库、工作流引擎技术	C/S与B/S混合、面向对象数据库、可定制工作流引擎
2	GIS	桌面 GIS、制图、可视化弱、二维 GIS为主	制图、表现力加强、Web GIS、国产GIS	GIS 制图、分析、可视化强、互操作、Web GIS、三维 GIS、视频 GIS
3	CAD 与 GIS 结合	分离	相互融合、CAD 引入数据库、拓扑等概念	CAD 与 GIS 数据互操作，数据转换和编辑一致性
4	基础数据获取	传统测绘、数字化、扫描数字化	数字测绘为主、“3S”集成、高分辨率遥感影像、数码航摄、LIDAR、像素工厂、车载三维数据采集	GPS＋Sensor＋LIDAR＋数码航摄一体化数据获取方式
5	规划设计	图板设计为主、CAD 软件尝试辅助设计	基本甩掉图板、依靠 CAD 辅助设计	CAD 和 GIS 软件进行二维、三维规划图设计
6	规划管理	业务登记、查询；文字处理、制表打证、CAD 计算机制图、GIS 专题图制作	业务流程规范化、图文一体化、C/S为主，B/S 信息发布、数字报建、规划公示、政务公开	“协同规划管理模式”、制度化、标准化、B/S 为主、C/S 辅助
7	标准化	传统图式的复制和延伸、标准化滞后	突破传统图式限制、标准化工作依然滞后	规划成果数据等标准已在行业实施
8	制度化	缺乏信息化相关制度保障、管理的程序性、规范性差	技术模仿管理模式、一些流程管理程序和规范、信息化管理模式尚未建立	规范业务流程、完善技术标准、建立数据使用制度
9	资源整合	数字化和管理水平低	数字化程度提高、整合不够	集成各类系统和数据资源
10	集成性	否	各子系统独立且无关联、集成性较差	数据集中管理、分布式使用、系统关联
11	流程管理	否	串行式工作流引擎	并行式工作流引擎协同办公

1.2.3　面临的主要问题

鉴于规划行业的发展现状以及计算机、遥感等技术水平的限制，我国在城市规划信息化进程中将会遇到以下几个问题。

1. 系统间整合不够

由于现有各系统开发和建立时间、牵头部门、研制单位等的不同，以及各系统建设时技术、软硬件条件的差异，现有各系统在构架、平台以及数据库等方面都存在较大差异，系统间呈现相对独立的状况，存在数据交换不方便、多身份重复登录等缺陷。随着信息化工作的深入，已有系统逐渐暴露出一些弊病，系统与系统之间条块分割，很难做到信息的完全共享，产生了若干个信息孤岛，而规划行业在其进行时时刻需要调用各阶段、各方面的数据，如此的软件架构隔断了数据的流转途径，给规划工作的进行带来了障碍。且各系统彼此独立，采用的构建方法差异较大，给日常维护工作造成不便。

2. 系统覆盖面窄

目前的系统主要应用在规划管理办公自动化以及公文管理自动化，即“一书三证”审批、公文办理方面，对批后管理、违章监察、规划编制管理等过程涉及不多，导致一边是计算机办理，另一边还是手工操作，系统无法准确监控和管理每个项目的完整情况，数据流转也只是片段，不能连续，无法全面集成管理。

3. 缺乏统一数据标准

各城市的规划部门，经过多年信息化建设，已存放了大量数据，但这些数据大多是简单地堆积，未按照 GIS 的建库标准进行组织，使系统数据的存储效率、利用效率偏低，更无法进行高层次的技术指标智能检测以及容积率现状及规划指标的分析比较等，从而导致系统缺乏应有的生命力。

4. 缺乏有效的案件审批全程督察手段

现有的系统一般采取串行或并行的审批机制，往往都要等到审批结果产生后才能评价其科学性和准确性。审批过程被分割成很多分离的阶段，批次之间联系不大，给监督检查工作带来很大困难。因此，需要引进行之有效的全程督察手段，以便及时修正规划审批过程中的错误和疏忽，避免资源的浪费。

5. 与其他部门的数据资源交换共享性差

规划会用到人口、经济、交通等其他行业的数据，但实际中由于与其他行业交

流不多,这些数据很难获得,规划行业不得不自己重新布置人员去调查。社会急需一个数据资源共享平台的出现。

6. 缺少辅助决策支持系统

城市规划决策主要依靠人的经验进行,这种经验决策往往是由单学科背景的管理人员凭着有限的知识和经验去管理的,管理工作过于简单化、直线化,严重影响城市规划管理工作的科学性、合理性。为提高规划的质量和科学性,减少管理工作的失误,建立计算机辅助的决策支持系统至关重要。未来的城市应是智能城市,智能城市的一个重要标志是智能管理。

综上所述,造成以上问题除了技术层面的限制因素外,原来的政策环境、体制环境也制约着各行业间的交流和共享。在我国各行业行政部门如地质、交通、水利、市政、电力等都是平级,没有义务为其他部门提供数据,城市规划过程所需的大量的地形、地貌、人文、历史、地质、交通、水利、市政、绿化、文物、电力、经济、人口、科教文卫等数据,不得不通过点对点的方式直接与各相关部门通过协议的方式获得,这就需要取得各个部门的同意和支持,实现起来难度较大。即使协议部门同意数据共享,但规划对数据现势性要求较高,共享的数据难以及时得到更新,很快失去使用价值,致使规划的成本高、准确性差而且效率低下。因此,为实现规划研究、规划编制、规划管理、规划监察四个阶段的全面信息化,必须探求一种将数据与行业业务分离的新机制,即一个平台加各自行业业务体制。"一个平台"它包含不涉及行业内部机密的所有行业的实时数据,主要作用就是数据提供者,负责数据的收集、整合、更新、分配;在这样一个平台的基础上,各行业就可以专心打造适合自身的"行业业务体制",而不必劳神费力去管理数据。

1.3 数字规划的兴起

1.3.1 数字规划由来

随着 1998 年"数字地球"概念的提出,数字城市已成为城市信息化的关键,在三维空间的数字框架上,按照地理坐标集成有关的数据及相关信息,构建一个数字化的地球,即"数字化人居环境",它是人们认识、改造和保护地球的重要信息源和新的技术手段。在信息技术飞速发展的今天,"数字城市"受到广泛的关注,"数字规划"是"数字城市"建设的基础和关键的一环,信息技术的广泛应用带来了一场深刻的信息革命,它对社会和经济的发展将产生深远的影响,对城市规划也不例外。

数字规划时代的到来使城市规划在很多方面都会受到挑战。因此,综合运用多种信息化技术对城市规划提供辅助决策的数字规划应运而生。数字规划是传统城市规划理论和方法与信息技术相结合的产物,也是面向城市规划与管理的全过

程。数字规划就是将数字化的技术手段运用到城市规划的规划编制、规划审批和规划实施等环节中，为规划决策提供所需的数据、模型、优化的方案和对未来环境的虚拟表现，实现物质、社会、环境空间一体化的有效配置和合理安排。这些技术不仅包括GIS、遥感、遥测、网络、多媒体及虚拟仿真等相对较成熟的应用技术，还包括现在正在兴起的Web Service技术、CA技术、地球模拟器技术、SOA架构技术等。

与传统规划不同，数字规划是以数字信息为主要媒介。它不仅能够完成传统城市规划的工作内容，而且会在传统城市规划的基础上进行拓展，并且在技术方法、工作方式上形成质的飞跃。但是，数字规划的本质仍然是城市规划，它要做的仍然是解决城市规划领域本身的问题，如确定城市发展目标、体系结构、土地利用、空间布局、各项基础设施建设等。只不过随着数字城市的发展，规划内容还将更多地包括城市全面信息化所涉及的技术和相关基础设施的建设；而在手段上，诸如城市现状信息的获取、现状分析、发展预测、动态分析等都将主要建立在数字城市信息基础设施、空间数据设施、规划信息系统以及大量的分析模型的基础之上。

1.3.2 国内数字规划的初步实践

国外城市由于其规划体系、法律法规相对比较健全，管理经验比较丰富，实施性规划的编制比较完善，因此就数字规划和城市规划“一张图”而言，其信息化建设工作比较成熟。相比之下，国内城市尽管建立了城市规划地理信息系统，但是，绝大部分只是将规划成果信息汇总，没有实现真正意义上的城市规划“一张图”。相比较而言，广州、南京、武汉、北京等城市在规划“一张图”方面都做过一些工作，其经验值得借鉴。

1. 广州

在比较和借鉴国内外相关工作的基础上，广州市早在1987年就开始了数字规划的探索。2000年以来，首先在全过程数字规划支持系统的基础层和应用层，也就是城市规划管理的信息整合、信息共享及协同办公等方面进行了深入的探索，并在城市规划管理中实现了成功的应用。2002年更是提出了一种直接面向日常规划管理工作兼具权威性与灵活性的城市规划管理图则新模式。该模式是以“一张图管理”为目标，以分层次、双阶段编制为框架，以城市规划管理单元为基础，强制性与非强制性控制相结合的、动态更新的城市规划管理图则编制创新，它为依法行政和城市法定规划的编制提供了良好的基础平台。规划“一张图”是广州市规划局“三个一工程”(即“一个平台”、“一张图”以及“一个标准”)的核心。通过整合分区规划、编制控制性规划导则，将城市管理信息及已批准的各层次规划整合到“一张图”上，建立基于规划管理单元的规划管理图则新模式，从而实现面向日常规划管

理工作需要的"一张图"管理目标。其他规划分为基准控制层、特别控制层、参考控制层三类,可通过"一张图"信息系统平台实现共享。基于管理单元进行信息收集、规划研究,将相关城市规划(城市设计、专项规划)在导则层面加以整合,提供基于导则的检索平台。

2. 南京

2000年,"数字南京"被列为全省八大信息化示范工程之一。为推进"数字南京"建设,加快数据共享,南京市规划局针对规划编制过程中存在的"基础地理信息不准、规划编制标准不一、规划成果内容不规范"等问题,于2004年启动了数字规划"三代系统"建设工作,以信息化为抓手,加强规划编制的制度化、规范化建设。通过近4年的努力,初步建立了一套以"基础地理信息和规划成果信息标准化、全覆盖、系统管理、动态更新"为基础的信息化工作模式,规划编制和管理的质量有了较大改进,城市规划的决策水平也有了较大的提高。目前,南京市规划局的信息化工作已经度过了起步阶段和发展阶段,正朝着全面整合和完善提升阶段稳步迈进。一方面,全局的信息化工作能够形成信息资源高度整合共享、平台并联办案、图文一体、权力阳光运行的既定目标;另一方面,也能为"数字南京"奠定基础,实现多部门之间信息的共享共建,进而为城市规划的决策及城市管理、城市其他重大决策提供统一的信息化平台,实现城市又好又快的发展。

3. 武汉

武汉市2002年起开展了城市规划设计研究信息系统(简称"一张图")的建设工作,希望从技术管理流程、设计手段上对传统的工作模式进行变革,建立全新理念的"过程信息化"的设计工作模式。武汉市结合城市总体规划修编和法定图则编制的推进,展示城市总体规划成果,对"四线"控制规划信息进行动态更新;按照规划成果"一张图、一个库"的设计思想,进一步整合已有的规划成果数据,逐步建立成果数据更新机制。确立了"1个中心、2项工程、4类系统、6项支撑"的信息化工作体系,为全市信息化健康有序地发展奠定了基础。目前已建成数字城市空间数据基础设施,包括数字武汉地理空间信息平台和数字规划工程。

1.3.3 数字规划的内涵与特征

当前,各级政府部门、企业和社会公众对权威可靠的地理信息数据的需求与日俱增,迫切要求实现全国多尺度、多类型地理信息资源的共享。针对这一重大需求,2009年1月13日,国家测绘局长会议决定启动国家地理信息公共服务平台建设工程。山西、吉林、黑龙江、江苏、重庆、山东、上海和浙江等10个省(直辖市)成为首批试点地区。全国地理信息公共服务平台是以分布式地理空间框架数据库为

基础，以网络化的地图与地理信息服务为表现形式，以电子政务内外网为依托，国家、省、市三级互联互通的地理信息服务体系。平台对各行业资源的高度整合将使规划人员毫不费力就可以获取所需数据，方便、快捷地进行规划工作。地理信息公共服务平台的建设是我国各行业实现信息化、数字化的重要探索，也必将为数字规划的发展开辟一片崭新的发展空间，为数字规划注入新的生机与活力。

1. 数字规划内涵

数字规划把数字化的技术手段运用到城市规划的规划编制、规划审批和规划实施等环节，实现了多目标的动态规划，为规划决策提供所需的数据、模型、优化的方案和对未来环境的虚拟表现，最终实现物质、社会、环境空间一体化的有效配置和合理安排。数字规划在显著提高现行城市规划中城市居民参与规划和管理的科学化程度的基础上，把现行城市规划与当前信息技术进行了有机的结合，而不是对城市规划过程的简单数字化。因此，数字城市规划也可以说是面向城市规划与管理的数字化的全过程。从这个层面上来说，数字城市规划的发展除了依赖于城市规划理论与方法的不断发展外，还依赖于其支撑技术体系的逐步完善，并形成两者之间相互促进、相互影响的有效发展机制。

2. 数字规划的特征

数字规划与传统规划相比，有一些显著的特征，主要表现在以下几个方面。

（1）信息获取方面。在数字城市的背景下，利用信息基础设施、空间数据基础设施以及规划管理信息系统等多种便利的途径获取信息；

（2）信息形式方面。规划信息的形式由模拟信息全面转向数字信息，从而便于信息的获取、保存、交流和再利用；

（3）技术应用方面。根据规划的需要，系统地应用各种与数字城市相关的信息技术，发挥技术方法的集成效应；

（4）规划领域方面。研究侧重于规划设计领域，并结合规划设计与规划管理的衔接问题；

（5）城市研究方面。数字规划最重要的特征之一就在于它是数字城市的有机组成部分，它的实施和发展也影响整个数字城市的规划和发展。因此，在构建数字规划平台集成的框架中，必须针对城市规划的特征和工作流程进行设计。通常来说，数字规划的特征主要表现在城市规划信息的完整性、支撑技术的多样性、系统功能的完备性三个方面。

1）信息的完整性

主要表现在基础地理数据、规划宝典等数字规划平台所需的数字信息的完整性上。同时，这些信息需要在该平台的基础上进行动态更新，以便不断扩充和

完善。

2）支撑技术的多样性

数字规划系统是在数字规划管理信息系统支持下的多种信息技术的有机整合，这些信息技术主要包括地理信息系统技术（GIS）、遥感技术（RS）、计算机辅助设计（CAD）、虚拟现实技术（VR）、数据库技术、网络技术、信息安全技术及多媒体技术等。而且，随着这些支撑技术自身的不断发展和完善，必将进一步促进数字城市规划平台的完善。该特征主要体现了技术的优势，技术的优势决定了规划系统自身的质量。

3）系统功能的完备性

系统服务项目的多样性程度越高，其功能越完备，服务质量也越能得到满足。

3. 数字规划的主要内容

数字规划主要内容包括以下几个方面。

1）数字规划平台涵盖城市规划管理的全过程

数字规划平台是“数字规划”的核心支撑和主要内容，涵盖城市规划管理的全过程，包括城市规划编制管理、实施管理、规划监督、测绘管理、政务公开、公众服务、公众参与等。

2）图文一体化的规划审批协同办公平台

将传统的串行式行政审批模式扩展到虚拟的共享环境。类似召开会议，多阶段、多处室并联审批时，参与审批的人员均基于同一套报建材料、同一套审批表格、同一套审批图形进行办理。领导可以提前介入，各级审批人员可以交互讨论。任何参与审批的人员在案件审定前的任何时间均可提出意见。审批全过程公开透明。局领导和监察人员可以全程监控指导，在任意时间均能看到所有参与人员提出的所有审批意见。

3）城市规划实施全过程动态跟踪监控

实现了城市规划实施的审批过程、建设过程、实施结合的全过程动态监控。涉及从地形图现状到控制性详细规划、规划方案、规划许可、施工前验线、±0 验线、竣工测量和建设后的现势性地形图更新的全过程的，图文一体化地动态跟踪、管理和监控。控制性详细规划、规划设计要点、规划方案指标相互校核，跟踪监控。分期建设、分次发证指标跟踪，全局控制。

4）规划方案的全要素“数字报建”

全要素“数字报建”通过总平面图和单体设计的联动，进行规划条件图形审批智能检测，实现规划设计方案技术经济指标的自动计算和校核。规划总图到建筑单体的设计标准化、规范化管理，为确保规划审批的重要文件技术经济指标计算的准确性奠定了基础。

5）规划审批预警与检测机制

规划审批预警机制、智能检测。具有预警功能，对规划设计要点提出容积率等指标并在规划设计方案审查过程中进行自动校核，及时发现偏差，审批过程中不同层级人员审批意见类型不同时以及对超期办理的案件也进行预警。具有系统智能检测功能，主要包括控制红线退让检测、建筑间距检测，报建项目设计容积率以及主要经济指标等的比较分析。

另外，还包括统一电子档案与纸质档案，集成的GIS与CAD图形审批端，基础地理信息数据生产建库一体化，控详规划编制建库一体化，格式化表单、规范化审批、自动化并联，电子政务内外网一体化整合，电子政务图文一体化以及跟踪督办、效能监察等，在多个方面体现了创新性和先进性。

4．数字规划的应用前景

1）高效的信息服务

数字规划带来的最直接的变化就是动态、快速、高精度、规范地获取和存储城市规划的成果信息(包括空间信息和属性信息)，以及方便地进行城市管理信息的查询检索和统计。例如，在规划编制时，需要收集大量的城市结构及其社会、经济、人口等信息，以及这些信息在三维空间的分布随时间的演变情况等。在数字规划下，通过数字信息平台和时空数据库，可以全面获取规划所需的相关信息，节省了现场踏勘的时间和精力，既经济又准确，极大地提高了工作效率。

2）有效的空间分析，支持城市管理工作的深化与规划决策

数字规划的魅力不在于提供原始信息，更重要的是对信息的加工、处理和预测分析。数字规划信息系统集成的GIS强大的空间分析功能以及对城市信息的动态更新管理，能够帮助管理者综合考虑社会、经济、自然等复杂因素，进行系统分析和模拟，这是现有的管理信息系统和传统的规划手段无法比拟的。在方案设计阶段，传统规划以定性分析为主，方案的拟订也主要依赖于设计人员的经验，带有很大的主观随意性，缺乏说服力。但数字规划在数字信息平台的支持下，可对城市现状信息进行大量的定量分析与影响评价，包括经济发展趋势、人口预测、用地适应性评价、公共设施空间布局分析、环境影响评价等。这些数字化的分析手段将为规划方案的编制提供科学的决策支持，形成更理性、更科学的规划方案。

3）高效审批与智能监测

在规划业务审批阶段，数字规划环境下可使用电子报批与报建这种全新的数字工作模式，系统会自动进行文件校核，实现数据的自动储存、归档和信息动态更新。另外，审批人员还可以在三维实景环境下对报建项目进行各种指标的审核、地块查询与空间统计分析，并审查报建项目与周边地块的关系。对于规划监督与信息反馈，在数字规划环境下，可以用遥感技术对城市建设情况进行实时监控，并根

据遥感获取的实时信息对系统数据库进行更新，以便随时了解规划实施情况，并为有效监测、查处违章建设提供支持。而且还可以通过建立一系列的评价指标和评估模型，对城市发展趋势进行动态模拟，对城市建设进行预警，并将结果反馈至规划编制和政策制定中去，真正实现规划的全过程管理。

总之，数字规划应用的目的就是为规划编制提供定量分析手段，为规划实施管理提供更直观的技术依据，为规划监督反馈提供高效的监测手段和评价方法，最终实现规划编制的科学化、实施管理的高效化、规划决策的智能化。

1.3.4 基于地理信息公共服务平台的数字规划

地理信息公共服务平台可以为相关部门加载专业信息、标图制图、导航定位、构建专业应用系统等提供简单、高效、快捷的地理信息应用开发环境，为政府管理决策、国家应急管理等提供在线地图与地理信息服务。平台建成后，纵向上将形成由 1 个国家级、31 个省级和 338 个市级平台服务中心构成的协同服务体系；横向上，每个服务中心将会与同级至少 20 个应用部门进行连接。这就需要政府各部门协调，将各自的信息叠加到平台上，形成与土地、交通、林业、水利、民政、公安等部门互联互通的地理信息资源共建共享机制，建立起较为完善的公共地理信息数据体系和“一站式”在线地理信息协同服务机制，从而使我国基础地理信息的传统服务方式发生根本性改变，全面提升信息化条件下地理信息公共服务的能力和水平。基于地理信息公共服务平台的数字规划的优势主要体现在以下几个方面。

1. 统一规范与标准

与传统技术手段不同，平台强调统一规划、统一标准、统一管理。地理信息公共服务平台的数字规划，不仅辅助城市规划各部门制定科学合理的整体规划；而且有效解决社会各行业信息化建设中因缺乏统一框架而带来的信息孤岛问题，为解决各行业部门间、部门内的互联互通难、资源浪费、重复建设等问题提供有力支持，突破了信息鸿沟制约。

2. 实时完备的数据资源

各行业在进行工作时不再需要花费大量人力、物力获取数据，地理信息公共服务平台足以满足行业大部分的数据要求。通过平台的接口可以方便地调用权限内的数据，而且这些数据的权威性、完备性、实时性都是有保障的，这样行业人员就可以专心致力于本职工作，提高自己的业务水平和技能。

3. 有利于促进行业信息化

有了地理信息公共服务平台，改建或再建行业应用系统时，各行业人员不再需

要从底层数据开始，摆脱了那些纷繁复杂的建库、管理工作，可以直接对本行业业务进行处理和整合，完善行业业务本身，从而大大降低行业信息化的难度，提高系统开发速度，降低系统开发成本，为行业尽早实现更高层次的信息化、数字化提供了极大的便利。

4. 服务面广、实用性强

地理信息公共服务平台包含社会发展各方面、各层次的共享数据，可以对各行业的日常工作、分析决策、应急指挥起到强有力的参考辅助作用。地理信息公共服务平台具有的优势，可以满足数字规划对数据实时、全面的要求，在基于地理信息公共服务平台的数字规划中，“业务”是最核心的抽象手段。业务被划分为一系列粗粒度的业务服务和业务流程。业务服务相对独立、自包含、可重用，由同一个或者多个分布的系统实现，服务以松耦合的状态存在于整个系统中，并可以随业务需求而变，一方面可以快速深度地满足用户的需求，另一方面可以减少各部门中的业务冗余和重复开发；而业务流程由业务服务组装而成，构成完整顺畅的行业流程。基于地理信息公共服务平台的数字规划由运行维护层、数据层、业务服务层有机组成，如图 1.6 所示。

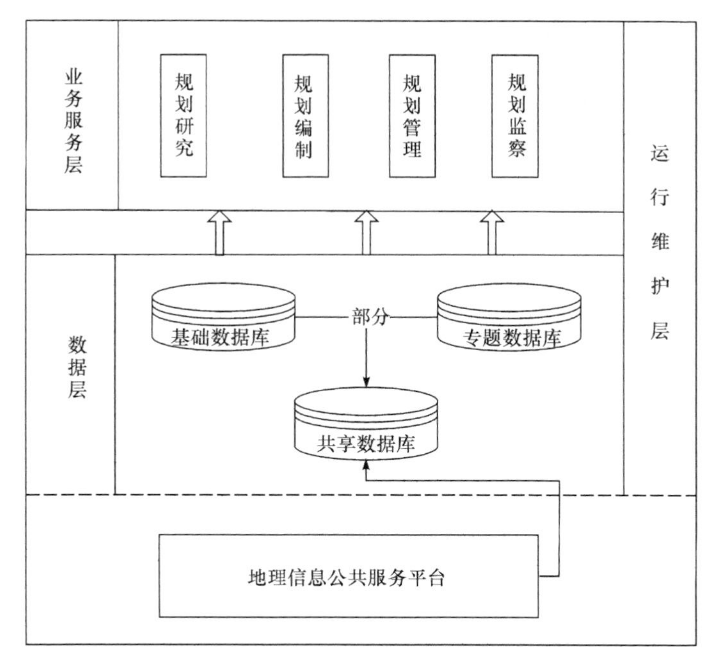

图 1.6　基于共享平台的数字规划系统

其中，运行维护层是基于地理信息公共服务平台的数字规划正常运行的基本

保障，主要包括平台标准规范体系、平台运行环境、平台安全体系、平台政策法规体系等内容。

数据层由地理信息公共服务平台提供的共享数据和规划行业数据组成。共享数据包括规划行业从平台中得到的参考数据，也包括规划行业可以为平台输送的共享数据。

业务服务层规划工作人员利用数据层中的数据为规划行业内部和广大用户提供的各种服务，即规划四阶段的业务成果。

基于地理信息公共服务平台的数字规划真正是从业务需求开始的，完全面向业务需求，它与其他架构方法的不同之处在于提供的业务敏捷性。业务敏捷性是指用户对变更快速、有效地进行响应并且利用变更来适应业务持续演变的能力。

思 考 题

(1) 城市规划的概念和内容是什么？
(2) 我国城市规划信息化的发展现状是怎样的？存在的问题有哪些？
(3) 基于地理信息公共服务平台的数字规划架构是什么？
(4) 试述目前国内城市规划信息化的现状。
(5) 我国城市规划信息化发展包括哪几个阶段？具体内容是怎样的？
(6) 城市规划信息化体系有哪些？
(7) 国内的规划信息化有哪些成就？

第 2 章　数字规划支撑业务模型

城市规划信息化是围绕规划业务展开的，其关键是解决规划的具体业务问题。因此，首先需要对其所服务的领域，即对规划体系进行归纳和提炼。在规划体系的指导下，对规划编制、规划实施、批后监督管理等各项规划业务流程进行梳理、建模和优化，形成完整的、规范的、科学的业务体系。这是开展数字规划及其后续各类信息系统建设的基础。

2.1　服务对象与业务类型

2.1.1　服务对象

数字规划涵盖城市规划管理的全过程，包括城市规划编制管理、实施管理、规划监督、测绘管理、政务公开、公众服务、公众参与等。数字规划的实现将极大地提高办公效率，为各行各业提供基础、权威、及时和准确的公共空间基础地理信息和城市规划信息，满足各类基于空间地理信息的应用需求，为城市的建设、管理和政府科学决策提供支持，为社会和公众提供空间地理信息服务，对推进“数字城市”建设具有十分重要的意义。

概括说来，数字规划的服务对象主要包括以下几个类别(图 2.1)。

1. 规划管理部门

主要包括选址用地处、规划管理处、建筑管理处、市政管理处、规划监督处、技术法规处，市直属规划分局，包括规划局直属的各分局。负责辖区的规划编制、管理和监督工作，以使直属区的建设和发展符合全市的总体规划发展要求，适应统筹城市一体化发展的要求。

2. 下属单位

包括规划编制研究中心、测绘勘察研究院、城建档案馆、交通规划研究所等单位。

3. 相关单位

涵盖相关委托审批部门、市区县以上政府部门、联审会办的相关部、委、办、局；涉及规划建设的单位；规划研究机构，规划设计机构。

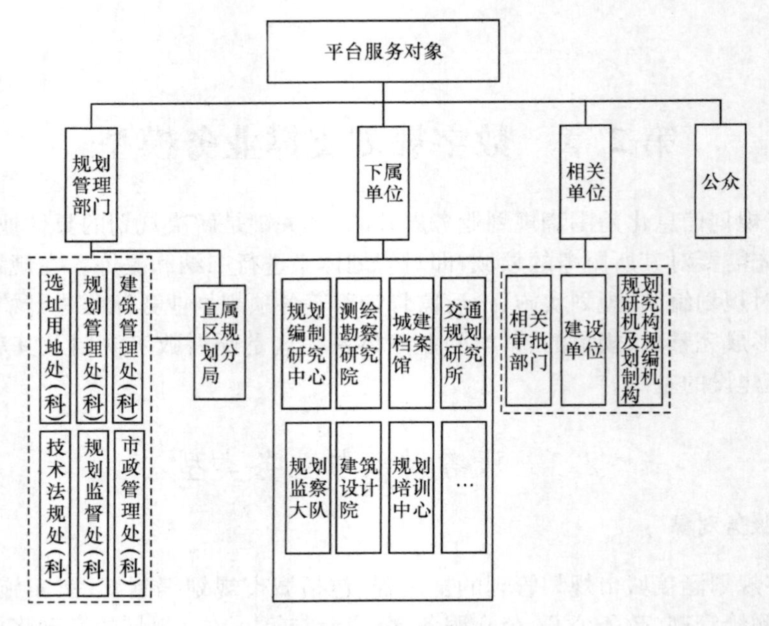

图 2.1 平台服务对象

4. 公众

提供公众参与的技术平台，向社会提供多层面、全方位、内容丰富的信息服务。

2.1.2 业务类型

在数字规划建设过程中，需要针对以上各种类型的服务对象，在系统设计上提供支持分布式信息服务的系统框架，并为这些服务对象提供方便的预留数据交换接口和功能接口。

数字规划业务按功能逻辑可划分为规划管理业务、规划支撑业务、内部管理业务和对外业务 4 个部分，主要构成如图 2.2 所示。

各个业务类型进一步细分如下。

1. 规划编制管理

规划编制管理主要包括规划编制的计划、调整和成果管理等各类业务(图 2.3)。

规划编制业务的相关审批及管理工作主要由局总工室负责，具体的办理业务包括规划编制项目、控制性详细规划及以上层次规划审批、规划编制调整等。

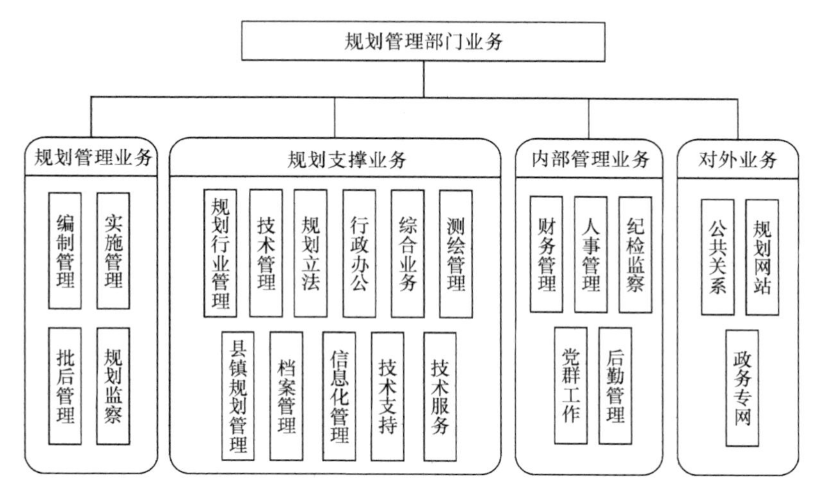

图 2.2　规划管理部门业务类型

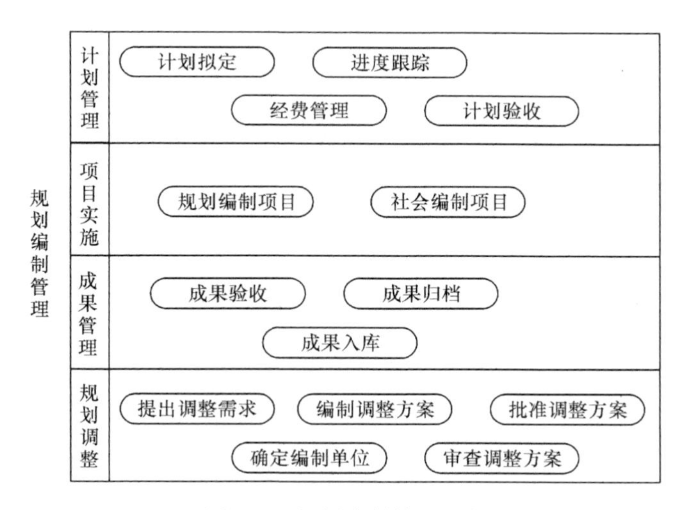

图 2.3　规划编制管理业务

规划编制业务的审批是分层级进行的。例如，省、自治区、直辖市人民政府组织编制的省域城镇体系规划，城市、县人民政府组织编制的总体规划，在报上一级人民政府审批前，应当先经本级人民代表大会常务委员会审议，常务委员会组成人员的审议意见交由本级人民政府研究处理。城市人民政府城市规划主管部门根据城市总体规划的要求，组织编制城市的控制性详细规划，经本级人民政府批准后，报本级人民代表大会常务委员会和上一级人民政府备案。

2. 规划实施管理

城市规划实施管理主要是指按照法定程序编制和批准的城市规划，依据国家和各级政府颁布的城市规则法规和具体规定，采用行政的、社会的、法制的、经济的、科学的管理方法，对城市的各项建设用地和建设活动进行统一的安排和控制，引导和调节城市的各项建设事业有计划、有秩序、有步骤地协调发展，保证城市规划实施。

规划实施管理主要指“一书三证”核发过程中所涉及的所有行政许可与非行政许可内容，包括建设项目选址规划管理、建设用地规划管理、建设工程规划管理(图 2.4)。

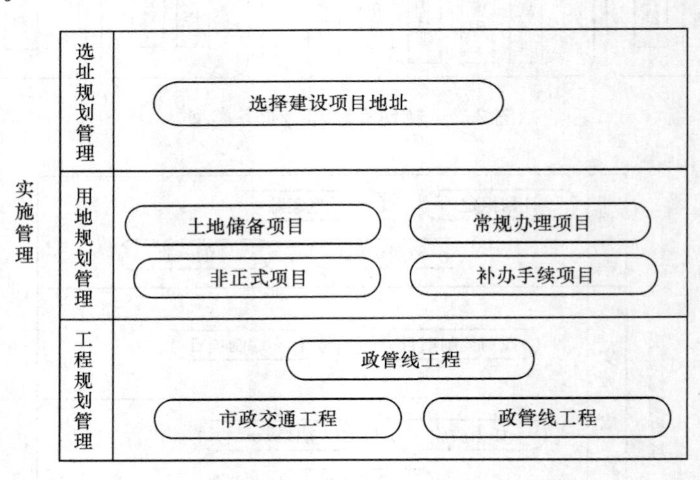

图 2.4 规划实施管理业务

3. 批后管理

批后管理主要包括放验线和规划验收管理。一般包含验灰线、验±0、竣工验收，包括施工前到验收整个动态过程。关键是及时发现问题，向审批部门反馈，并予以纠正。

4. 规划监察

规划监察主要是针对各种规划的具体实施，做出监督审查；对整个城市建设的违法、非许可的建筑进行管理。目前采取的手段主要是动态巡察、受理举报、定期动态监测，信访接待也是受理举报的一种形式。

5. 行政办公

行政办公包括公文管理、会议管理、日常管理、任务管理、日程安排等。

规划局的会议通常是与用地、规划、土地政策相关的，是各级政府、开发商、老百姓之间的桥梁。公文与实际的地块有直接联系。反馈的信息也要通过公文的形式答复。行政办公系统一定要与业务系统相关联、整合，才能发挥更大的作用。

6. 综合档案管理

城市规划管理档案是指在城市规划及其管理活动中形成的应归档的具有保存价值的文字、图表、声像等不同载体的文件材料。

综合档案管理主要分为公文档案、业务档案、测绘档案、规划编制档案和城建工程档案管理。可以对这些档案进行建档、拷贝复印、调档查阅等操作(图 2.5)。

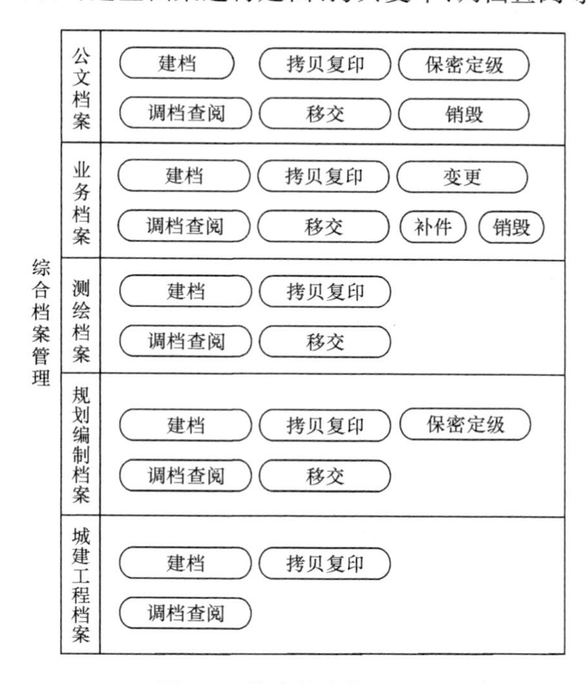

图 2.5　综合档案管理业务

7. 规划网站

规划网站是打造服务型政府，实现阳光规划、政务公开、公众参与、社会监督的一种有效途径。各规划网站一般包括新闻动态、城市简介、机构设置、政策法规、规

划编制、规划审批、局长信箱、作风建设、观念引介和网上家园等(图 2.6)。

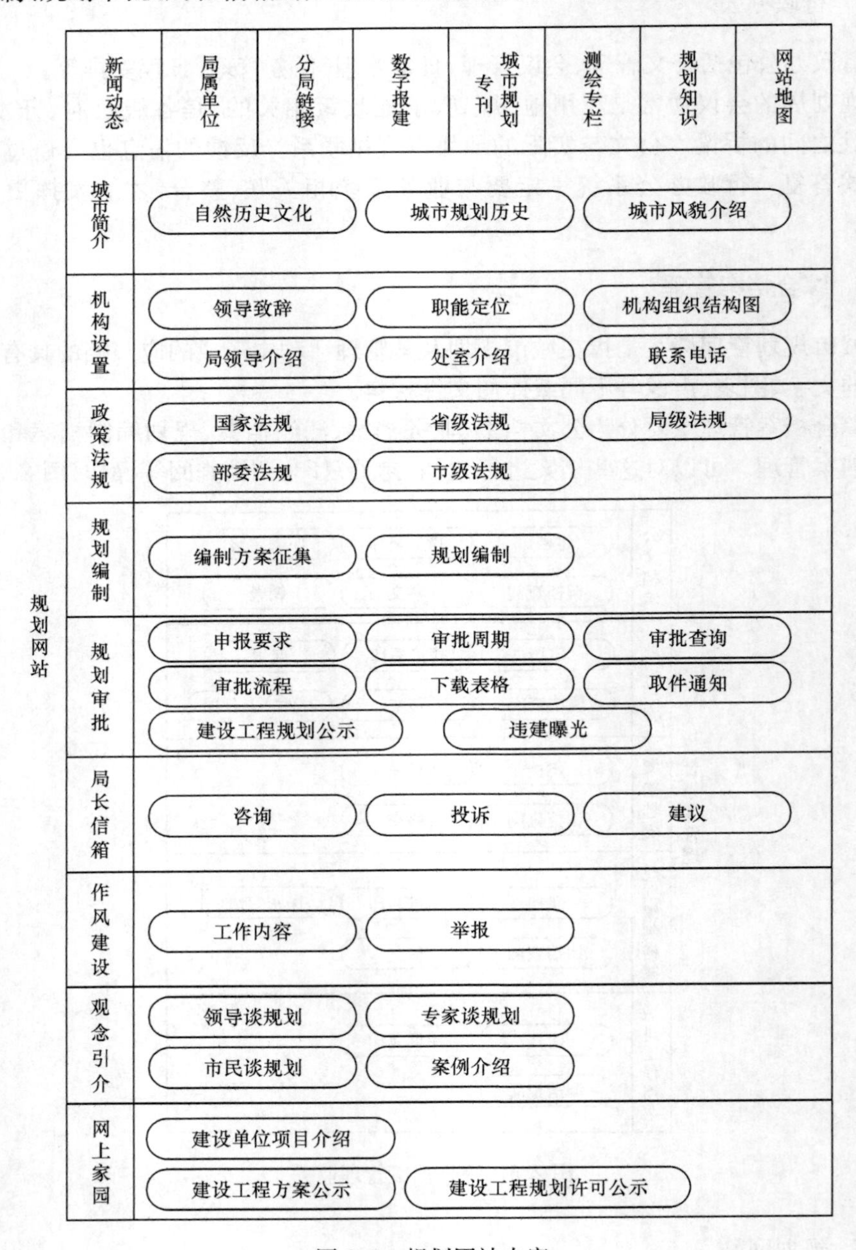

图 2.6 规划网站内容

2.2　组织职能与架构

2.2.1　规划部门的主要职能

规划部门的主要职能包括以下几个方面。

（1）承担统筹全市城乡规划的责任。贯彻执行国家和省（自治区、直辖市）有关城乡规划的方针政策和法律法规。研究起草全市有关城乡规划的地方性法规、规章草案。

（2）组织开展城乡规划的战略研究。协助有关部门制定城市建设近期目标和年度建设计划。协助有关部门做好大中型建设项目的可行性研究和论证。

（3）承担组织市域城镇体系规划、城市总体规划、控制性详细规划及重要地区修建性规划的编制、修订和调整责任。负责修建性详细规划的审批工作。承办市政府委托的规划编制审批工作。综合平衡与城市规划相关的专业规划、专项规划。协助做好国土规划、区域规划、江河流域规划、土地利用总体规划的编制工作。

（4）承担管理和指导全市各类建设项目规划实施的责任。负责审批《建设项目工程选址意见书》、《建设用地规划许可证》、《建设工程规划许可证》。负责规划设计方案竞选工作。负责国有土地出让、转让的规划工作。协助有关部门制定农用地转用计划。协助有关部门做好建设项目的初步设计审查工作。承担建设工程验线和规划验收的责任。

（5）组织对城市规划实施的监督检查。对各类建设项目实施规划监督管理。负责查处违反建设工程规划许可证件规定的违法建设行为。

（6）指导、推进和监督各区、县、村镇规划的编制工作。指导、监督各区、县、城乡规划管理工作。

（7）承担全市测绘行业管理的责任。制定全市测绘工作发展规划和计划。负责权限内测绘成果的审核、审批与管理。

（8）指导城市建设档案的管理和综合利用工作。

（9）承办市委、市政府交办的其他事项。

2.2.2　规划部门的组织架构

规划部门的组织框架根据城市的规模及管理思想，大致可分为三种模式。模式一，“以条为主”，即按规划管理阶段进行划分，分为用地选址、用地规划、建设工程规划、市政工程规划、村镇规划等处室。模式二，“以块为主”，即以规划空间为对象，实施从规划编制到实施管理的一条龙服务。模式三，“条块结合”，即结合模式一和模式二的特点，由局总体管理行政区内的城市规划工作，各分局负责各管辖区域内的规划编制及实施管理工作。下面以模式三为例介绍主要职能处室，各个主

要职能处室设置如图 2.7 所示。

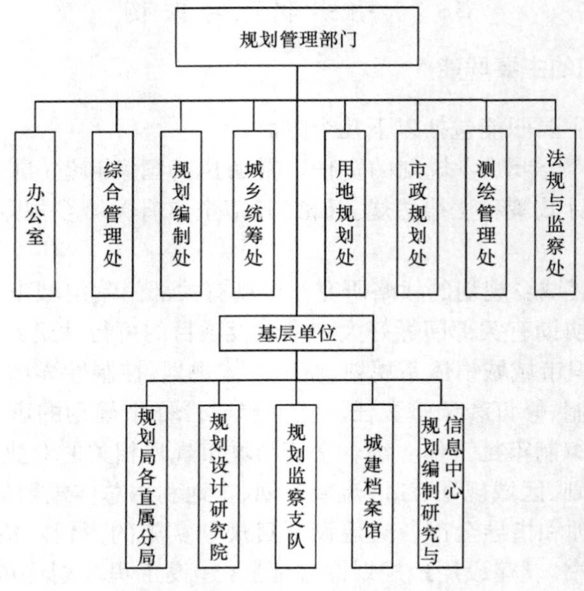

图 2.7 规划管理部门组织架构

1. 办公室

负责机关政务活动的组织协调和对外联系；负责机关财务、后勤管理工作；负责系统对外交流合作等外事工作。

2. 综合管理处

负责本局规划管理审批的日常运转和协调；负责规划管理业务内部运转的协调和督办；负责规划审批业务档案的管理；负责本局政务公开、公众参与和信息化工作。

3. 规划编制处

负责扎口城市规划编制工作；组织制定城市规划编制的制度规范和编制技术标准；组织开展城市规划的战略研究；组织编制市域城镇体系规划、城市总体规划、城市层面和跨分局范围的城市规划（交通市政类除外）；协助做好国土规划、区域规划、江河流域规划、土地利用总体规划以及相关的专项、专业规划的编制工作；负责城市规划行业的管理。

4. 城乡统筹处

负责扎口有关统筹城乡规划方面的工作；研究统筹城乡规划相关政策；组织制

定全市、村镇规划的编制计划和任务下达；指导、推动各县和郊区编制各类村镇规划和涉及村镇的专项规划；指导、监督各县和郊区村镇的规划管理工作；负责县域内需市规划局审批的市权以上重大项目的规划管理工作。

5. 用地规划处

负责选址、用地规划的扎口管理及综合协调；负责重大建设项目规划审批服务的对外扎口管理工作；负责跨区域项目选址和用地规划（市政类除外）的办理；负责选址、用地规划的政策研究和制度规范的制定。

6. 市政规划处

负责交通市政工程规划的扎口管理和综合协调；负责组织编制交通市政类城乡规划，协调做好其他相关规划的编制工作；负责交通市政工程的规划管理工作；协调做好管辖范围内涉及交通市政工程的规划监察和规划验收工作；负责组织制定涉及交通市政规划的政策研究和制度规范。

7. 测绘管理处

负责组织制定全市测绘发展的规划、计划和任务下达，组织制定测绘专项经费计划；负责综合供图的管理及测绘成果的动态更新工作；负责竣工测量的管理工作；负责测绘成果的审批和管理；负责测绘产品的质量监督及公开版地图、公开展示地图等多种专题图编制的监督指导工作；负责全市测量标志的检查、维护及对测绘违法行为的查处；负责全市测绘行业的管理工作。

8. 法规与监察处

研究起草全市有关城乡规划的地方性法规、规章草案和规范性文件；负责城市规划行政执法的监督、监察工作；负责委托审批事项的办理和监督检查；负责行政复议、行政诉讼应诉和重大行政处罚案件的听证工作；负责规划业务培训工作；负责局系统的科研和业务调研管理工作；负责规划管理技术标准和规范的扎口管理；负责查处违反建设工程规划许可证件规定的违法建设；负责制定涉及批后监督及违法建设查处的政策研究和制度规范；负责规划管理审批公示工作；负责市城市建设管理规划监察大队的业务工作指导和检查。

9. 直属分局

负责辖区的城市规划管理工作，及时了解掌握所辖地区的发展设想及建设意向，主动提供规划指导和便捷服务；负责组织编制所辖地区的控制性详细规划及以下层次的规划，参与相关的规划编制工作；负责所辖地区选址用地、建设工程的规

划管理工作，参与跨区域建设项目（含管线工程）的选址工作；负责核划管辖范围内的“六线”外部条件及管线综合；负责建立管辖范围的选址用地、建筑工程、市政工程管理、“六线”外部条件的信息库以及成果的动态更新；负责承担的规划编制成果的动态更新。

10. 规划设计研究院（下属单位）

承担城市总体规划、分区规划、控制性详细规划、修建性详细规划、城市设计以及市政工程设计、建筑设计等各个方面的设计工作。

11. 规划监察支队

受规划部门委托，在《城市规划条例》规定的城市规划行政管理权限范围内的规划执法权，主要从事对各类城市建设实施监督检查，受理对违反城市规划行为的检举和控告，对各类违法用地、违法建设行为实施调查取证、提出行政处罚建议和行政处罚决定、执行处罚等工作。

12. 城建档案馆

主要职能为接收和管理全市重要的、永久和长期保存的城市建设档案资料；检查指导区（县）城建档案业务工作；开展城建档案信息利用与咨询服务；汇编、出版城建档案信息；探讨、研究、制定本市城建档案事业的发展战略；负责对本市城建档案工作人员的专业技术培训，为城市规划、建设和管理提供城建档案信息资源等。

13. 规划编制研究与信息中心（下属单位）

负责开展城市长远发展战略研究，提出城市发展战略规划；负责重大规划项目的设计招标文书的起草、规划方案的征集；负责规划信息、资料的收集分析工作；为城市规划管理和有关单位提供城市规划信息、技术服务；负责拟定有关城市规划、城市勘测测量的地方技术规定等工作。

2.3 业务流程

总体看来，城市规划管理业务的流程是“规划编制管理—规划审批管理—规划监察管理”不断循环的过程。

2.3.1 规划编制管理

规划编制是从城市总体规划到详细规划的规划。城市规划编制管理主要是组织城市规划的编制，征求并综合协调各方面的意见，对规划成果进行质量把关、申

报和管理。

规划编制的一般程序为：制定规划编制计划；拟定规划编制要点；确定规划设计单位；签订技术合同（下达指令性任务单）；设计单位上报工作计划；中间指导；成果审查（初审、复审）；公示；上报审批；公布；成果发送与归档。

1. 规划编制组织

规划编制组织的流程包括编制计划的拟定、任务书委托及审定、采购方式的确定、合同的编制、规划编制实施等，如图 2.8 所示。

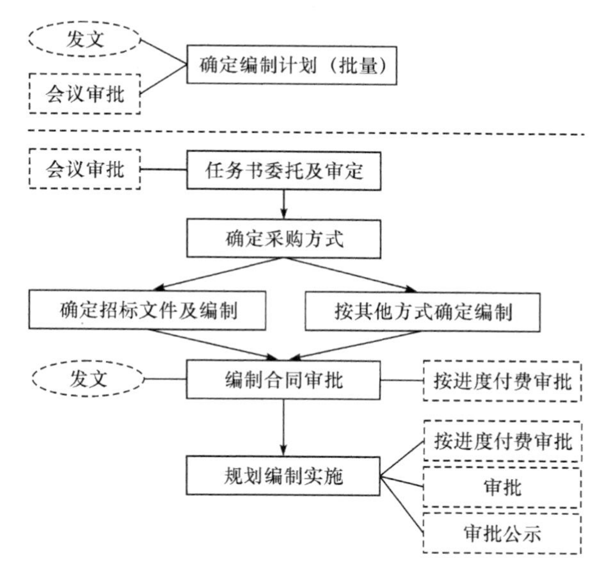

图 2.8　规划编制过程以项目为单位进行流转

2. 规划编制的内容

城市规划编制分为法定性规划和非法定性规划。

(1) 法定性规划。总体规划、分区规划、详细规划（控制性详细规划、修建性详细规划）常放在业务审批阶段进行，如图 2.9 所示。

(2) 非法定性规划。围绕法定性规划所做的研究，作为规划编制的支撑，包括政策法规、信息化、技术规定、规划纲要等内容的研究。

2.3.2　规划审批管理

1. 建设项目选址意见书

建设项目选址意见书制度是指规划区内建设工程的选址和布局必须符合城市

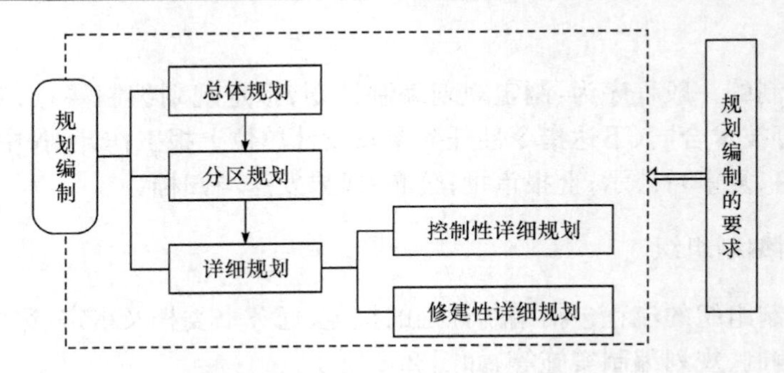

图 2.9　规划编制的主要内容

规划，在报批建设的可行性研究报告书（或设计任务书）时，必须附有城乡规划行政主管部门的选址意见书（图 2.10）。

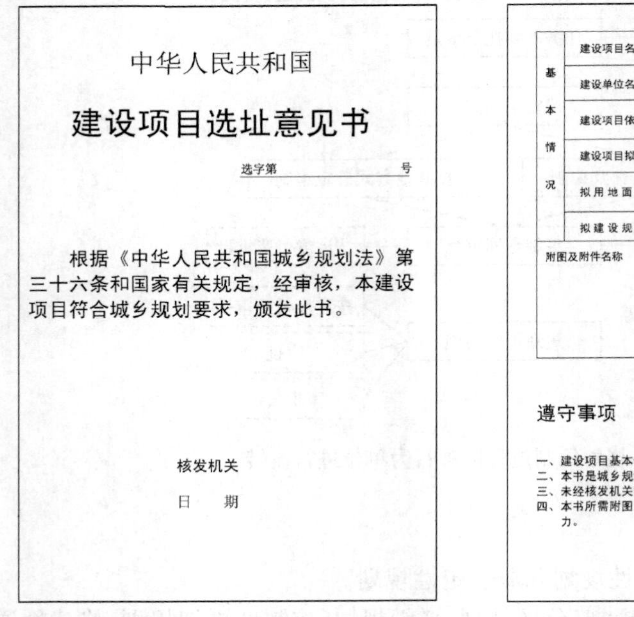
中华人民共和国

建设项目选址意见书

选字第　　　　号

根据《中华人民共和国城乡规划法》第三十六条和国家有关规定，经审核，本建设项目符合城乡规划要求，颁发此书。

核发机关

日　期

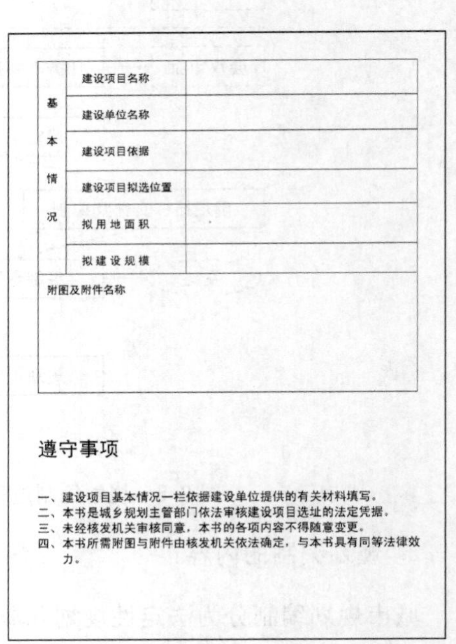
基本情况	建设项目名称	
	建设单位名称	
	建设项目依据	
	建设项目拟选位置	
	拟用地面积	
	拟建设规模	
附图及附件名称		

遵守事项

一、建设项目基本情况一栏依据建设单位提供的有关材料填写。
二、本书是城乡规划主管部门依法审核建设项目选址的法定凭据。
三、未经核发机关审核同意，本书的各项内容不得随意变更。
四、本书所需附图与附件由核发机关依法确定，与本书具有同等法律效力。

图 2.10　建设项目选址意见书

2. 建设用地规划许可证

建设用地规划许可制度是指在规划区内进行建设需要用地的，必须符合国家批准建设项目的有关文件，向城乡行政主管部门申请定点，由城乡规划行政主管部门核定其用地位置和界限，提供规划设计条件，在确认其符合城市规划后核发建设用地规划许可证（图 2.11）。只有在取得建设用地规划许可证后，建设单位或个人方可向县级以上地方人民政府或有关部门办理申请用地手续。

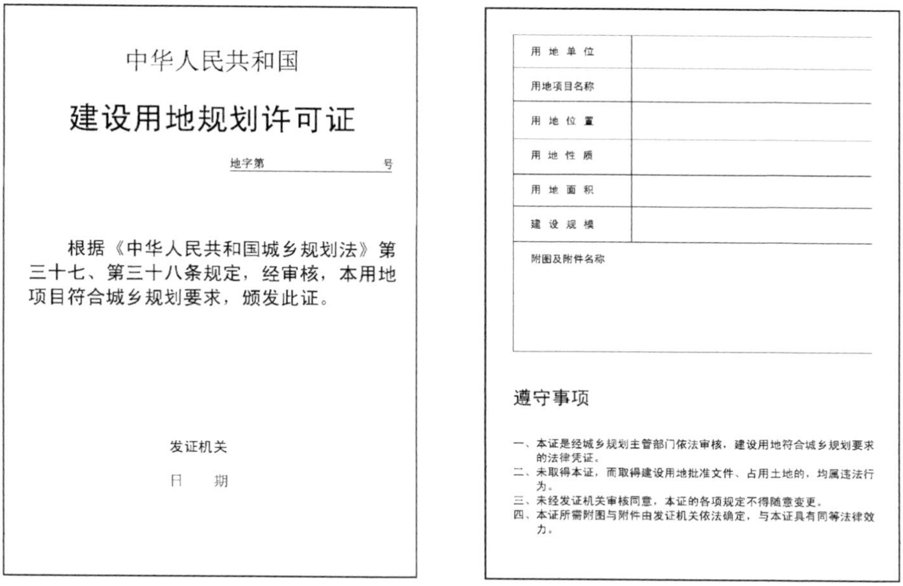

中华人民共和国

建设用地规划许可证

地字第　　　　　　号

根据《中华人民共和国城乡规划法》第三十七、第三十八条规定，经审核，本用地项目符合城乡规划要求，颁发此证。

发证机关

日　期

用地单位	
用地项目名称	
用地位置	
用地性质	
用地面积	
建设规模	
附图及附件名称	

遵守事项

一、本证是经城乡规划主管部门依法审核，建设用地符合城乡规划要求的法律凭证。
二、未取得本证，而取得建设用地批准文件、占用土地的，均属违法行为。
三、未经发证机关审核同意，本证的各项规定不得随意变更。
四、本证所需附图与附件由发证机关依法确定，与本证具有同等法律效力。

图 2.11　建设用地规划许可证

3. 建设工程规划许可证

建设工程规划许可证制度是指在规划区内新建、扩建和改建建筑物、构筑物、道路、管线和其他工程设施建设时，必须持有关批准文件向城乡规划行政主管部门提出申请，由该主管部门根据城市规划提出的规划设计要求，核发建设工程规划许可证(图 2.12)。建设单位或者个人在取得建设工程规划许可证之后，方可办理开工手续。

4. 乡村建设规划许可证

乡村建设规划许可证制度是指在乡、村庄规划区内进行乡镇企业、乡村公共设施和公益事业建设的，建设单位或者个人应当向乡、镇人民政府提出申请，由乡、镇人民政府报城市、县人民政府城乡规划主管部门核发乡村建设规划许可证(图 2.13)。

2.3.3　规划监察管理

城市建设用地规划管理的批后监督、检查工作包括建设征用划拨土地的复核、用地情况的监督检查和违章用地的检查处理等。

用地复核：在征用划拨土地的过程中进行验证。

用地检查：建设用地单位在使用土地的过程中，城市规划行政主管部门根据规划要求应进行监督、检查工作；随时发现问题，解决问题，杜绝违章占地现象。

违章处理：凡是未领得建设用地许可证的建设用地、未领得临时建设用地许可

中华人民共和国

建设工程规划许可证

建字第　　　　号

根据《中华人民共和国城乡规划法》第四十条规定，经审核，本建设工程符合城乡规划要求，颁发此证。

发证机关

日　期

建设单位（个人）	
建设项目名称	
建设位置	
建设规模	
附图及附件名称	

遵守事项

一、本证是经城乡规划主管部门依法审核，建设工程符合城乡规划要求的法律凭证。
二、未取得本证或不按本证规定进行建设的，均属违法建设。
三、未经发证机关许可，本证的各项规定不得随意变更。
四、城乡规划主管部门依法有权查验本证，建设单位（个人）有责任提交查验。
五、本证所需附图与附件由发证机关依法确定，与本证具有同等法律效力。

图 2.12　建设工程规划许可证

中华人民共和国

乡村建设规划许可证

乡字第　　　　号

根据《中华人民共和国城乡规划法》第四十一条规定，经审核，本建设工程符合城乡规划要求，颁发此证。

发证机关

日　期

建设单位（个人）	
建设项目名称	
建设位置	
建设规模	
附图及附件名称	

遵守事项

一、本证是经城乡规划主管部门依法审核，在集体土地上有关建设工程符合城乡规划要求的法律凭证。
二、依法应当取得本证，但未取得本证或违反本证规定的，均属违法行为。
三、未经发证机关许可，本证的各项规定不得随意变更。
四、城乡规划主管部门依法有权查验本证，建设单位（个人）有责任提交查验。
五、本证所需附图与附件由发证机关依法确定，与本证具有同等法律效力。

图 2.13　乡村建设规划许可证

证的临时用地，擅自变更核准的位置、扩大用地范围的建设用地和临时用地，擅自转让、交换、买卖、租赁或变相非法买卖租赁的建设用地和临时用地，改变使用性质和逾期不交回的临时用地等，都属于违章占地。城市规划行政主管部门发现违章

占地行为，都要发出违章占地通知书，责令其停止使用土地，进行违章登记，并负责进行违章占地处理。违章占地处理包括没收土地、拆除地上地下设置物、罚款和行政处分等。

图 2.14 分析了城市规划行政主管部门规划审批管理的主要业务流程。图的

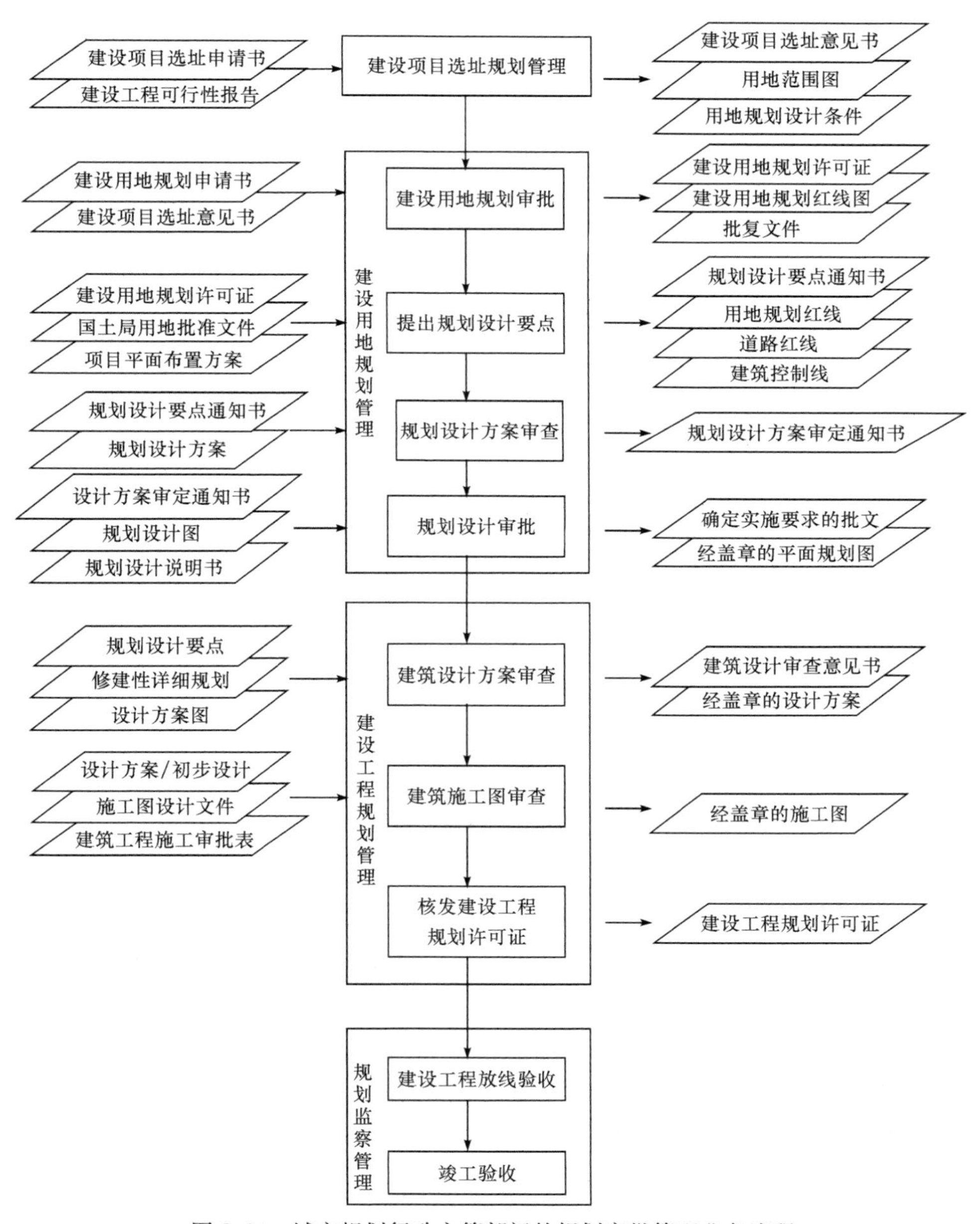

图 2.14　城市规划行政主管部门的规划审批管理业务流程

中间部分列出了规划审批管理的主要业务和各业务之间的先后关系，图的左部为对应业务办理中需要提交的主要资料，图的右部为对应业务办理后的主要成果。（不同的城市规划行政主管部门业务办理时所需要提交的资料及办理后的成果可能不尽相同，此处以一种情况为例说明业务流程）。

2.3.4　业务总流程与分流程

1. “一书三证”总流程

规划管理部门的主要业务都是围绕“一书三证”这一规划核心业务展开的。其办事流程如图 2.15～图 2.20 所示。

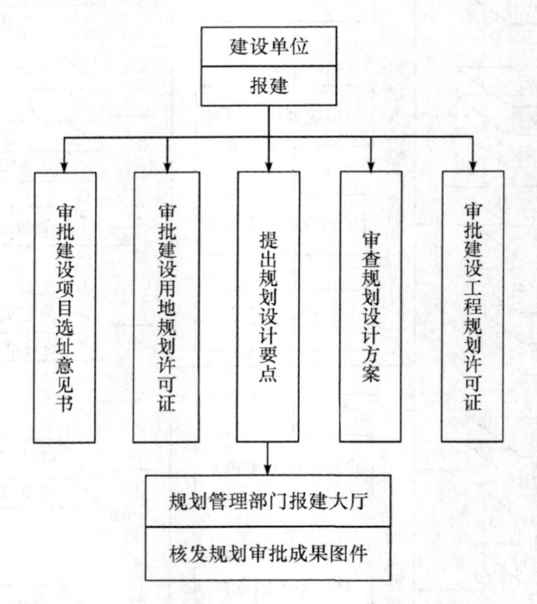

图 2.15　建设项目规划审批总流程图

2.《选址意见书》审批流程

建设项目选址是指城市规划行政主管部门根据城市规划及其有关法律法规对建设项目地址进行确认或选择，保证各项建设按照城市规划安排进行，并核发建设项目选址意见书的行政管理工作。由于建设项目地址的选择与建设计划的落实、城市规划的实施和建设用地规划管理有十分密切的关系，因此，从其过程和内容来看，建设项目选址管理是城市规划实施的首要环节，是建设用地规划管理的前期工作，是建设项目可行的必要条件之一。

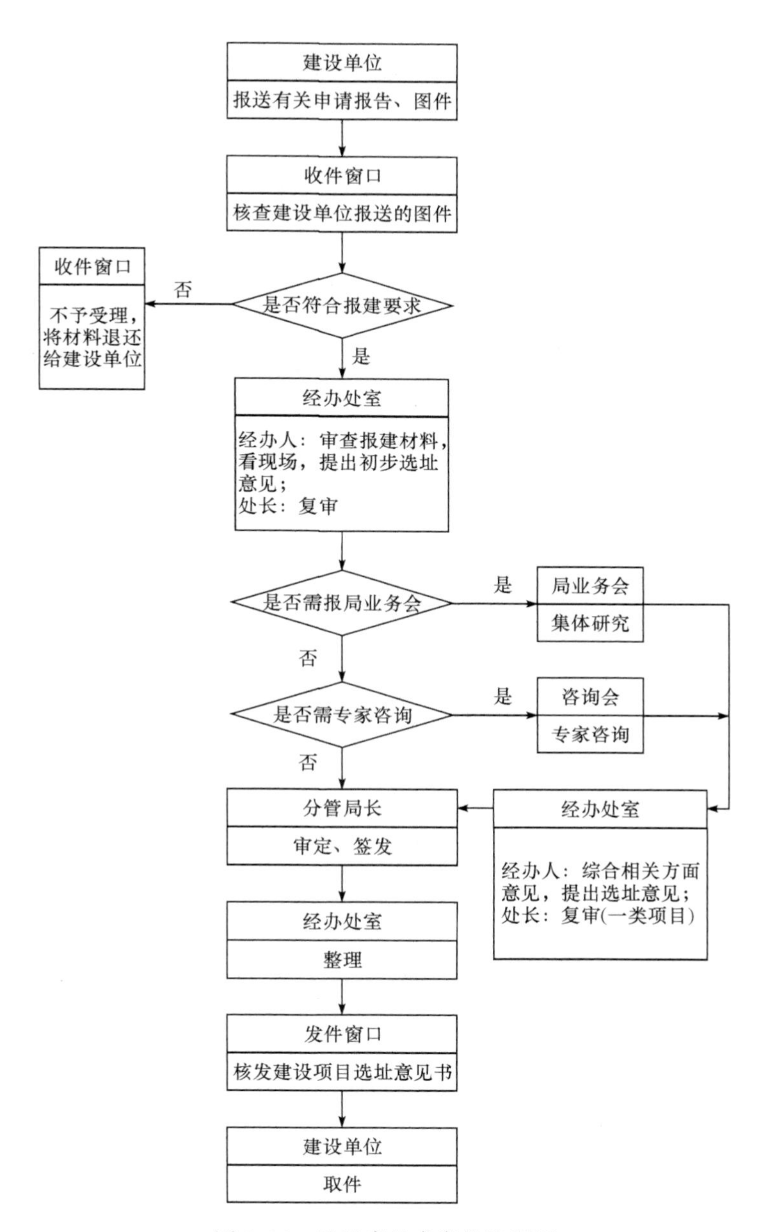

图 2.16 选址意见书审批流程图

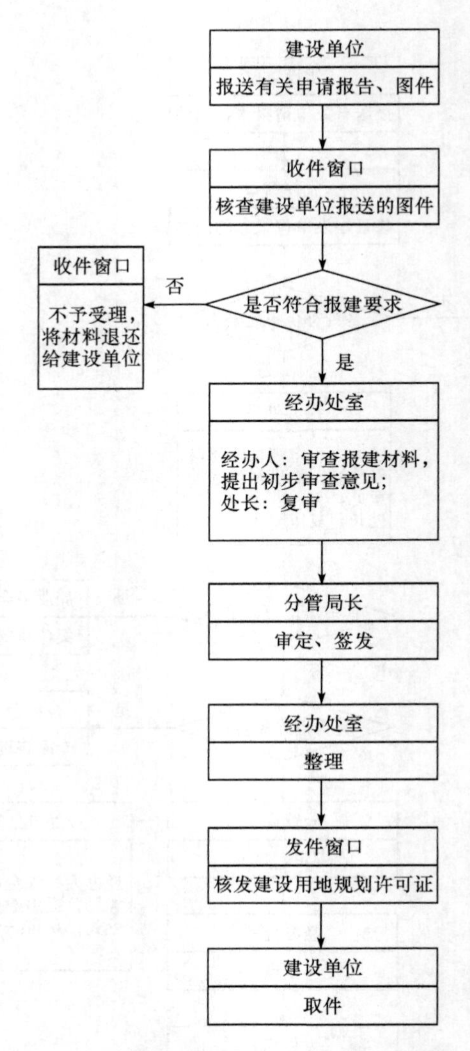

图 2.17　建设用地规划许可证审批流程图

3. 建设用地规划许可证审批流程

由城市规划行政主管部门核发建设用地规划许可证，作为建设单位向土地主管部门申请征用、划拨和有偿使用土地的法律凭证。

已取得建设项目选址意见书的建设项目，通过国有土地招标、拍卖、挂牌方式取得国有土地使用权的建设项目，需办理规划设计方案审查，核定规划用地位置和界限，应申请办理建设用地规划许可证。

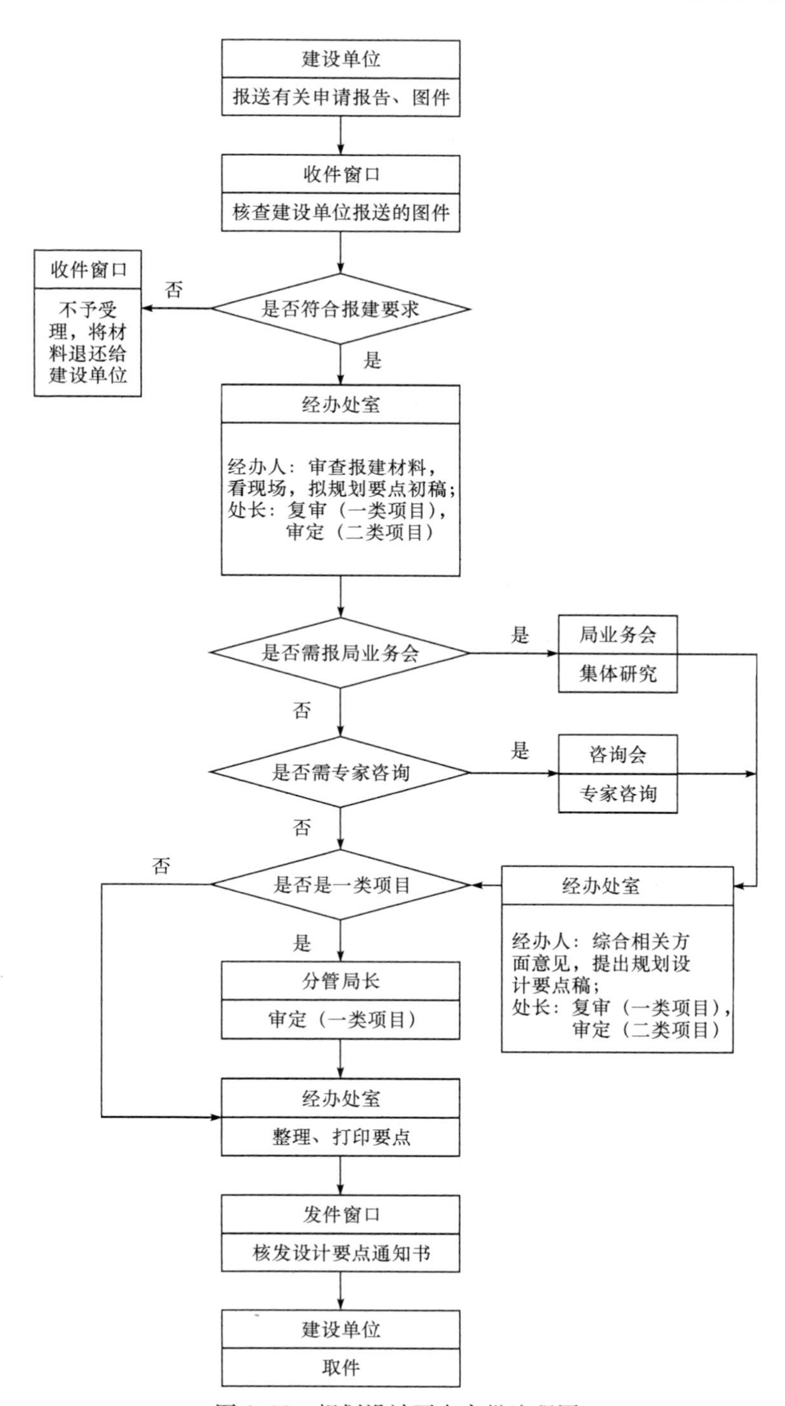

图 2.18　规划设计要点审批流程图

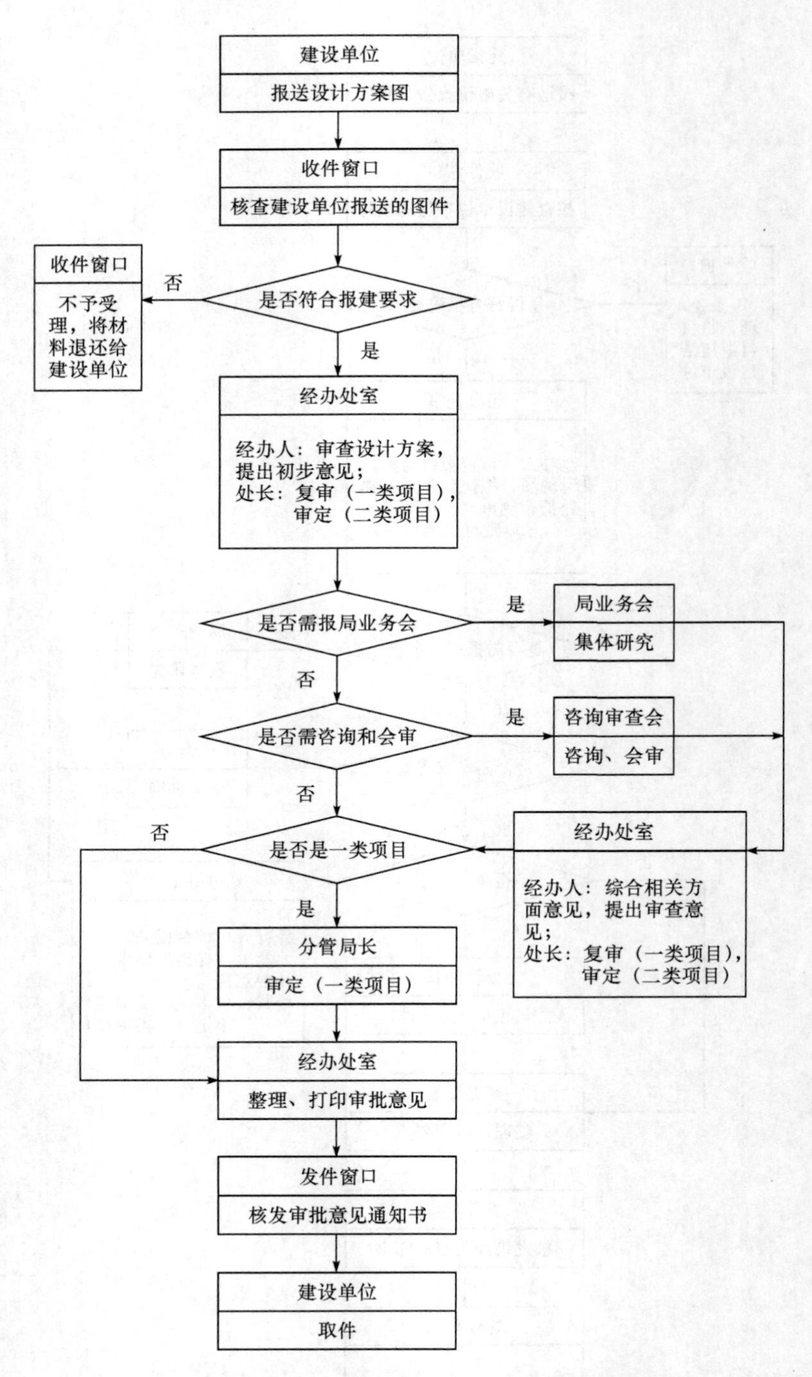

图 2.19　审查规划设计方案审批流程图

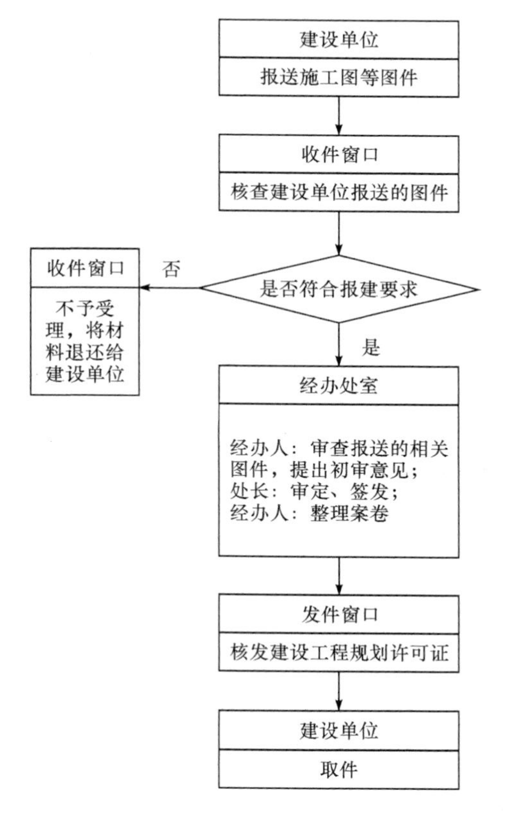

图 2.20 建设工程规划许可证审批流程图

(1) 建设单位持有关材料到窗口申报。

(2) 窗口工作人员在核收申报材料时，如发现有可以当场更正的错误，应当允许申请人当场更正；如发现材料不齐全或不符合要求，应当当场告知申请人需补正的全部内容。

(3) 窗口工作人员在核收申报材料时，应进行项目建设报件登记并注明收件内容及日期。

(4) 申报材料经窗口工作人员核收后，将申报材料转项目经办人。

(5) 项目经办人接到窗口转来的申报材料，经审核认为需补正相关文件的，一次性书面告知申请人需补正的全部内容并转窗口，通知申请人补正材料后重新申报。

(6) 经审核申报材料合格后，项目经办人进行现场踏查，符合规划要求的项目，由项目经办人完成会签工作并转设计科核发《建设用地规划许可证》，经窗口发给项目单位；经研究不符合规划要求的报件，由项目经办人填写“退件通知”，经窗

口回复给建设单位。如在办理建设用地规划许可证过程中，发现该建设项目直接关系他人重大利益的，应当书面告知申请人、利害关系人；申请人、利害关系人有权进行陈述和申辩。

4. 规划设计要点审批流程

规划设计要点审批流程包括以下四个阶段。

(1) 由建设单位报送申请和图件；

(2) 收件窗口对符合报建要求的，发给《项目收件确认书》，所报项目进入技术服务环节；还需补正材料的，当场或 5 日内发给《行政许可补正材料通知书》；

(3) 符合条件的，由发件窗口发出《建设工程设计要点通知书》；

(4) 通知建设单位到发件窗口取件。

5. 规划设计方案审查流程

规划设计方案审查流程包括以下四个阶段。

(1) 由建设单位报送申请和图件；

(2) 收件窗口对符合报建要求的，发给《项目收件确认书》，所报项目进入技术服务环节；需补正材料的，当场或 5 日内发给《行政许可补正材料通知书》；

(3) 符合条件的，由发件窗口发出《建设工程规划审定意见通知书》；

(4) 通知建设单位到发件窗口取件。

6. 建设工程规划许可证审批流程

建设工程规划许可证审批流程包括以下五个阶段。

(1) 建设单位报送规定的图件；

(2) 收件窗口对符合报建要求的，发给《项目收件确认书》，所报项目进入审批环节；对不符合条件的，发给《行政许可不予受理通知书》；需补正材料的，当场或 5 日内发给《行政许可补正材料通知书》；

(3) 对行政许可申请进行审查；

(4) 符合许可条件的，发给《建设工程规划许可证》；不符合许可条件的，发给《不予行政许可决定书》；

(5) 通知建设单位到发件窗口取件。

7. 乡村建设规划许可证审批流程

乡村建设规划许可证审批流程包括以下五个阶段。

(1) 申请人提交申请表及有效申报材料，窗口出具接收材料凭证；

(2) 窗口形式审查，材料符合法定要求的，5 个工作日内向申请人发出《行政

许可受理通知书》；材料不符合法定要求的，5个工作日内向申请人发出一次性补正材料通知书；

(3) 审查行政许可申请材料；

(4) 领导审批，作出行政许可决定；

(5) 窗口公示、核发乡村建设规划许可证。

2.4 业务表单

审批按一定的流程进行管理，业务表单是其中不可缺少的重要组成部分。

规划信息化的过程重点是利用新技术手段来辅助规划编制、实施，而传统的业务表单不便于管理、改动麻烦，业务流程也常常变化。传统的审批模式有很多与现代化的模式不相适宜之处。因此，为了适应数字规划的要求，进行科学的管理、决策，需要优化流程、优化表单及梳理相互之间的关联关系。

表单要结合业务，尽量格式化、模板化、规范化。表单异常时要能够发现，便于跟踪、统计。

2.4.1 规划设计要点类

规划设计要点由规划管理部门提出，用于指导建设项目进行规划设计，也是规划管理部门审批规划设计方案的依据之一。下面以建设工程规划设计要点为例说明其内容(表2.1)。

表2.1　建设工程规划设计要点表(建筑工程类)

项目编号：　　　　　　　　　　　　　　　　　　　　　事项编号：

建设单位		项目名称		建设地点			
规划概要	1. 对地块区位、规划应重点考虑内容的概述 2. 用地内规划允许建设内容、兼容性要求等						
规划指标							
地块编号	用地性质	用地面积/m²	容积率	建筑高度/m	建筑密度/%	绿地率/%	集中绿地/m²
01		00，精确至个位	≥00，且≤00，精确至小数点后2位	≥00，且≤00，精确至个位	≤00，精确至个位	≥00，精确至个位	≥00，精确至个位
公共配建	社区公共配建等的配建内容、规模及相关要求，位置要对应到具体地块						
停车配建	机动车、非机动车停车位标准，地面地下停车比例等，如不同地块标准不一样，应注明						

续表

指标说明	1. 指标中用地面积以实际出让土地面积为准；2. 指标中建筑高度计算至________建筑北檐口、建筑女儿墙顶、建筑屋面、建筑屋顶最高点包括所有突出物；3. 住宅建筑小于 90m² 户型比例：≥%；4. 容积奖励条款：　　（第 3、4 条如果不涉及，可删除）
规划要求	
交通组织	出入口位置、交通流线、停车场位置等
空间景观	规划建设内容或不同建筑高度等在地块上总体布局要求；空间景观、城市界面要求；建筑体量、风格、色彩、立面、屋顶形式等方面的要求等
报审要求	
报审图件	1. 建设项目建设基本信息登记表；2. 建筑设计方案自审表；3. 规划设计说明；4. 总平面图（落放在 1∶500 或 1∶1000 地形图上，含主要经济技术指标）；5. 建筑单体平、立、剖面图；6. 沿街立面图（包括相邻地块建筑立面）；7. 有关分析图（高度、实景照片植入分析等，可自填）；8. 专项论证成果 ；9. 自填（规划局要求的其他图件）
部门意见	____（方案审定、申请建设工程规划许可证）前应取得：____（消防、人防、交管、教育、文物、环保、卫生、国家安全、水利、航空、电力、通信、园林、地铁、航道、农林、自填）部门的同意意见
其他要求	1. 方案比选：申请方案审查前应进行设计方案比选，由规划委员会专家咨询委员会进行评选。组织不少于____家设计单位，送选方案不得少于自填个；2. 方案评议：凡需进行方案比选的，如果邀请国家级以上设计大师进行方案设计，可不再要求方案比选，由规划委员会专家咨询委员会对方案直接进行评议；3. 专项论证：____（方案审定、申请建设工程规划许可证）前应完成：____（日照影响分析、环境影响分析、交通影响分析、听证程序、公示程序）
要点附件	1. 规划设计要点红线图，__套；2. 建设工程建设基本信息登记表，__张；3. 建设工程设计方案自审表，__张
备　注	1. 报审的规划设计方案应符合本要点的各项要求，凡本要点未作具体规定的，应按现行有关法规和规范执行；否则可不予受理；2. 规划设计方案经审定后方可进行初步设计或施工图设计；3. 本项目应在__年__月__日（系统根据本要点打印当日加一年后的日期自动生成）前申报规划设计方案审查；4. 经公开出让获得土地使用权的项目，自土地出让合同签订之日起，本要点内容进行如下变更：建设单位变更为土地受让人，签发日期变更为合同签订日期，有效期按合同约定的开工建设期限控制

审批栏	类别	初审	一类复审/二类审定	一类审定
	建筑	姓名　　日期	姓名　　日期	姓名　　日期
	用地	姓名　　日期	姓名　　日期	姓名　　日期

会签栏	处室	会签人	日期	会签意见

2.4.2 设计方案类

在规划管理过程中主要涉及规划设计方案和建筑设计方案两类。下面以建设工程设计方案审批表为例说明其内容(表 2.2)。

表 2.2 某市规划局建设工程设计方案审批表(建筑工程类)

项目编号: 事项编号:

<table>
<tr><td>建设单位</td><td colspan="6"></td></tr>
<tr><td>项目名称</td><td colspan="6"></td></tr>
<tr><td>建设地点</td><td colspan="6"></td></tr>
<tr><td rowspan="2">审批结论</td><td colspan="6">审定意见:无修改、需局部修改完善</td></tr>
<tr><td colspan="6">非审定意见:不予受理(5d)、修改、否定、暂缓办理</td></tr>
<tr><td colspan="7">容积率</td></tr>
<tr><td rowspan="2">地块编号</td><td rowspan="2">设计要点容积率</td><td rowspan="2">用地面积</td><td colspan="4">建筑计容积率面积/m²</td></tr>
<tr><td>可 建</td><td>已发许可</td><td>本次报审</td><td>剩 余</td></tr>
<tr><td></td><td></td><td></td><td></td><td></td><td></td><td></td></tr>
<tr><td></td><td></td><td></td><td></td><td></td><td></td><td></td></tr>
</table>

<table>
<tr><td colspan="6">其他规划指标</td></tr>
<tr><td></td><td>地块编号</td><td>设计要点</td><td>前次审查意见</td><td>本次报审</td><td>审查意见</td></tr>
<tr><td rowspan="2">用地性质</td><td>01</td><td></td><td></td><td></td><td>经办人填写</td></tr>
<tr><td></td><td></td><td></td><td></td><td></td></tr>
<tr><td rowspan="2">建筑高度</td><td>01</td><td></td><td></td><td></td><td></td></tr>
<tr><td></td><td></td><td></td><td></td><td></td></tr>
<tr><td rowspan="2">建筑密度</td><td>01</td><td></td><td></td><td></td><td></td></tr>
<tr><td></td><td></td><td></td><td></td><td></td></tr>
<tr><td rowspan="2">绿 地 率</td><td>01</td><td></td><td></td><td></td><td></td></tr>
<tr><td></td><td></td><td></td><td></td><td></td></tr>
<tr><td rowspan="2">集中绿地</td><td>01</td><td></td><td></td><td></td><td></td></tr>
<tr><td></td><td></td><td></td><td></td><td></td></tr>
<tr><td>公建配套</td><td colspan="2"></td><td></td><td></td><td></td></tr>
<tr><td>停车配建</td><td colspan="2"></td><td></td><td></td><td></td></tr>
<tr><td>指标说明</td><td colspan="2"></td><td></td><td></td><td></td></tr>
</table>

续表

规划要求				
	规划设计要点	前次审查意见	申请单位自审	本次审查意见
规划内容		上次审查意见		符合/需修改 需修改详填内容
交通组织				
空间景观				
间距退让				
其他要求				
报审要求				
报审图件			相关部门、文号	
部门意见				
其他要求			会议纪要、发文	
备　注	1. 凡本审批意见未作具体规定的，应按现行有关法规和规范执行； 2. 报审的方案应符合要点及本审批意见的各项要求，否则窗口可不予受理； 3. 规划设计方案经我局审定后方可进行初步设计或施工图设计； 4. 市政方案请在总平面方案审定后另行报审			

2.4.3 "一书三证"类

《城乡规划法》确定了"一书三证"制度，即建设单位和个人在进行建设时，必须办理建设项目选址意见书、建设用地规划许可证、建设工程规划许可证和乡村建设许可证。以下分别叙述各许可证审批的内容和样例(表 2.3～表 2.6)。

表 2.3　项目选址意见书审批表

项目编号：　　　　　　　　　　　　　　　　　　　　证件编号：

建设单位			
项目名称			
拟选位置			
选址事由			
选址位置			
建设用地			
地块编号	用地性质	用地面积/m^2	折合亩数/亩
01		精确至个位	精确至小数点后一位
小计			

续表

<table>
<tr><td colspan="5">代征用地</td></tr>
<tr><td></td><td colspan="2"></td><td></td><td></td></tr>
<tr><td>小计</td><td colspan="2"></td><td></td><td></td></tr>
<tr><td>合　计</td><td>地块计数</td><td>——</td><td></td><td></td></tr>
<tr><td>其他说明</td><td colspan="4">1. 申请建设用地规划许可证前，应进行环境影响分析；
2. 规划用地位于地下文物重点保护区内，申请建设用地规划许可证前，应征求文物部门的书面意见</td></tr>
<tr><td>附件</td><td colspan="4">1. 建设项目选址红线图，__套；
2. 规划设计要点表，__张</td></tr>
<tr><td>备注</td><td colspan="4">1. 具体的选址位置以所附建设项目选址红线图所示为准；
2. 本项目应在____年____月____日前申请建设用地规划许可证</td></tr>
<tr><td rowspan="2">审批栏</td><td>处室</td><td>初审</td><td>一类复审/二类审定</td><td>一类审定</td></tr>
<tr><td></td><td>姓名　日期</td><td>姓名　日期</td><td>姓名　日期</td></tr>
<tr><td rowspan="2">会签栏</td><td>处室</td><td>会签人</td><td>日期</td><td>会签意见</td></tr>
<tr><td></td><td></td><td></td><td></td></tr>
</table>

表 2.4　建设用地规划许可证审批表

项目编号：　　　　　　　　　　证件编号：

<table>
<tr><td>建设单位</td><td colspan="4"></td></tr>
<tr><td>项目名称</td><td colspan="4"></td></tr>
<tr><td>建设地点</td><td colspan="4"></td></tr>
<tr><td colspan="5">建设用地</td></tr>
<tr><td>地块编号</td><td colspan="2">用地性质</td><td>用地面积/m²</td><td>折合亩数/亩</td></tr>
<tr><td>0</td><td colspan="2"></td><td>精确至个位</td><td>精确至小数点后一位</td></tr>
<tr><td></td><td colspan="2"></td><td></td><td></td></tr>
<tr><td>小计</td><td colspan="2"></td><td></td><td></td></tr>
<tr><td colspan="5">代征用地</td></tr>
<tr><td></td><td colspan="2"></td><td></td><td></td></tr>
<tr><td>小计</td><td colspan="2"></td><td></td><td></td></tr>
<tr><td>合　计</td><td>地块计数</td><td>——</td><td></td><td></td></tr>
</table>

续表

<table>
<tr><td>其他说明</td><td colspan="7">1. 最终用地面积和用地边界以土地管理部门实测为准；
2. 规划用地凡涉及拆迁的，拆迁主管部门可根据情况调整实际拆迁范围；
3. 规划用地范围内凡涉及地下文物、文保单位、古树名木、市政公用设施、基础测绘设施、测量标志、宗教设施、军事设施等内容的，应遵守相关法律法规之规定；
4. 规划用地范围内凡涉及公共设施拆迁的，应在地块内予以复建，如需异地建设或拆除，应征求相关主管部门的书面同意意见</td></tr>
<tr><td>附件</td><td colspan="7">1. 建设用地红线图，__套；
2. 规划设计要点表，__张；
3. 用地规划许可证附件 6 份</td></tr>
<tr><td>备注</td><td colspan="7">1. 具体的建设地点以所附建设用地红线图所示为准；
2. 本项目应在__年__月__日（系统根据本证整理签发之日加一年后的日期自动生成）前向国土资源管理部门申请建设用地批准文件；拟公开出让地块应在____年____月____日前发出招标公告</td></tr>
<tr><td rowspan="2">审批栏</td><td>处室</td><td colspan="2">初审</td><td colspan="2">一类复审/二类审定</td><td colspan="2">一类审定</td></tr>
<tr><td></td><td>姓名</td><td>日期</td><td>姓名</td><td>日期</td><td>姓名</td><td>日期</td></tr>
<tr><td rowspan="3">会签栏</td><td>处室</td><td>会签人</td><td>日期</td><td colspan="4">会签意见</td></tr>
<tr><td></td><td></td><td></td><td colspan="4"></td></tr>
<tr><td></td><td></td><td></td><td colspan="4"></td></tr>
</table>

表 2.5　建设工程规划许可证审批表

项目编号：　　　　　　　　　　　　　　　　　　　　证件编号：

<table>
<tr><td>建设单位</td><td colspan="11"></td></tr>
<tr><td>项目名称</td><td colspan="11"></td></tr>
<tr><td>建设地点</td><td colspan="11"></td></tr>
<tr><td rowspan="2">建筑栋号</td><td rowspan="2">栋数</td><td rowspan="2">建筑用途</td><td rowspan="2">起始层</td><td rowspan="2">终止层</td><td colspan="2">高度/m</td><td colspan="5">单幢面积/m^2</td></tr>
<tr><td>地下</td><td>地上</td><td>地下</td><td>地上</td><td>基底</td><td>计容积率</td><td>总面积</td></tr>
<tr><td></td><td>精确到个位</td><td></td><td>精确到个位</td><td>精确到个位</td><td>精确到小数点后两位</td><td></td><td>精确到个位</td><td>精确到个位</td><td></td><td>精确到个位</td><td>精确到个位</td></tr>
<tr><td></td><td></td><td></td><td>地下层表示为__</td><td></td><td></td><td></td><td></td><td></td><td></td><td></td><td></td></tr>
<tr><td>合　计</td><td></td><td></td><td></td><td></td><td></td><td></td><td></td><td></td><td></td><td></td><td></td></tr>
</table>

续表

<table>
<tr><td>构筑物名</td><td>个数</td><td>使用类型</td><td>高度/m</td><td>长度/m</td><td>宽度/m</td><td>面积/m²</td><td>容积/m³</td><td>说明</td></tr>
<tr><td>可扩展</td><td></td><td></td><td></td><td></td><td></td><td></td><td></td><td></td></tr>
<tr><td>合　计</td><td></td><td></td><td></td><td></td><td></td><td></td><td></td><td></td></tr>
<tr><td>其他说明</td><td colspan="8"></td></tr>
<tr><td>附　件</td><td colspan="8">1. 核准定位红线图，__套；
2. 核准建筑施工图/建筑方案图(根据报审的图纸确定)，__套</td></tr>
<tr><td>备　注</td><td colspan="8">1. 具体的建设地点以所附的定位红线图所示为准；
2. 本证所载建筑用途与核准施工图/建筑方案图有差异的，应以本证为准；本证未明确的，则核准施工图/建筑方案图标注的用途为准；
3. 本证所载面积与核准建筑施工图/建筑方案图实际面积不一致的，以本证为准；
4. 本证所载的高度、层数为最大值，详细的数值以核准施工图/建筑方案图的标注数据为准；
5. 本项目应在__年__月__日(系统根据本选址意见书打印当日加一年后的日期自动生成)前开工建设</td></tr>
</table>

表 2.6　乡村建设规划许可证申请表

项目编号：　　　　　　　　　　　　　　　　　　　　证件编号：

<table>
<tr><td colspan="2" rowspan="2">建设单位
(或个人)</td><td colspan="2" rowspan="2"></td><td rowspan="2">联系人</td><td>姓　名</td><td colspan="2"></td></tr>
<tr><td>手　机</td><td colspan="2"></td></tr>
<tr><td colspan="2">项目名称</td><td colspan="2"></td><td colspan="2">主管单位批准文　　号</td><td colspan="2"></td></tr>
<tr><td colspan="2">拟建位置</td><td colspan="6">镇(办事处)　　　　村(街道)　　　　村民组</td></tr>
<tr><td colspan="2">用地现状</td><td colspan="3">(打“√”选择)
☐ 农业用地　　☐非农业用地</td><td colspan="2">拟用地面积</td><td></td></tr>
<tr><td colspan="2">用地权属</td><td colspan="3"></td><td colspan="2">拟建筑面积</td><td></td></tr>
<tr><td colspan="2">现场踏勘意见</td><td colspan="6">建设项目选址范围，对村镇规划影响情况
签名：　　　　年　　月　　日</td></tr>
<tr><td rowspan="2">项目建设审批依据</td><td>村委会或居委会意见</td><td colspan="2">经办人：　　负责人：
(签章)　年　　月　　日</td><td colspan="2">镇(街道办事处)社会事务办公室意见</td><td colspan="2">经办人：　　负责人：
(签章)　年　　月　　日</td></tr>
<tr><td>镇(街道办事处)政府意见</td><td colspan="6">(签章)
负责人：　　　　年　　月　　日</td></tr>
</table>

续表

拟用地、建筑平面定位图粘贴处：			
用地规划设计条件(由镇、街道办事处)填写			
拟建筑朝向、色彩		容积率	
拟建筑总高度及层数	M　　层	拟建筑总面积	m^2
建筑密度	%	绿地率	%
建筑红线	m	建筑退让用地红线距离	m
拟建筑物基础设施现状及简述			
给排水、电力、电信、有线电视、光缆、道路			
业务审查意见	经办人：　　审核人：　　年　月　日		
局长意见	负责人签名：　　年　月　日		

2.5 业务结果图表

规划管理过程的各个流程会产生一系列的文字、表格、图形等业务结果，如跟踪管理的文本、上报的意见、征求的意见、批复的结果以及用通知书、决定书的形式及时反馈给申请者的审定意见或者审批结果。具体包括建设工程规划审查意见通知书、不予行政许可决定书、行政许可不予受理通知书、建设工程规划审查意见通知书、建设工程规划审定意见通知书、建设工程规划验收合格书、建设工程规划验收整改意见通知书、审批结果同意变更决定书、审批结果不予变更决定书、审批结果有效期延续准予决定书、规划审批结果有效期延续不予延续决定书、注销行政许可决定书等。

2.5.1 结果表

结果表以建设工程验线结果表为例(表 2.7)。

表 2.7　某市规划局建设工程验线结果表

项目编号：　　　　　　　　　　　　　　　　　　　　信息扩展号：

<table>
<tr><td>建设单位</td><td colspan="3"></td></tr>
<tr><td>项目名称</td><td colspan="3"></td></tr>
<tr><td>建设地址</td><td colspan="3">区</td></tr>
<tr><td>验线类别</td><td colspan="3">□ 灰线　□ ±0</td></tr>
<tr><td>验线结论</td><td colspan="3">你单位于____年____月____日报验的项目中，(工程名称)经规划验线符合规划许可要求，(工程名称)经规划验线不符合符合规划许可要求。建设单位自接到本表后，应在 15 日内按以下意见整改重新报验</td></tr>
<tr><td colspan="4">建筑工程类</td></tr>
<tr><td>许可证号</td><td>工程名称</td><td>验线意见</td><td>问题描述及整改意见</td></tr>
<tr><td rowspan="3">多个证</td><td>01 自动显示</td><td>合格/不合格</td><td>意见为“不合格”者，选取审批表内的“问题描述及整改意见”内容显示于此；“合格”者，此栏显示“—”</td></tr>
<tr><td>02</td><td>…</td><td></td></tr>
<tr><td>…</td><td>…</td><td></td></tr>
<tr><td colspan="4">市政工程类(根据申请显示具体工程)</td></tr>
<tr><td>许可证号</td><td>设施类别</td><td>验线意见</td><td>问题描述及整改意见</td></tr>
<tr><td>多个证</td><td>自来水管道及附属设施</td><td>合格/不合格</td><td></td></tr>
<tr><td>…</td><td>电力管线及附属设施</td><td>…</td><td></td></tr>
<tr><td>…</td><td>燃气管线及附属设施</td><td>…</td><td></td></tr>
<tr><td></td><td>雨水管道及附属设施</td><td></td><td></td></tr>
<tr><td></td><td>污水管道及附属设施</td><td></td><td></td></tr>
<tr><td></td><td>通信管道及附属设施</td><td></td><td></td></tr>
<tr><td></td><td>有线电视管线及附属设施</td><td></td><td></td></tr>
<tr><td></td><td>路灯电缆及附属设施</td><td></td><td></td></tr>
<tr><td></td><td>门坡</td><td></td><td></td></tr>
<tr><td></td><td>以上栏目根据申请内容显示，可扩展</td><td></td><td></td></tr>
<tr><td>有关说明</td><td colspan="3">未按要求整改的，不得开工；擅自开工的，按违法建设处理</td></tr>
<tr><td>备注</td><td colspan="3"></td></tr>
</table>

2.5.2　通知书

通知书以验收合格书和整改意见书为例。

1. 建设工程规划验收合格书

建设工程规划验收合格书

验收编号:编号

许可证号:＊＊＊＊、＊＊＊＊、＊＊＊＊＊

建设单位名称:

根据《中华人民共和国城市规划法》第四十五条、《某市城市规划条例》第五十六条以及《某市城市规划条例实施细则》第七十三条之规定,对你单位在建设地址建设的验收内容进行了规划验收。经查验,该工程符合规划许可要求。

某市规划局

年　月　日

2. 整改意见书

某市规划局建设工程规划验收整改意见通知书

编号

建设单位名称:

你单位申报的在建设地址建设的(项目名称)项目,本次申报符合内容建设工程规划验收项目,经查验,符合规划许可要求。本次申报不符合内容建设工程规划验收项目,经查验,不符合规划许可要求请按以下整改意见整改合格后再予申报。

建筑相关规划控制内容:

有关说明:

备注:

某市规划局

年　月　日

2.5.3　结果图件

规划审批过程中产生的一系列红线图、总平面图等,不同审批阶段(如选址、用地、方案等)都会产生不同的图形,还包括基础地理信息、城市总体、详细规划信息,

已批准的用地红线图和总平面图、维护用地红线图和总平面图的图库等，如图 2.21 所示。数字规划旨在将图文数据管理与业务处理合为一体，实现图文同步流转。

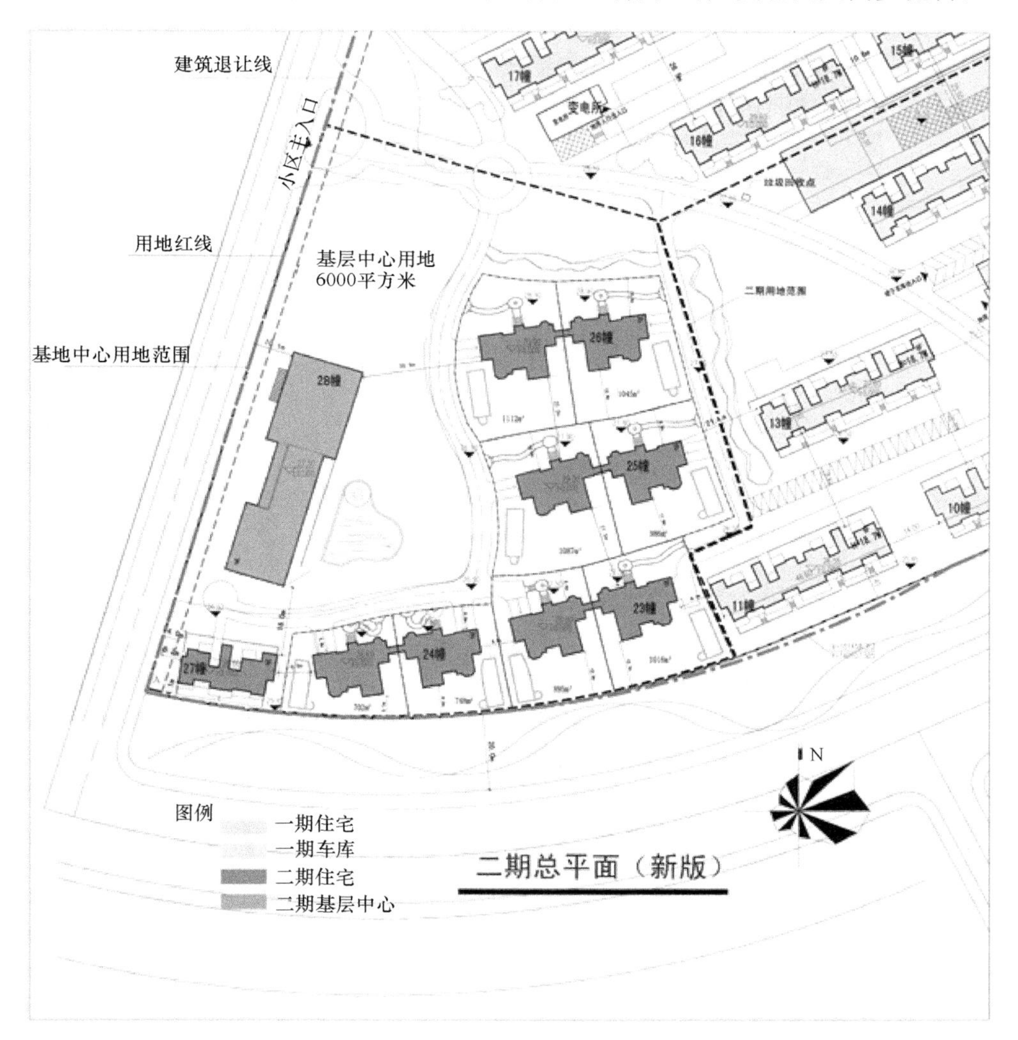

图 2.21　某市小区规划总平面图

思　考　题

(1) 数字规划的服务对象有哪些？

(2) 数字规划平台业务按功能逻辑可划分为哪些？

(3) 规划管理部门的主要职能有哪些？

(4) 规划管理部门的组织架构是怎样的?
(5) 城市规划管理包括几个环节?
(6) 规划编制管理的内容包括哪些?
(7) 城市规划管理的“一书三证”是什么?
(8) 选址意见书的审批流程是什么?

第3章　制度建设与技术准备

城乡规划信息化工作应该以规范化、标准化、制度化建设为重点，抓住信息流动的特征和实用的要求，并适应政府管理民主化、公开化和科学发展的要求。因此，数字规划的过程就是一个规范的过程，是一个从人治向法治转变的过程。标准化和规范化不仅指数据的规范化，还包括业务的规范化、信息的规范化及信息使用和更新的规范化。制度建设和技术准备是数字规划建设顺利进行的保证；技术准备是顺利开展数字规划的前提与基础，主要包括技术规范、标准制定、审批模式确定等。

信息化系统建设是管理工作更加规范、透明，手段更加科学、高效的要求，但是系统建设背后的制度建设、数据标准化建设是决定系统建设成败的首要因素。

3.1　制度建设

在系统建设过程中，尤其是在需求调查阶段，对现状情况、存在的问题及问题产生的主要原因进行了解、分析，研究如何补充和完善使管理工作合法、有序、协调、高效地开展的各种制度保障措施，对具体的系统研发工作具有十分重要的意义。制度的缺失往往不是系统研发本身能够解决的问题，但是完善的制度能够为系统的研发工作指明方向。

制度建设一般包括组织与建设工作管理制度，如运行维护管理制度、业务流程与管理制度建设、组织体系制度建设等。

3.1.1　运行维护管理制度建设

运行维护管理制度主要包括计算机管理、网络管理、系统运行维护、数据更新等制度。数据维护更新体制的建立需要协调好管理部门内、外多个相关部门在数据生产、管理和使用上的关系，从制度上保障数据来源的完整性、准确性和现势性。下面以某市城市规划基础地形图更新管理办法（试行）为例进行说明。

某市城市规划基础地形图更新管理办法（试行）

一、实施目的

城市基础地形数据是城市规划、建设与管理过程中必备的基础信息资料，为了实现城市规划管理的每一环节都能够获取现势性的地形图，统一技术标

准，保证市城市规划地理信息系统长期健康运行，特制定市城市规划基础地形图更新管理办法(简称办法)。

二、实施原则

本办法实施的原则是“统一标准、统一供图、集中管理，以报建项目实时更新为主，定期组织更新为辅”。

三、实施范围

实施范围为主城区 252km^2，主城区内的所有报建项目、法定规划编制项目用图由市城市规划编制研究中心(地理信息中心)(简称编研中心)统一提供，集中管理。主城区外的地形图测绘业务参照本办法执行。

四、更新程序

1. 项目供图更新

供图流程管理由信息系统实现。在项目报建时，编研中心或窗口根据规划要求划定范围线并提供供图号，编研中心安排测绘单位对供图范围线内的地形要素进行勘查、修测，并在规定时间内向建设单位提供正式图纸及电子文件。如报建单位自己指定测绘单位，修测原图必须由编研中心提供，修测成果必须满足现势性及《某市 1∶500、1∶1000、1∶2000 基础地形数据建库测绘生产成果要求》，经编研中心核查确认并通过检测入库后，向建设单位提供正式图纸及电子文件。

补办项目必须按测绘生产成果要求补测地形图，实施程序同新办项目。

2. 竣工测量更新

建设项目竣工后，建设单位应及时委托测绘单位按照《市城市规划竣工测量成果要求》进行竣工图修测，并及时向编研中心提交 CAD 测量成果，督查中心对数据是否通过编研中心的检测及入库进行确认把关。分期建设的项目完全竣工后，由建设单位根据项目供图完成整个项目地形图的测绘工作，测绘成果应通过编研中心的检测和入库，并作为窗口换发建设工程规划许可证正本的必备条件。

3. 自行组织更新

对因规划编制或其他需要而产生的地形图的核查及修测，由编研中心安排测绘单位完成，出让地块控制性详细规划应采用最现势的地形图。对其他未能通过项目实现基础地形更新的区域，由编研中心根据现势性状况不定期地组织测绘单位进行修测更新，测绘成果及时检测入库。

五、质量管理

(1) 从事规划测绘业务的测绘单位必须具有相应的测绘资质。

(2) 测绘成果应满足测绘业务的相关技术标准及《某市 1∶500、1∶1000、

1∶2000基础地形数据建库测绘生产成果要求》或《市城市规划竣工测量成果要求》，确保数据现势性并及时通过检测和入库。

(3) 实行质量管理单位负责制，测绘单位对测绘成果的质量负责，编研中心对数据检测、及时无损入库负责。

(4) 测绘单位提交电子成果的同时，应提交打印图纸，并加盖测绘单位技术专用章，图纸由编研中心存档。

(5) 建立质量考核机制，由编研中心与测绘管理部门联合组织测绘质检单位对测绘数据进行不定期抽查，保证入库测绘数据的精度和质量。抽查结果将作为规划测绘业务的准入考核依据。

六、职责分工

1. 编研中心

(1) 技术总负责，负责技术标准的建立、咨询及培训。

(2) 为规划管理信息系统提供数据支撑，为规划管理业务及时提供现势性地形图。根据项目管理等要求，及时安排测绘单位完成地形图的核查、修测工作，确保数据符合入库技术要求，并及时检测、入库。

(3) 及时对竣工测量数据进行检测、入库。

2. 建设单位及受委托从事规划测绘业务的测绘单位

(1) 接受编研中心的技术指导。

(2) 按规划管理要求及时完成地形图勘查、修测工作，配合市局及分局相关管理处室完成放、验线及竣工测量任务。

3. 局职能处室及分局

(1) 局职能处室及分局在项目办理时，应严格执行本办法规定，对报建单位提供的地形图，应确认加盖了市城市规划地理信息中心技术专用章的方可进行项目办理；督查中心竣工验收时应确认竣工测量成果已入库。

(2) 管理人员现场查勘时，应将发现的有关地形图方面的问题及时告知编研中心及建设单位。

3.1.2　业务管理制度建设

1. 业务流程规范化

业务流程的规范化和标准化是信息化的基础和前提条件。在推进信息化的过程中，应对规划业务流程、管理制度实施全面的梳理和规范，如数字报建流程、规划审批流程等。

2. 加强安全保障制度建设

规划信息化建设过程中，安全保障工作非常重要。需要在建设过程中逐步形成和完善以下安全管理措施：

(1) 形成完整的信息安全体系，保证网络、硬件、数据和各类软件系统的安全性；

(2) 强化计算机的病毒防杀、防火墙和数据备份与恢复等安全保护机制；

(3) 建立完善的安全保密工作体系和安全保障制度。

3. 制度创新

要结合各类应用系统建设及运行维护的相关问题进行制度创新，形成符合信息技术发展要求的、适应信息化社会的管理制度和管理措施，确保信息化建设成果的有效应用。例如，控制性详细规划执行与调整规定、规划编制成果验收归档入库规定、入库前数据的核查实施细则、建设项目批后管理办法、违章查处管理办法、规划审批业务档案管理暂行规定等。

4. 空间数据作业规范

空间数据作业需遵守一定的规范，包括以下几个方面。

1) 数据建库作业规范

制定数据建库中各个阶段数据检查、数据转换、数据处理、数据入库的各类作业规范、人员职责规范、应征方现场作业规范，保证数据建库工作的有序和正确。

2) 空间数据管理作业规范

建立数据维护作业规范，包括数据备份机制、数据库日志的跟踪与维护、历史数据维护、数据恢复、数据迁移等。

3) 数据更新作业规范

建立数据更新作业规范，包括数据更新的流程步骤、操作，每个流程步骤的数据格式以及数据更新人员的职责等。

4) 审批业务作业规范

建立审批业务作业规范，包括案件审批的流程步骤、时间限制、各环节需要参考的数据内容、规范化用语以及案件审批人员的职业操守等。例如，建设用地规划许可图件制图暂行规定等。

5) 数据安全规范

在以上作业规范体系中，还需要建立数据安全规范，安全规范贯穿于数据建库、数据库管理以及数据发布的各个阶段。

5. 数据保密及备份制度

数据保密及备份制度有以下几点：

（1）根据数据的保密规定和用途，确定使用人员的存取权限、存取方式和审批手续；

（2）禁止泄露、外借和转移数据库中的各类信息；

（3）制定业务数据的更改审批制度，未经批准，不得随意更改业务数据；

（4）制作数据的备份并异地存放，确保系统一旦发生故障，能够快速恢复；

（5）业务数据必须定期、完整、真实、准确地转储到不可更改的介质上，并要求集中和异地保存，在正式移交至城建档案保管部门完成归档后，至少保存 2 年；

（6）备份的数据必须指定专人负责保管，由管理人员按规定的方法同数据保管员进行数据的交接，交接后的备份数据应在指定的数据保管室或指定的场所保管；

（7）数据保管员必须对备份数据进行规范的登记管理；

（8）备份数据资料的保管地点应有防火、防热、防潮、防尘、防磁、防盗设施。

3.1.3 法律法规

数字规划应该遵循有关国家和地方的法律法规以及部门规范制度要求，主要参见表 3.1。

表 3.1 数字规划遵循的法规、制度

法律、行政法规	中华人民共和国城乡规划法
	中华人民共和国土地管理法
	中华人民共和国测绘法
	中华人民共和国城市房地产管理法
	中华人民共和国物权法
	中华人民共和国环境保护法
	中华人民共和国防震减灾法
	其他有关法律
	村庄和集镇规划建设管理条例
	城市道路管理条例
	中华人民共和国土地管理法实施条例
	城市绿化条例
	其他有关行政法规

续表

国务院文件	国务院关于某市城市总体规划的批复
	国务院关于落实《政府工作报告》重点工作部门分工的意见(国发[2009]13号)
	其他
住房和城乡建设部规章	城市规划编制办法
	城市黄线管理办法
	城市蓝线管理办法
	城市绿线管理办法
	住房和城乡建设部关于修改《城市地下空间开发利用管理规定》的决定
	城市规划编制单位资质管理规定
	省域城镇体系规划编制审批办法
	建设项目选址规划管理办法
	城市国有土地使用权出让转让规划管理办法
	住房和城乡建设部关于修改《城市建设档案管理规定》的决定
	城镇个人建造住宅管理办法
	开发区规划管理办法
	其他
地方性法规与部门规章	省城乡规划条例
	省城乡规划条例实施细则
	省历史文化名城名镇保护条例
	省建设统计管理办法
	市城乡规划条例
	市城乡规划条例实施细则
	市重要近现代建筑和近现代建筑风貌区保护条例
	市城乡管理相对集中行政处罚权试行办法
	其他
地方规范性文件	关于进一步改进规划管理和服务工作的若干意见
	市政府办公厅关于转发市规划局《市国有土地使用权出让后规划条件变更管理规定》的通知
	关于发布《控制性详细规划编制工作规定》的通知
	关于进一步加强建设工程规划审批结果公示管理工作的有关规定
	其他

3.2 技术规范与标准建设

数字规划的实施应遵循国家、行业规范和标准，并建立相关体系。以数据规范、质量规范、软件体系规范以及工作规范四套规范体系为主线，贯穿于应用系统集成、数据整合、空间数据建库、系统设计、规划管理工作流程制定等建设任务，保证系统建设的规范性和质量。

3.2.1 空间参考标准化

空间参考标准以某市为例：数字规划使用的数据采用高斯-克吕格投影、吴淞高程基准，地方坐标系采用合法的城市地方坐标系。所有数据要能够与国家西安1980坐标系、1985国家高程基准进行自动转换。

数字规划的空间参考标准所依据的有关国家标准如表3.2所示。

表3.2 空间参考遵循的国家标准

序号	标准名称	标准编号
1	地理点位置纬度、经度和高度的标准表示方法	GB/T16831-1997
2	国家基本比例尺地形图分幅编号	GB/T13989-1992
3	中华人民共和国行政区划代码	GB/T2260-2007
4	县以下行政区划代码编制规则	GB/T10114-2003
5	基础地理信息标准数据基本规定	GB 21139-2007
6	国家大地测量基本技术规定	GB 22021-2008
7	地理格网	GB/T 12409-2009

3.2.2 基础测绘和地理信息标准化

基础地理信息数据是城乡规划的基本地理信息，是城乡规划、建设和管理的基础，也是各行业进行空间应用平台开发的基础支撑。市县级基础地理信息(1∶500、1∶1000、1∶2000)比例尺是国家基础地理信息共享平台和国家地理信息公共服务平台中最基础、最复杂、最详细的一层。地形图是地形要素的重要表现形式之一，同时又是基础地理信息系统的主要空间数据来源。

研究、编制和应用有关标准规范，将直接推进和规范基础地理信息数据的生产、建库、更新、管理、分发服务、产品开发；地图制图的标准化、规范化，满足数字制图时代的要求，方便地理信息的共享服务，对支撑规划编制、规划审批、规划监察中的数据建库、专题制图、更新运行、成果应用等具有重要意义。

在标准编制和执行过程中，应注意与有关的国家标准或行业标准之间的兼容

性。在数字规划平台开发过程中，应遵循表3.3所示的有关国家法规、行业标准规范，并可以在此基础上进一步细化扩充，制定相应的地方性或项目内标准规范。

表3.3 数字规划应遵循的有关测绘和基础地理信息量标准

序号	标准名称	标准编号
1	基础地理信息要素分类与代码	GB/T 13923-2006
2	地理信息元数据	GB/T 19710-2005
3	地理空间数据交换格式	GB/T 17798-2007
4	地图符号库建立的基本规定	CH/T 4015-2001
5	国家基本比例尺地形图分幅和编号	GB/T 13989-1992
6	国家基本比例尺地图图式 第1部分：1：500、1：1 000、1：2 000地形图图式	GB/T 20257.1-2007
7	国家基本比例尺地图图式 第2部分：1：5 000、1：10 000 地形图图式	GB/T 20257.2-2006
8	国家基本比例尺地图图式 第3部分：1：25 000、1：50 000、1：100 000地形图图式	GB/T 20257.3-2006
9	国家基本比例尺地图图式 第4部分：1：250 000、1：500 000、1：1000 000 地形图图式	GB/T 20257.4-2007
10	基础地理信息要素数据字典 第1部分：1：500、1：1 000、1：2 000 基础地理信息要素数据字典	GB/T 20258.1-2007
11	基础地理信息要素数据字典 第2部分：1：5 000、1：10 000 基础地理信息要素数据字典	GB/T 20258.2-2006
12	基础地理信息要素数据字典 第3部分：1：25 000、1：50 000、1：100 000 基础地理信息要素数据字典	GB/T 20258.3-2006
13	基础地理信息要素数据字典 第4部分：1：250 000、1：500 000、1：1 000 000 基础地理信息要素数据字典	GB/T 20258.4-2007
14	基础地理信息数字成果 1：500、1：1 000、1：2 000 数字线划图	CH/T 9008.1-2010
15	基础地理信息数字成果 1：500、1：1 000、1：2 000 数字高程模型	CH/T 9008.2-2010
16	基础地理信息数字成果 1：500、1：1 000、1：2 000 数字正射影像图	CH/T 9008.3-2010
17	基础地理信息数字成果 1：500、1：1 000、1：2 000 数字栅格地图	CH/T 9008.4-2010

续表

序号	标准名称	标准编号
18	基础地理信息数字成果 1∶5 000、1∶10 000、1∶25 000、1∶50 000、1∶100 000 数字高程模型	CH/T 9009.2-2010
19	基础地理信息数字成果 1∶5 000、1∶10 000、1∶25 000、1∶50 000、1∶100 000 数字正射影像图	CH/T 9009.3-2010
20	基础地理信息数字成果 1∶5 000、1∶10 000、1∶25 000、1∶50 000、1∶100 000 数字栅格地图	CH/T 9009.4-2010
21	地形数据库与地名数据库接口技术规程	GB/T 17797-1999
22	专题地图信息分类与代码	GB/T 18317-2009
23	国家基本比例尺地形图更新规范	GB/T 14268-2008
24	城市测量规范	CJJ 8-1999
25	城市地下管线探测技术规程	CJJ 61
26	地理信息 元数据 XML 模式实现	GB/Z 24357-2009
27	数字测绘成果质量检查与验收	GB/T 18316-2008
28	数字测绘成果质量要求	GB/T 17941-2008
29	城市基础地理信息系统技术规范	CJJ100-2004
30	基础地理信息数据库建设技术规程	开发单位自己制定
31	基础地理信息数据建库与更新规范	开发单位自己制定
32	基础地理信息数据标准体系	开发单位自己制定
33	测绘成果动态更新机制	开发单位自己制定
34	放验线及竣工测量数据标准	开发单位自己制定
35	国家、行业其他有关测绘、地理信息规范、标准	开发单位自己制定

3.2.3 规划编制成果标准化

规划编制成果的标准化取决于规划编制的标准化，因此，除了成果本身数据的分类代码规范、制图规范、数据库建设规范、数据更新规范等之外，还应该研究各类规划编制过程的规范化。成果规范应该贯穿于规划编制、成果建库、规划调整的全过程，并最终为实现生产、制图、建库一体化目标服务。

规划编制成果的标准化是实现规划指标统计分析、控制条件智能检测、自动预警等辅助决策支持系统以及实现规划“一张图”的重要技术支撑。

规划编制成果主要包括：城市总体规划（总体规划、区域规划、专项规划、战略研究类规划等）、地区规划（次区域总体规划、地区控制性详细规划、地区城市设计规划、风景区规划、历史文化保护区规划、地区其他规划等）、县镇建设发展规划、建

设实施类规划等。

现以控制性详细规划编制组织管理为例。应在国家、行业有关控制性详细规划标准的基础上，积极探索和改进控制性详细规划编制的技术方法和内容，构建起规划编制制度的框架，包括工作规定、技术规定、专项技术标准等，如表 3.4 所示。

表 3.4　控制性详细规划有关技术规程和成果标准

序号		标准名称
1	工作规定	规划编制项目设计单位征集操作规程
2		规划编制经费管理实施办法
3		规划编制成果验收归档操作规程
4		控制性详细规划编制工作规定
5		控制性详细规划执行和调整规定
6		控制性详细规划成果维护和更新规定
7		…
8	技术规定	国家有关技术规定
9		省城市规划管理技术规定
10		控制性详细规划编制技术规定
11		非集中城市建设用地控制性规划编制技术规定
12		…
13	专项技术标准	国家有关专项技术标准
14		地域划分及代码
15		城乡用地分类和代码
16		新建地区公共设施配套规划指引
17		新建地区市政规划指引
18		轨道交通站点相邻用地规划指引
19		计算机辅助制图规范
20		…
21		国家、行业、省、市其他有关规划编制技术规定
22		规划局内部规定的其他有关设计、建设、维护、更新技术规程

在控制性详细规划编制内容的基础上，应结合实际，重点突出最关键的核心内容，如道路红线、河道蓝线、文物紫线、绿地绿线、高压黑线、轨道橙线等“六线”规划控制，公共设施用地和市政基础设施用地控制，高度控制规划控制，特色意图区规划控制等。经政府审批后，作为强制性内容应当严格执行，不得随意变更。确需调整的，需经原审批程序重新认定。因此，这类规划成果的标准规范化工作尤为重要。

3.2.4 数字报建标准化

数字报建也称为电子报批，是在规划项目报建各阶段，将纸质成果转为数字成果进行审查、存档和调用的过程。数字报建是规划管理信息化发展的要求，也是建立数字规划的基础。

数字报建除规范申报、审批行为和资料要求外，更主要的是对规划设计方案总平面图及单体建筑设计进行规范化管理，以实现综合技术经济指标自动计算、规划控制条件智能检测等，提高规划管理审批工作的效率，减少人为因素，提高审批工作的科学性和准确性。

数字报建数据标准包括各类申报、审查资料的分类、数据组织等要求，如文件结构、图面表达、图形规则、图层标准、附加属性、空间定位、标准表格等。其中图层标准示意如表 3.5 所示。

表 3.5　数字报建图层标准

<table>
<tr><th colspan="2">类别</th><th>图层名</th><th>内容</th><th>实体类型</th><th>线型或字体</th><th>颜色</th><th>粗细/字高</th></tr>
<tr><td colspan="2">市政外部条件</td><td>11～17 层</td><td>外部条件提供时确定</td><td colspan="4">无</td></tr>
<tr><td colspan="2">规划设计要点</td><td>21～23 层</td><td>规划设计要点提供时确定</td><td colspan="4">无</td></tr>
<tr><td rowspan="6">指标计算图</td><td rowspan="6">用地</td><td>31 总用地边界</td><td>总用地边界(标注随层)</td><td>Pline(Closed)</td><td>Center</td><td>1</td><td>1.2</td></tr>
<tr><td>31 分地块边界</td><td>分地块便捷(标注随层)</td><td>Pline(Closed)</td><td>Center</td><td>1</td><td>0.8</td></tr>
<tr><td>31 有效绿地范围</td><td>有效绿地面积(标注随层)</td><td>Pline(Closed)</td><td>Continuous</td><td>78</td><td>0.2</td></tr>
<tr><td>31 道路广场用地</td><td>区内道路广场面积(标注随层)</td><td>Pline(Closed)</td><td>Continuous</td><td>42</td><td>0</td></tr>
<tr><td rowspan="2">31 室外停车用地</td><td>机动车停车场(标注随层)</td><td>Pline(Closed)</td><td>Continuous</td><td>4</td><td>0</td></tr>
<tr><td>非机动车停车场(标注随层)</td><td>Pline(Closed)</td><td>Continuous</td><td>134</td><td>0.2</td></tr>
</table>

续表

类别		图层名	内容	实体类型	线型或字体	颜色	粗细/字高
指标计算图	建筑	32 建筑基地外边线	建筑基地外边线	Pline(Closed)	Dashed	1	0.35
		32 建筑垂直投影线	建筑垂直投影线	Pline(Closed)	Continuous	30	0.20
		32 标准层外廓线	含封闭阳台	Pline(Closed)	Continuous	21	0
		32 非标准层计面积范围		Pline(Closed)	Continuous	21	0
		32 计一半面积范围		Pline(Closed)	Continuous	21	0
		32 地下室外廓线	地下室外廓线(标注随层)	Pline(Closed)	Dashed	7	0
	标注	33 建筑幢号标注	建筑幢号标注	Pline	Continuous	7	0/3
		33 室外地坪标高	室外地坪标高	Pline	Continuous	7	0/3
		33 建筑±0 标高	建筑±0 标高	Pline	Continuous	7	0/3
		33 北檐口标高	北檐口标高	Pline	Continuous	7	0/3
		33 尺寸线	建筑尺寸、标注随层	Pline	Continuous	7	0/3
			间距尺寸、标注随层	Pline	Continuous	7	0/3
			退让尺寸、标注随层	Pline	Continuous	7	0/3
		33 其他文字标注	其他文字标注	Pline	Continuous	7	0/3
	技术指标	34 控制指标核算总表	35 总平面经济技术指标	Pline	Continuous	7	0/3
		34 单栋建筑面积及停车位计算表	35 单体建筑面积明细表	Pline	Continuous	7	0/3
	图框	35 图框	设计单位专用图框	Pline	Continuous	7	0/3
		35 签字	设计人员签字、日期	Pline	Continuous	7	0/3

对规划管理部门而言，数字报建的推行，将建立一整套规划设计单位和规划管理部门共同的技术标准，极大地促进规划信息的规范化，使得规划设计数据能够动态入库、及时更新，保障"图文一体化"数字审批的实现。数字报建的推行还有利于提高日常规划管理审批工作的效率，改变原来手工进行指标核算时精度差、效率低的状况，加快审批流程，提高审批工作的科学性和准确性。

对设计单位而言，改变以往制图指标计算不准确、难以校核的情况，使规划成果的科学性和指导性进一步加强；使规划设计成果走向规范化、标准化，进一步加深成果的专业深度；便于设计单位对设计成果的内部管理。

对建设单位而言，能有效加快规划部门的审批流程，为建设单位赢得时间；可以及早进行规划控制指标的核对，掌握设计方案的指标是否满足规划控制的要求，以避免后续调整的麻烦以及不规范制图带来的纠纷；便于建设单位建立开发项目完整的电子业务档案。

3.2.5　规划管理审批规范化

为了更好地规范规划管理审批图形绘制，需要制定选址、用地、建筑设计要点、建筑方案、施工图、市政外部条件等多种审批阶段的图层标准。同时，为规范规划许可审批工作中图件的制作，要对各类审批成果出图标准进行规范。规定的主要内容：①定义许可图件各类要素（标志线、用地）的基本概念；②用地划定的原则和要求；③制图规则规定等。如表 3.6～表 3.8 所示。

表 3.6　选址、用地、要点图层标准

序号	最终图层	实体类型	线型或字	颜色	粗细/字高
1	征地范围红线	Pline	Continuous	1	1.2
2	出让（划拨）用地红线	Pline	Continuous	1	2
3	代征绿地	Pline(Closed)	Continuous	80	0.6
4	代征道路	Pline(Closed)	Continuous	1	0.6
5	其他代征用地	Pline(Closed)	Continuous	7	0.6
6	代征河道	Pline(Closed)	Continuous	4	0.6
7	分地块线	Pline	Center	1	0.6
8	控制建筑区界线	Pline(Closed)	Center	153	0.6
9	保留建筑界线	Pline	Center	54	0.8
10	文字注记说明	Pline	Continuous	1	0.8
11	特定控制线	Pline	Center	1	0.8
12	其他点	Point	—	210	0.6
13	其他线	Pline	Continuous	210	0.1

续表

序号	最终图层	实体类型	线型或字	颜色	粗细/字高
14	其他面	Pline	Continuous	210	0.6
15	其他注记	Pline	Continuous	7	0.1
16	笔迹	Pline	Continuous	7	0.1

表 3.7 建筑方案、施工图图层标准

图层名	内容	实体类型	线型或字体	颜色	粗细/字高
31 总用地边界	总用地边界(标注随层)	Pline(Closed)	Center	1	1.2
31 分地块边界	分地块边界(标注随层)	Pline(Closed)	Center	1	0.8
31 有效绿地范围	有效绿地面积(标注随层)	Pline(Closed)	Continuous	78	0.20
31 道路广场用地	区内道路广场面积(标注随层)	Pline(Closed)	Continuous	42	0
31 室外停车用地	机动车、机动车停车场(标注随层)	Pline(Closed)	Continuous	4	0
32 建筑基底外边线	建筑基底外边线	Pline(Closed)	Dashed	1	0.35
32 建筑垂直投影线	建筑垂直投影线	Pline(Closed)	Continuous	30	0.20
32 标准层外廓线	含封闭阳台	Pline(Closed)	Continuous	21	0
32 非标准层计面积范围	非标准层计面积范围	Pline(Closed)	Continuous	21	0
32 计一半面积范围	计一半面积范围	Pline(Closed)	Continuous	21	0
32 地下室外廓线	地下室外廓线(标注随层)	Pline(Closed)	Dashed	7	0
33 建筑幢号标注	建筑幢号标注	Pline	Continuous	7	0/3
33 室外地坪标高	室外地坪标高	Pline	Continuous	7	0/3
33 建筑±0 标高	建筑±0 标高	Pline	Continuous	7	0/3
33 北檐口标高	北檐口标高	Pline	Continuous	7	0/3
33 尺寸线	建筑尺寸、标注随层	Pline	Continuous	7	0/3
	间隔尺寸、标注随层	Pline	Continuous	7	0/3
	退让尺寸、标注随层	Pline	Continuous	7	0/3
33 其他文字标注	其他文字标注	Pline	Continuous	7	0/3

表 3.8 外部条件图层设置标准

层名	颜色	线型	粗细/字高	备注
1 高速公路红线	红	Continuous	0.6	道路外边线
1 高速公路中心线	白	Acad_iso08w100	0.25	
1 其他公路红线	红	Continuous	0.6	道路外边线

续表

层名	颜色	线型	粗细/字高	备注
1 其他公路中心线	白	Acad_iso08w100	0. 25	
1 快速路红线	红	Continuous	0. 6	道路外边线
1 快速路中心线	白	Acad_iso08w100	0. 25	
1 主干道红线	红	Continuous	0. 6	道路外边线
1 主干道中心线	白	Acad_iso08w100	0. 25	
1 次干道红线	红	Continuous	0. 6	道路外边线
1 次干道中心线	白	Acad_iso08w100	0. 25	
1 支路红线	红	Continuous	0. 6	道路外边线
1 支路中心线	白	Acad_iso08w100	0. 25	
1 其他道路红线	红	Continuous	0. 6	道路外边线
1 其他道路中心线	白	Acad_iso08w100	0. 25	
1 道路立交线	magenta	Continuous	0. 25	路内立交匝道边线
1 路内交通设施线	magenta	Dashedx2	0. 25	路内公交停靠站、过街通道、隧道等
1 交通设施线	红	Continuous	0. 6	停车场、公交首末站、加油站等(标注随层)；交通设施面(Hatch)
1A 道路标注	白	Continuous	0. 25(5)	断面、分隔带、尺寸、坐标
1A 路名	白	Continuous	0. 25	Hzfs
2 河道保护线	blue	Dashedx2	0. 6	
2 河道上口线	Blue	Continuous	0. 6	含河道伤口面(Hatch)
2 河道中心线	白	Acad_iso08w100	0. 25	
2 排水设施线	红	Continuous	0. 6	泵站等(标注随层)；排水设施面(Hatch)
2A 河道标注	白	Continuous	0. 25(5)	Romans\Hzfs
3 电力架空线	白	Continuous	0. 6	线、文字标注
3 电力地下电缆	白	Dashedx2	0. 6	线、文字标注
3 电力保护线	白	Dashedx2	0. 25	线、文字标注
3 供电设施线	红	Continuous	0. 6	变电站等(标注随层)；供电设施面(Hatch)
3A 电力标注	白	Continuous	0. 25(5)	Romans\Hzfs
4L 文物实体线	紫	Continuous	0. 6	含文物实体面(Hatch)
4L 文物保护线	紫	Continuous	0. 25	含文物实体面(Hatch)
4L 控制范围线	紫	Dashedx2	0. 25	含文物实体面(Hatch)
4A 文物标注	白	Continuous	0. 25(5)	Romans\Hzfs
5L 绿地线	绿	Continuous	0. 6	绿地边界；含绿地面(Hatch)

3.3 业务关联与功能规范化

3.3.1 业务系统关联规范化

数字规划的目标之一是要涵盖规划系统的主要业务范围，需要将分散的系统整合到统一的大系统中来。系统的集成要体现在数据和业务的关联上，不同的业务之间有相互的关联和互推作用。建立关联是系统研发的一个重要内容，关联有以下几个方面要求。

1. 系统关联规范的要求

(1) 规划管理系统与行政办公系统相关联，实现相关公文、纪要等信息的调入，用文号、关键字、地理位置关联。关联信息可不离开案件办理界面直接查询。

(2) 作为审批依据的市里各类会议纪要和文件(来自公文系统)以及局技术委员会会议纪要、其他各种会议纪要，通过在办文、办案系统中录入相关的文号、项目案件编号进行关联，有具体项目的，还可以直接关联到地理位置上。

(3) 违章的建设单位及违章内容在规划审批中可查询和关联。如果该单位有违章，在建设单位栏目及涉及该单位的所有在办项目审批表中自动标示类似“违章单位”的字样，并且可以查询违章具体信息。

(4) 批后管理中，验线成果图、竣工测量成果图应能够与审批许可依据信息(许可证和核准图)进行叠加比较。

(5) 图形界面中对综合供图信息、外部条件数据、批后管理的验线成果数据、竣工测量数据等，除进行相应的数据库管理和图形显示外，还需要能够选择进行相应状态的图上提示(如是否已在进行供图修测，修测地形图是否更新，有无外部条件，什么时间核准，竣工测量成果是否已上传、相应地形图是否已更新、项目是否已验收及验收时间、违章是否已处理及处理时间等信息)。

(6) 同一项目审批的任何阶段，在审批表格和图形界面中应该能够不离开审批界面，随时在同一界面中以文字链接(文号、卷号等)或图形形式(图上对象)查看该项目前期审批阶段的所有信息、关联项目的审批信息以及关联公文、纪要等信息。

2. 规范透明需求

(1) 审批过程、批后变更及延期、痕迹(含指标、文字、图形)的版本管理及其历史回溯。

版本管理的目的是保证基础地理信息的连续性，方便查询历史信息，设定历史数据的生命周期，并能够回溯到生命周期内任何版本的历史信息，同时可查询到历

史实体和现实实体的关联。定时备份和清理数据库中的历史数据，保证数据库的适当冗余。利用历史库可以根据时间、范围等条件来判断哪些数据在何时进行了更新；进行某一次更新前后的历史和现状的变化情况对比；指定时间、范围将数据恢复到当时状态，由于历史库中只存储了变化的情况，所以这一操作可能需要同时从现势库和历史库中提取数据进行处理，为了保证现势库和历史库的完整性，系统将恢复的数据存放到一个新的临时库中。

历史数据管理的主要内容如表 3.9 所示。

表 3.9　历史数据管理

历史数据的查询、浏览、动态回放	根据历史数据，对某一个区域或某个要素的变迁进行动态回放，根据时间标记查询包含空间信息和属性信息的历史沿革；要素实体在生命周期内的状态时间序列；新老要素实体之间的继承关系
历史数据的恢复	将历史数据恢复为当前活动的地理空间数据库
历史数据的备份	历史数据记录了数据的演变过程，是现势数据很重要的依据，需要经常对数据进行备份，防止数据丢失
历史数据的维护	历史要素的图形数据和属性数据统一存储；记录区域或要素历史数据恢复的所见及所得；恢复任意历史时刻的完整系统信息

(2) 图形审批中同一项目的不同审批阶段（如选址、用地、方案等）以及报审的不同轮次有不同的审批成果版本，但是同一阶段同一轮次中的项目审批，窗口收件、初审、复审、审定等环节中不同人员所做的任何修改（文字、图形）均应直接将版本信息及过程（时间、人员、原始状态、修改后状态等）记录在要素上，并能够查询、统计和回溯反演。同一人从打开到关闭的整个过程中，操作的每次变动尽量只记录变动的初始状态和最终状态并保存。

(3) 对各类已有缺省审批图层的设置，包括用户自定义图层的设置的修改、调整以及删除等，不应该影响到当时使用该图层原设置进行审批形成的审批结果的表现形式，但是，也允许用户选择按照最新缺省审批图层以及用户设置图层的设置统一进行图形表达。也就是说，审批图层的设置也需要进行历史版本管理和回溯。

(4) 效能督察。主要包括效能的统计、分析及清单，信息自动来源于各相关系统；纪检监察部门对于审批过程的监督，会同总工办、规划处等部门建立起的对全局审批管理的监管分析；局长、书记等有权随时督察全局任何案件；监察室、总工办、综合处可查看全局任何案件；规划处可查看全局用地案件；市政处可查看全局市政相关案件。

3. 方便适用需求

系统通过人性化的界面设计和强大、全面的功能实现了方便适用的特点。

(1) 一站式登录。

(2) 可视化流程定制,审批表格定制,数据库定制,可视化定制查询、统计、分析(表格、专题图显示)、报表及专题图输出等功能。

(3) 可视化流程图。在办案界面中反映本项目的整个流程,并显示当前的环节和状态。这样可以指导经办人员按程序办案、提醒进度,对新进人员很有作用。

(4) 提醒督办功能。利用系统自动将经办人状态、效能排名情况、发文办会任务、新收案卷信息等综合成一个界面,完成提醒督办功能,同时自动给相应人员发送短信。

4. 智能自动需求

(1) 信息状态自动调用和业务信息自动获取。尽可能减少人工干预,实现已有的信息和状态再次使用时的自动调入、缺省状态的设置、对业务信息的自动提取等。

(2) 时限有效预警。当容积率等规划设计要点在要点提出和方案审批过程中出现较大偏差时以及对超期办理时间过长的案件,能实时向监察室、局长等发出预警报告信息提示。在受理报建申请时,自动判断前阶段发出的规划审批结果的有效期是否超期,若超期,则提醒该规划审批结果已失效。宣布失效的方式及有效期遵照国家相关法律、地方有关法规的规定。在受理验线、规划验收申请时,自动判断其建设工程规划许可证的有效期是否超期,若超期,则提醒该规划审批结果已失效。设置专门界面,提前一个月(或指定时间)预先提醒将要失效的和已失效的规划审批结果列表。向相关处室和人员对相应建设单位提供友情提醒服务。

(3) 指标自动监测。实现规划设计要点的缺省状态能够自动引入该地块的控制性详细规划设计要点。如果控制性详细规划设计要点不够规范,可在该地块采取查询的方式弹出设计要点,提供经办人参考和主动填写。要点指标超标自动监测,并采用消息等形式提醒相关监督部门。

(4) 规则智能检测。主要包括符合规划法、规划条例、规划实施细则、文件规定等的控制红线退让检测,建筑间距检测,现状容积率、规划容积率、报建项目设计容积率等的比较分析。

(5) 规划阶段的校核。规划方案阶段与原要点的校核,要点、方案指标校核超标自动监测,并采用消息等形式提醒相关监督部门;许可证阶段与要点指标以及方案审定指标的校核;如果许可证阶段与方案阶段合并,则只是规划方案阶段与原要点的校核。

5. 运转高效需求

主要是要解决操作中系统的响应速度问题,既要满足功能要求,又要速度快。

6. 可扩展性需求

考虑到系统建设是一个循序渐进、不断扩充的过程，系统要采用积木式结构，整体构架要考虑系统间的无缝连接。系统具有灵活性、可发展性，可以重组和扩展，为未来的规划制度、管理流程、处室职能划分、人群的变动留有可能性。要做到功能可扩展、需求可定制。

3.3.2　功能结构的规范化

数字规划将建成一个整合内网功能，涵盖规划部门的主要业务，进行办公自动化管理的综合工作系统。其功能框架由业务功能、辅助功能、管理功能、网络功能 4 大部分构成。

1. 业务功能需求

将规划体系现有主要业务经过规范化后，统一纳入新系统中，其中核心业务为规划管理业务以及公文办理等（图 3.1）。

2. 辅助功能需求

结合信息化发展以及规划业务管理的需要，新增以下功能。

1）电子档案

对于每一个案件设有一张审批情况总表，表达出案件的所有信息和其在规划局运转的全过程。在案件办结后可刻录光盘，无偿或有偿提供给报建单位。这对于一些经常要向市政府汇报的大项目和有矛盾的项目来说尤其方便。

2）报表系统

根据业务统计需要和局领导、处室领导需要，针对规划主要业务中的关键指标，设置统计报表系统。

3）动态监测

将“一书三证”、批后管理、信访、违章、动态遥感模块结合起来，对建设中与规划不一致的东西进行监测、处理并调整，对用地有没有失调、发展变化方向和今后的趋势进行预测。可形成对规划实施的反馈、监测，对总体规划的维护机制。该系统可按案卷、规划分类，按分局范围进行图形和时间回溯表示。

4）系统检测

结合数字报建，在审批管理模块中增加相应的方案检测功能。系统检测的内容包括规划设计要点中的强制性指标、方案审查中新增的强制性指标要求、法规规范中的部分量化指标、控制性详细规划中的部分指标等。

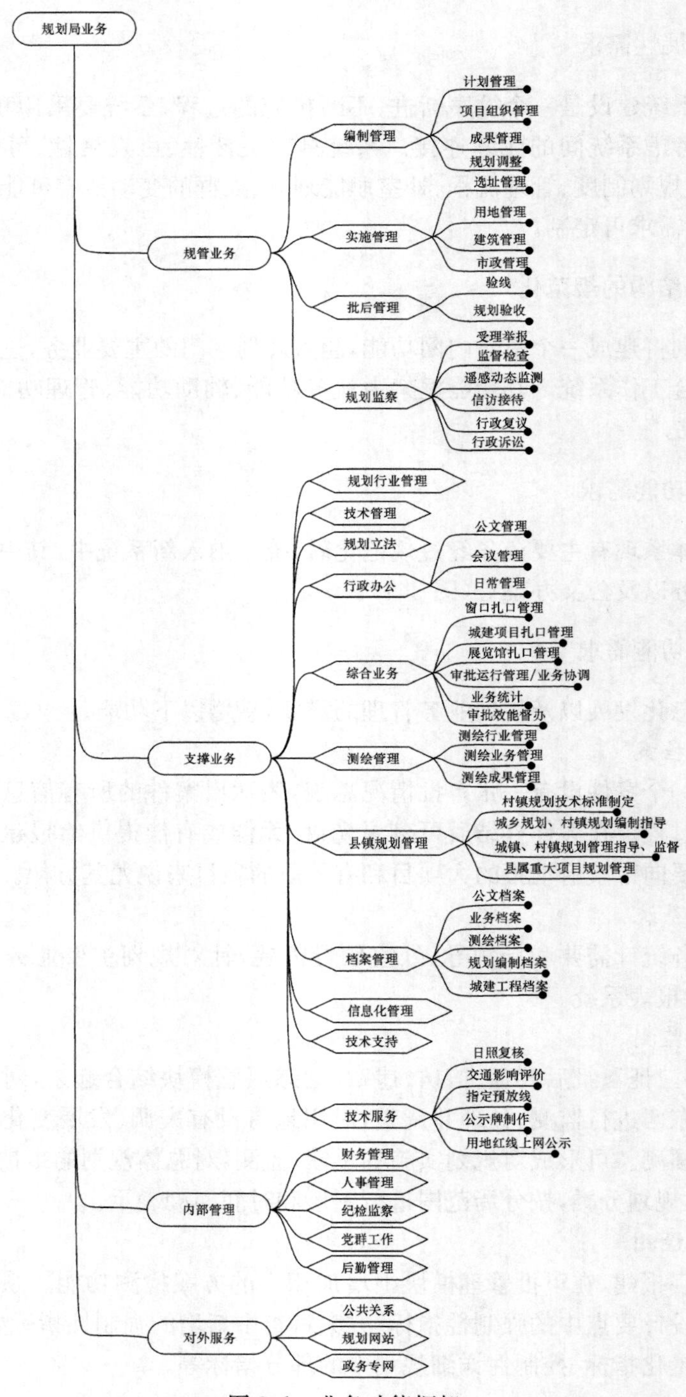
规划局业务
规管业务
编制管理
计划管理
项目组织管理
成果管理
规划调整
实施管理
选址管理
用地管理
建筑管理
市政管理
批后管理
验线
规划验收
规划监察
受理举报
监督检查
遥感动态监测
信访接待
行政复议
行政诉讼
支撑业务
规划行业管理
技术管理
规划立法
行政办公
公文管理
会议管理
日常管理
综合业务
窗口扎口管理
城建项目扎口管理
展览馆扎口管理
审批运行管理/业务协调
业务统计
审批效能督办
测绘管理
测绘行业管理
测绘业务管理
测绘成果管理
县镇规划管理
村镇规划技术标准制定
城乡规划、村镇规划编制指导
城镇、村镇规划管理指导、监督
县属重大项目规划管理
档案管理
公文档案
业务档案
测绘档案
规划编制档案
城建工程档案
信息化管理
技术支持
技术服务
日照复核
交通影响评价
指定预放线
公示牌制作
用地红线上网公示
内部管理
财务管理
人事管理
纪检监察
党群工作
后勤管理
对外服务
公共关系
规划网站
政务专网

图 3.1　业务功能框架

5）辅助决策

审批管理的辅助决策功能主要指三维空间影响分析功能、日照影响分析功能和交通压力影响分析功能。

6）督查系统

传统的规划管理系统设置了对审批周期的监察功能，但实际上监控手段不到位、监管内容不全面，无法实时、集成地反映各个环节上的变化，因此，存在时间和空间上迟滞，从而导致运作中的隔绝与矛盾。数字规划将在系统和数据集成的基础上，重点开发对规划管理、公文办理等的全程、全方位的监管功能。

这是根据纪检监察部门、局领导、办公室等对全局效能情况的监察要求设置的动态系统。包括效能的统计、分析及清单，信息自动来源于各相关系统。部门权限设置可调整，同时相应配套建立跟踪督办机制。

7）预警系统

当主要业务的关键指标如办文办案的周期、办案中的容积率指标等在要点提出和方案审批过程中出现较大偏差时，实时向监察室、局长发出预警信息提示。

3. 管理功能需求

规划局的工作除了法定的业务之外，每个人还有很多其他的任务和工作安排，需要对这些业务和非业务的工作进行管理。数字规划把这些任务也纳入进来，提供技术支持、方便管理。

3.4　审批方法与模式规范化

3.4.1　传统审批模式

传统审批模式分为串联审批模式和并联审批模式。串联审批模式是采用传统工作流的方式实现的，机械模仿业务流转。业务流转需要预先定义流转流程，业务只能按照定义的流程流转，用户不可变更业务流转方向，是一种线性模型。并联审批是多事项的并行审批，构成并联审批的各事项在并联审批和独立审批时审批过程一样，并联审批首先要理清事项与事项之间的关系，再制定并联审批需遵守的规则。审批过程中，各事项审批周期是独立控制的，每个事项都必须控制好自己的周期，正常或提前完成，不影响周期节点，如果一个事项延期，则其后事项周期向后顺移。并联审批流程如图3.2所示。

1. 并联审批规则

并联审批规则如表3.10所示。

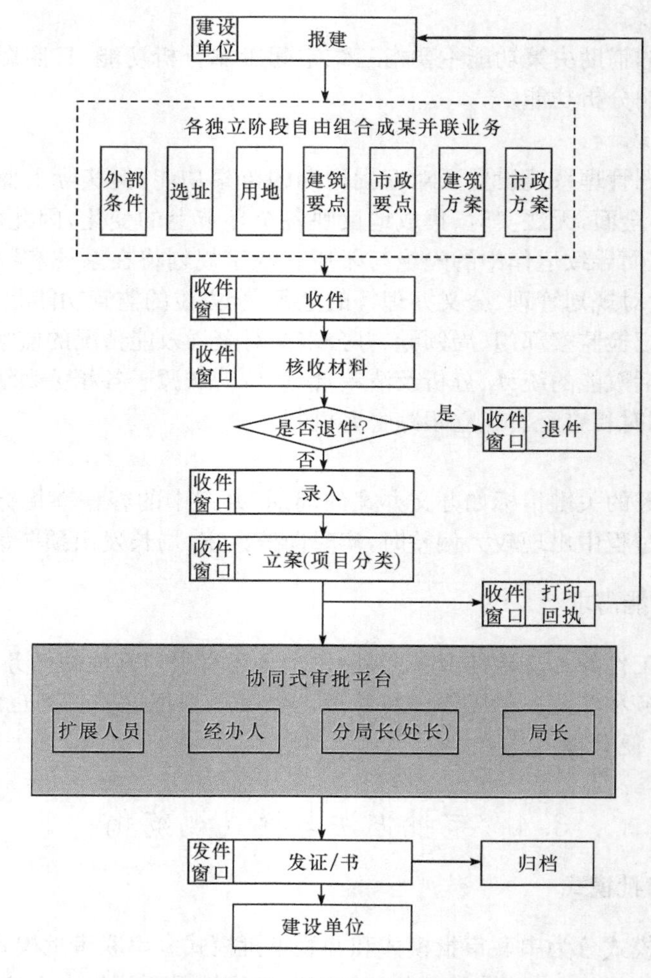

图 3.2 并联审批流程图

表 3.10 并联审批规则

序号	并联审批规则
1	按照审批先后顺序和业务之间关系定义各独立阶段的审批周期，确定并联审批总周期
2	多阶段并联审批时，各独立阶段同时由相关处室分别审批，各阶段的审批周期按照指定周期执行
3	并联审批时，各阶段的审批是并行的，但并联的各阶段是按照先后顺序依次审定的，各阶段的审定次序：外部条件、选址、用地、规划设计要点(建筑要点和市政要点同时开始审批)；后一阶段必须待前一阶段审定后才能开始审定
4	审批过程中，各阶段审批周期是独立控制的，每个阶段都必须控制好自己的周期，正常或提前完成，不影响周期节点，但如果一个阶段延期，则其后阶段周期向后顺移

2. 并联审批顺序

并联阶段审批时，重要的是确定各独立阶段审批的先后顺序关系，审批中各阶段的审定顺序：外部条件、选址、用地、市政要点、建筑要点。并联审批中各阶段的具体审定先后顺序如表3.11所示。

表3.11　并联审批顺序

并联报建阶段	审定顺序
外部条件、选址	外部条件、选址无先后顺序
外部条件、用地	外部条件→用地
外部条件、建筑要点	外部条件→建筑要点
外部条件、市政要点	外部条件→市政要点
外部条件、选址、用地	外部条件、选址(外部条件、选址无先后顺序)→用地
外部条件、选址、用地、建筑要点	外部条件、选址(外部条件、选址无先后顺序)→用地→建筑要点
外部条件、选址、用地、建筑要点、市政要点	外部条件、选址(外部条件、选址无先后顺序)→用地→市政要点→建筑要点
外部条件、建筑要点、市政要点	外部条件→市政要点→建筑要点
外部条件、用地、建筑要点	外部条件→用地→建筑要点
外部条件、用地、建筑要点、市政要点	外部条件→用地→市政要点→建筑要点
选址、用地	选址→用地
选址、用地、建筑要点	选址→用地→建筑要点
选址、用地、建筑要点、市政要点	选址→用地→市政要点→建筑要点
建筑要点、市政要点	市政要点→建筑要点
用地、建筑要点	用地→建筑要点
用地、建筑要点、市政要点	用地→市政要点→建筑要点
外部条件、选址	外部条件、选址(外部条件、选址无先后顺序)
外部条件、用地	外部条件→用地

3. 并联审批的运转

并联审批的运转主要通过协作沟通、同步推进实现的。图3.3以分局与市政处同步办理外部条件、建筑要点、市政要点、选址意见书、用地许可证的审批为例。

(1) 窗口受理时，确定并联事项和主办处室、会办处室。立案后统一作为一个案件在系统中转入审批阶段。

(2) 立案后系统自动将案件分配到分管局长、市政处处长办案界面，分局、市

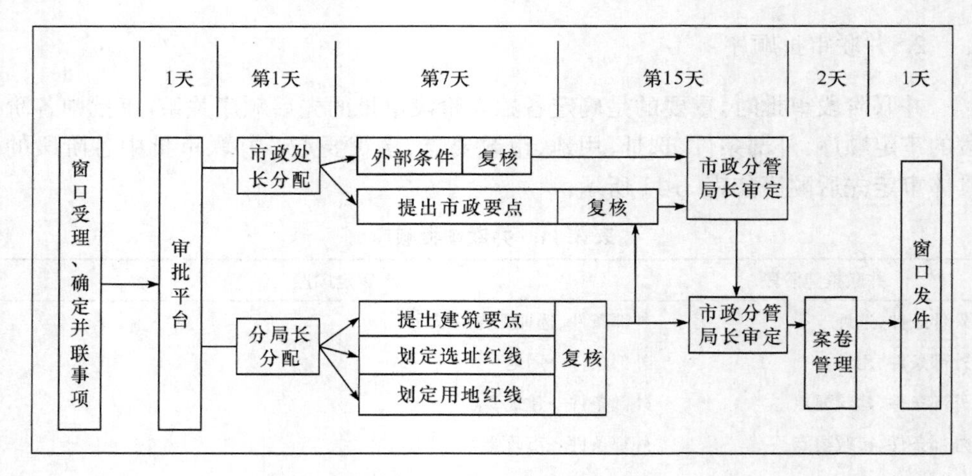

图 3.3　同步办理审批

政处同步进行案件分配工作。

(3) 纸质案卷袋先送交市政处办理，外部条件审定后，由市政处经办人将纸质案件直接送交城中分局经办人。

(4) 市政、分局经办人按照各自的程序和周期同步进行工作。在市政处规划外部条件的同时，分局经办人可利用现有外部条件开展工作。

(5) 外部条件审定后，分局经办人可将正式要点意见发给处长复审。同时市政经办人可以开展市政要点的初拟工作。办案时双方需加强沟通。

(6) 当市政要点经市政处处长或分管局长审定后，分管局长即可审定合并后的建筑要点。

(7) 审定后由主办处室，即分局的经办人进行案卷整理并将其发送到窗口。

3.4.2　协同办公模式

数字规划业务流的重大变化是改革目前系统中机械模仿业务流转的工作流模式，建立平台模式。将系统流程中大部分工作交由计算机自动完成并进行消息提示。真正做到并行办案。所有相关经办人、审批人员面对同一套数字档案、同一张审批表、同一套审批图纸，可以并行办案。

1. 协同办公平台

协同办公平台的运行设计框架如图 3.4 所示。

2. 平台特点

协同办公平台有以下几个特点：

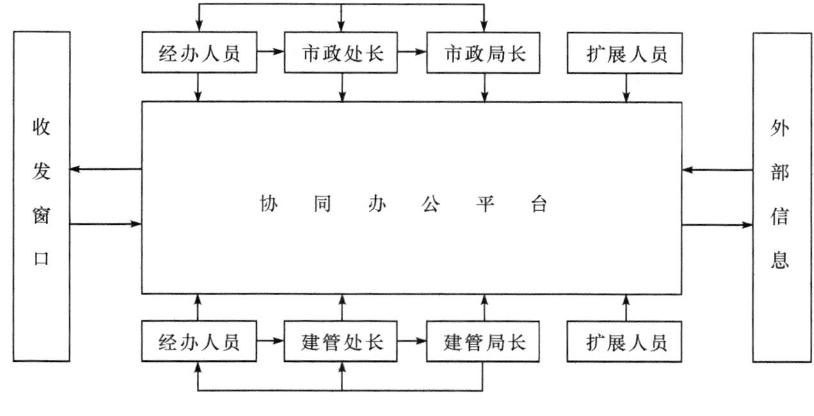

图3.4 协同办公平台

(1) 审定后由主办处室，即分局的经办人进行案卷整理并将其发送到窗口。

(2) 从传统的串行办案形式转变为协同办案形式。

(3) 将传统的发送—接受—返回—撤销案件的机械式传送机制改为仅传递案件状态消息的灵活的事件驱动机制。

(4) 案件的审批过程(时间、人员、痕迹)、审批结果、周期控制等均由计算机系统在后台完成。

(5) 案件审批各环节人员可以提前介入，任何参与审批的人员在案件审定前的任何时间均可以提出意见。

(6) 多阶段、多处室并联审批/会签时，参与人员均基于同一套报建材料、同一套审批表格、同一套审批图形，在任意时间均能看到所有参与人员提出的所有审批意见。

(7) 各审批阶段、审批流程可自由组合。项目可单独立案，也可组合立案(如规划选址意见书＋规划设计要点)，要求组合后的审批界面仍然必须是同一套表单、同一套申报材料和审批图纸，但内容有分有合。

3. 平台构成

平台的构成包括审批界面和审批相关人两个要素。

(1) 审批界面：包括主界面和扩展界面。其中主界面是办理审批意见最基本和最常用的界面，包括审批意见栏、交流提示栏、办案记录栏、图形审批栏、项目状态栏等；扩展界面包括可视化流程、公告板、审批模板、相关信息栏等。审批界面的内容和形式根据不同类别的项目而各有不同。

(2) 审批相关人：分为审批人员和扩展人员两类。其中审批人员包括经办人员和审定人员；扩展人员是指非项目直接审批者，不负审批责任但根据需要可参与

审批的有关人员，包括固定扩展人员和自定扩展人员。其中固定扩展人员为局长和总工、项目会办处室的处长；自定扩展人员由分局长或会办处室的处长根据办案需要自定，如以前的经办人员、项目相邻用地经办人员、相关知情人等。

4. 操作办法

审批系统根据项目的性质和类型自动设定审批人、固定扩展人员和办案周期。例如，选址用地项目的审批人员包括建筑、市政两部分，招拍挂项目、跨区选址项目增加用地处人员等。

项目进入审批平台后，显示状态是未分配。由分局长（处长）点击经办人后完成分配工作，并依情况提出事前指导意见、添加扩展人员。此时，该项目在平台上的状态就是在办。上一环节完成审批后，点击特定键可使案卷变成待批状态，同时系统自动向下一环节发送提醒信息。

在审批意见栏内，只有审批人才有权进行编辑。每人的意见和修改均作留存，可查阅，但在界面上只显示最新的意见。在交流提示栏中，每个相关人都可以提出意见、说明或提醒，所有内容按时间和级别排序。审定人（局长或处长）可以自己改图，也可通过审批平台发指令给经办人要其改图。完成审定并点击按钮后，案件就从审批平台自动转到窗口，项目状态为办结，同时系统提示经办人将工作档案交还给窗口。案件办结后还将在平台上停留 5 日，以便让相关人员了解最终的审定意见。

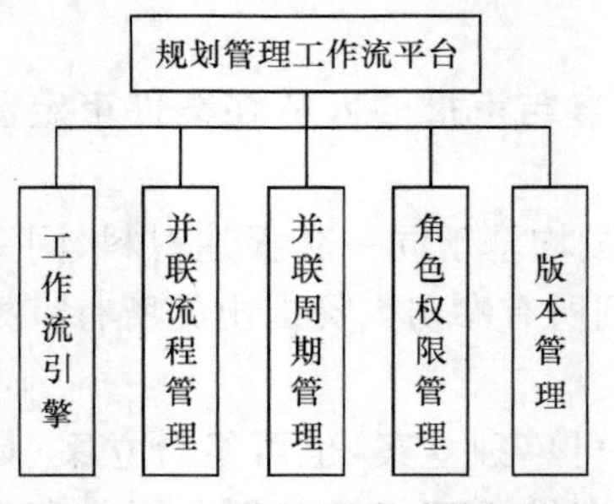

图 3.5　工作流平台功能框图

5. 模块概述和功能框图

集中描述协同办公平台底层设计模块，它们贯穿于整个协同办公平台运行过程。具体包括工作流引擎、并联流程管理、并联周期管理、角色权限管理、版本管理等，功能框图如图 3.5 所示。

6. 模块实现内容描述

1）工作流引擎

新型审批模式是将传统的线型模式改为平台模式。项目建档后，由窗口发送到分局的审批平台，所有审批行为都在平台上进行。项目信息和审批信息为所有相关经办人员、处长（分局长）和所有局长、总工共享，相关人员可根据需要进行扩展。所有相关人员都可以在办案记录中贴意见、作回应。各级经办人员可以相互讨论，领导可以全程监控指导。

2）业务版本管理

本模块的主要功能是实现业务流转信息、审批信息的历史版本管理，并在此基

础上实现版本新建、转换、查询等功能。

系统业务数据版本采用公有版本和私有版本分开记录，同时对于一个流程事例，同一个人只能存在一份私有版本。业务版本管理使用流程如图 3.6 所示。

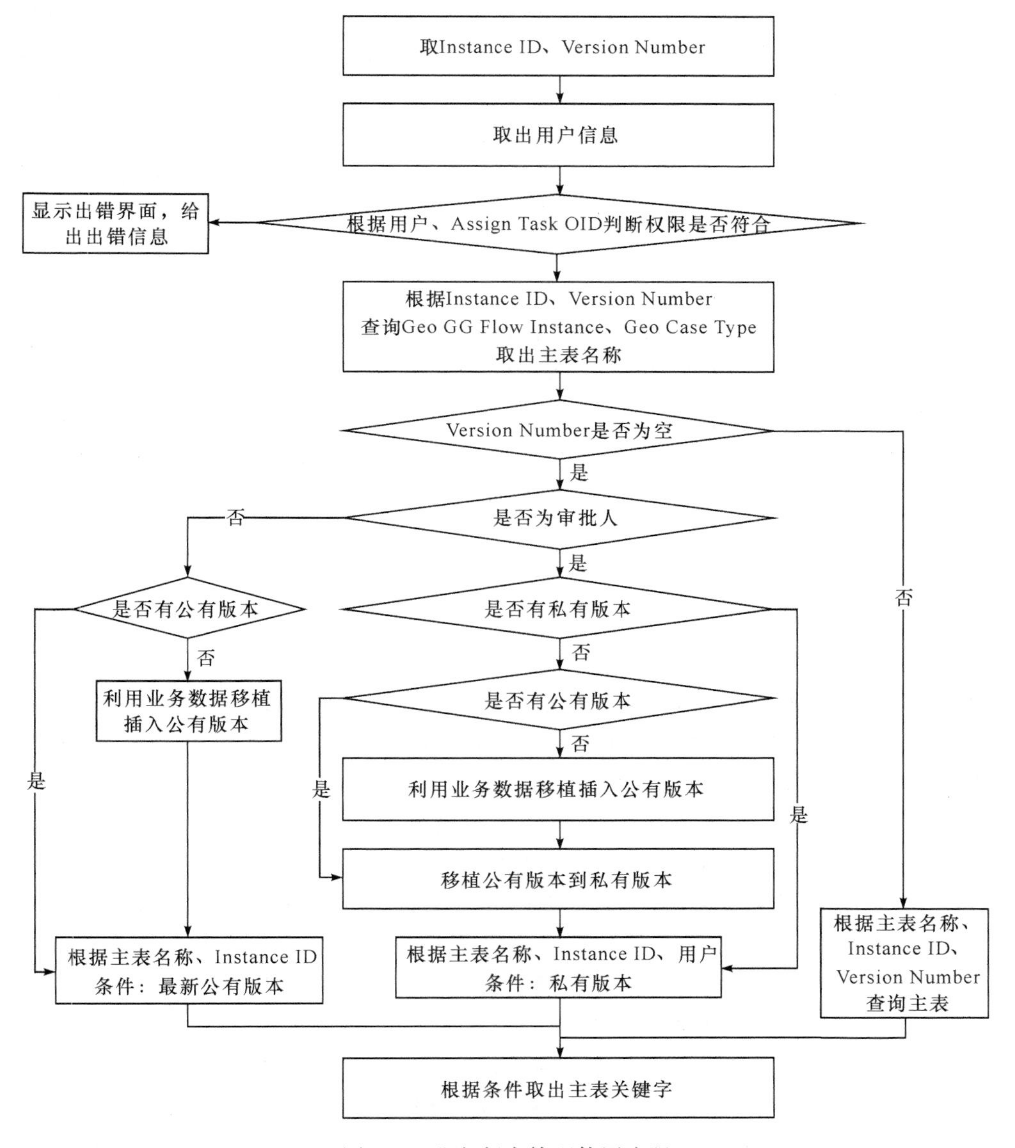

图 3.6　业务版本管理使用流程

3）用户管理设计

用户管理分为两部分：一是验证，解决谁是谁的问题；二是授权，解决谁能做什

么的问题。

审批人员中的收件人员、发件人员、分件人员、审定人员和扩展人员中的固定扩展人员（局长和总工、项目会办处室的处长）由平台预设指定，不能在案件审批过程中动态即时指定。项目进入审批平台后，由分局长指定经办人；自定扩展人员由分局长或分办处室的处长根据办案需要自定，如以前的经办人、项目相邻用地经办人员、相关知情人等。其他审批人员、非固定扩展人员可在平台中预先设置，也可在案件审批过程中由具有审批人员动态管理权限的人员动态即时指定。在变更审批参与人员时，平台自动发送系统消息通知相关人员变更信息。案件的收件人、发件人、审定人和固定扩展人员不能更改。

3.4.3 联审会商模式

项目证件办理过程中，每个部门经过收集材料、审核材料、开会研究讨论，外加一些人为因素，办理一件业务所需的时间短则几个月，长则几年，涉及的部门越多，拖延的时间就越长，效率就越低。随着信息技术的发展，互联网技术的普及，电子政务的建设得到快速的发展。现在的电子政务正朝着整合政府部门的各项硬软件资源，统一网络办公的规范标准，实现联合办公的方向发展。研究开发联合审批模式是主要的研究方向之一。

1. 模式分析

联合审批是基于计算机网络在统一的信息传输协议和数据整合标准下，多部门间实现跨网络信息交换，同时进行信息加密传输与认证的统一协调的网络政务办公模式。从应用需求分析，它应具备的功能包括：①统一的服务入口；②材料确认与审核；③数据共享；④网络互联互通；⑤信息交换与传输。

联合审批模式是用户通过网络将申报材料提交到审批部门，然后依据行政业务规则及申报业务的范畴、性质，分发到相关责任职能部门审核。整个审批模式将协调各责任部门按照逻辑顺序协同工作，完成审批业务，最后将审批结果反馈到网上或通知申报者。

根据用户申报业务的性质不同，网上联合审批可分为以下三种模式。

(1) 全程网络软件材料申办模式。适用于申办者提交的仅是电子软件材料及相关表单可接受的信息，审批模式根据业务性质进行审批，并将结果通知用户。

(2) 持原件网络申办模式。适用于申办者提交原件材料到相关委办局申办的业务项目，申办者提交原件材料并上网申报、登记。审批模式受理并审核办理相关手续及证件。

(3) 网下网上同时审核模式。适用于用户提交申办材料后，相关职能部门需现场考察、取证等可能要多次网下审核的业务项目。

根据业务项目审批的流程不同,网上联合审批可分为以下6种模式。

(1) 线性模式。审批业务在职能部门间依次以流水作业的形式办理。

(2) 分支模式。将审批业务依情况分发到某几个部门审核,审毕通知用户。

(3) 汇聚模式。将审批业务依情况分成若干个小业务,每个小业务由相关部门审核,审毕汇聚处理。

(4) 环路模式。将审批业务发送到某部门,该部门审毕转到下一部门,如此直到最后部门审毕,回到集成平台通知用户。

(5) 混合模式。对一项复杂的审批业务,审批中可能涉及分支模式、汇聚模式、环路模式等多种模式。

(6) 会签模式。适用于需要多家单位共同发文的业务。

2. 模式设计

根据以上模式分析,网上联合审批模式需按四级网络平台设计。第一级为在线服务平台,第二级为信息交换与协同办公平台,第三级为职能部门专网审批平台,第四级为各部门数据库服务平台。整个审批模式的体系结构如图3.7所示。

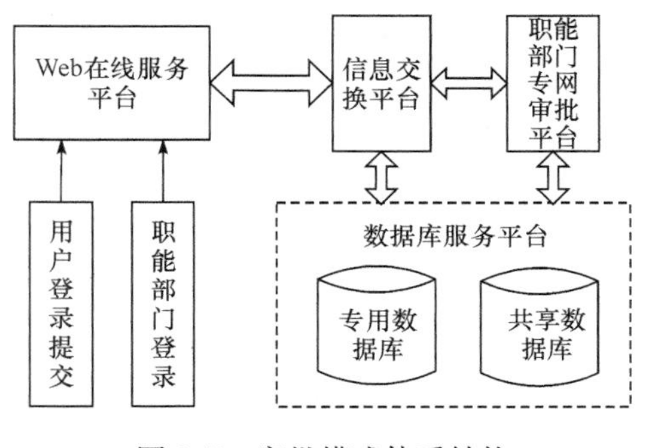

图3.7　审批模式体系结构

第一级在线服务平台主要实现用户(也包括政府部门)登录、注册、审批流程查询、业务审批状态查询、材料提交、受理、认证、下发审批结果通知、在线交流、监控投诉、平台管理等功能。

第二级信息交换与协同办公平台是网上联合审批模式的业务调度中心,是实现跨网络业务协同工作的集成平台。主要功能是构建异构网间的信息交换体系,制定信息交换规则与标准,接受Web服务器的业务申请并作初步审批。根据业务性质制定该业务办理的流程,确定相关责任单位,将该业务转发到业务具体负责单位。然后跟踪审批单位的办理情况,接受办理中的信息反馈,并将审批信息转发到Web服务平台,同用户进行双方需求交流。

第三级职能部门专网审批平台是网上联合审批业务的底层单位,每项审批业务将涉及一个或多个职能部门。每个职能部门的职责是接受信息交换平台转来的业务,根据本部门的业务审批程序审核相关材料,查询核实相关数据信息,如各类证件的真实性、有效期等。根据业务性质和需要,还得完成网下现场考察、取证等各项事务。审批中不断与信息交换平台交换信息。当整个业务审批结束后,将所需信息发送到信息交换平台或下一部门,同时登记、注册、存储此业务信息,根据需要完成该业务审批的总结报告并存档及报送相关部门。当审批业务仅涉及一个部

门时，用户可不通过信息交换平台而直接登录相关政府部门办理审批业务。

第四级数据库服务平台主要是提供数据服务。在第二级信息交换平台与第三级政府职能部门审批平台中都有各自的数据库模式为整个审批模式提供服务。数据信息分专有数据和共享数据。该平台的主要功能：①保证数据的安全，防止非法用户进入及恶意攻击，防止病毒破坏；②权限认证及用户分级认证，对不同权限的用户给予不同服务，服务类别有对数据的查询、修改、插入、删除、更新等操作；③提供数据库规范标准，为实现数据共享提供统一的数据结构、数据类型、数据约束条件及规范标准；④提供数据过滤、格式转换、加密传输等功能。

多方联合签名审批模式是电子政务的主要任务之一，也是数字规划审批的发展方向。研究开发科学合理、功能完善、满足实际需要的网上联合审批模式，将对电子政务技术的发展产生巨大的促进作用。它方便了市民与政府的实时沟通，降低了政务成本，促进了政府与规划部门在管理体制、管理观念、管理方式和管理手段等方面的转变。

3.5　案卷协同流转的规范化

规划局作为一个政府部门，承担着规划档案资料的收集、管理、规划测量、规划设计等方面职能。规划局档案中心是市政府在城市规划方面的信息中心、决策参谋中心，也是各部门、机构和公众利用城市规范建设的史料中心。规划局在长期的城市规划实践过程中，积累了丰富的规划档案。规划档案作为一个独立的体系已形成。

3.5.1　规划档案的类别

从档案的质地上区分，它包含纸质档案和电子档案。对于纸质档案的收集管理及查阅应用，在传统的操作方式的基础上，可通过引入狭义的档案管理系统实现高效、安全的应用。对于电子档案，按信息化的程度分，包含格式化的档案及非格式化的档案，如扫描件档案为非格式化的，而进行了数据建模的档案为格式化的。作为非格式化的档案，应用范围相对有限，其实质是纸质档案的电子镜像。而格式化的档案的应用则受到数据建模及应用系统的影响，其作用充分反映了在其上构建的档案管理系统及所有其他业务系统的能力水平。

从规划档案的内容上区分，主要包含以下两大类：①本身职能活动中形成的具有保存价值的文书等非业务类档案和资料；②在规划审批、规划勘测业务中形成的建筑、征地等的文件、图纸等业务类档案和资料。非业务类的档案主要是对业务过程的记录，它与规划管理办公自动化系统、行政办公自动化系统等存在工作流程的业务系统关系密切。而对于规划业务，档案中的图文档案显得尤为重要。只有提

取并使用其中的格式化信息，才能充分发挥其作用。狭义的图文档案指纸质的规划图纸、测绘编制图纸等，而目前的图文档案还包括格式化较好的图文信息，如 CAD 数据及 GIS 数据。

规划档案的重要意义在于开发和利用，而不是单纯地收集。随着市场经济的不断深入和城市规划的发展，规划档案更具价值，它已融入城市规划和经济发展的各个环节之中。档案综合管理系统应作为规划档案工作的平台和社会利用规划档案资源的窗口，以高效率的业务管理、高可靠性的资源服务，满足规划档案利用者（单位或个人）和规划档案管理者的需求。

3.5.2　纸质档案与电子案卷管理的关系

“数字规划”将对来自不同信息源、不同类型的数据（基础地理信息、测绘成果、城市地质信息、规划编制、规划审批、规划监察、历史档案、法律法规、技术规范、会议、信访、提案、公文、人事、监察、党建等涉及的各类数据）实现相互关联、集中管理、集中访问，并建立相应的数据流转保障机制（标准规范、流程、制度等）。因此，业务档案的集成管理作用显得尤为重要。

一般情况下，纸质档案数据通过整理时的数字化过程，对电子镜像数据进行使用，而不直接应用纸质档案。同时，在广义的档案管理工作中，纸质档案的管理是主要的日常工作。通过对纸质档案的数字化和格式化及数据的有效建模，可以将纸质档案的管理与其内容的应用区分开来，从而有利于对纸质档案的保护，同时有利于业务实体数据的构建。

目前，规划系统全面推行电子审批、电子档案。将现在的案件袋拆分为存档档案和工作档案。进行案卷管理的改革，主要依靠电子档案进行流转和审批，最大限度上统一了电子档案、相应的存档档案和工作档案。

规划系统中案件的归档能够转入到档案系统中，系统能够查询档案信息，保持当时的审批结果。电子档案的要求：①阶段的审批数据；②地形图；③审定时将相关审批依据固化，并一起入库，方便将来的档案查询。

3.5.3　案卷归档的方式与流程

案卷沿业务类型的流程图在各流程阶段流转。不同阶段的办案人员根据权限填写案卷的相关内容。办理完一个阶段后通过批转使案卷进入下一阶段的办理。系统设置收文箱、在办箱、发文箱、办结箱、档案箱、废件箱以保存各种阶段的案卷。

（1）所有项目的申请材料均要求扫描或提供数字文件（广义数字报建），凡已挂入多媒体的，考虑在每份文件首页上加盖项目编号，便于纸质档案的管理和归档。

（2）电子档案和纸质档案一一对应，包括内容和编号。电子档案中一个文档

对应多页纸质档案的，在每页纸质档案上加分页码即可。

(3) 项目首次进窗口时，系统生成档案编号和档案目录树。窗口规范扫描件的文件名，系统自动形成已收材料清单表。

(4) 项目每次进窗口时，窗口将报建的电子文件输入档案，没有相应电子档案的，由窗口经办人扫描录入成为电子档案。从电子档案中生成资料列表。

(5) 非本次申报的材料不再提供纸质资料并卷，经办人可以直接在系统中查询，如确有需要，可再到档案室借阅。

(6) 流转纸质档案。每轮案件进卷时新增的纸质资料，由窗口经办人装入流转纸质档案袋，发给办理部门，供经办人办案、汇报和增添相关资料使用。在办案过程中，新增的有关文件由经办人输入档案，没有相应电子文件的，由经办人扫描录入。从电子档案中自动修改生成新的资料列表。并联审批时，分成多个纸质档案在不同处室流转，审批结束后分别归入窗口。

(7) 归档工作由窗口发件人员负责完成，在发件 3～5 天内完成档案整理、补件。纸质档案按照项目摆放，已发证的按照证书号，未发证的按照案卷号。

(8) 存档纸质档案：每一轮办结后，所有的纸质档案存档，不再流转。

(9) 系统中案件的归档能够转入到档案系统中，系统能够查询档案信息。

3.6　权力阳光的规范化

阳光规划是将城市规划管理活动中的各个方面、各个环节都置于“阳光”之下，进行高效率、“透明”的行政，减少各方面的行政干预，实现公众参与、民主决策和社会监督，体现人文精神。阳光规划通过制度约束，使规划管理部门的行政行为日趋规范化、法制化。以政务公开为原则，以电子政务为载体，以网上政务大厅为平台，推动行政权力规范、公开、透明、高效运行。规划管理事项、程序、周期、结果在网上全公开。服务市民，接受监督。

阳光规划的形式是规划管理的公开化，而公开化的实质是追求规划管理的法治化。在城市规划管理中，规划部门与建设单位的地位不平等，管理者手中又掌握着一定的权力，为避免管理人员滥用权力，随意审批，或是故意刁难，不能正确行使自己的职权，规划局在审批具体项目时，严格执行公开制度，将涉及规划的审批项目、审批依据、审批条件、审批程序、审批期限及审批结果等有关方面全部向社会公开。

3.6.1　构建权力阳光的平台

1. 基本模式

权力阳光的基本模式是以电子政务为载体，以政府互联网站为平台，固化权力

运行流程，实现网上办公，实施过程监控，建立依托电子政务实现行政权力阳光运行的工作机制。

2. 总体构架

结合行政业务分层管理体制，以行政审批为重点，建立全方位、覆盖广、分层次的权力阳光运行电子构架。

3. 主要任务

阳光规划的主要任务是建立统一基于电子政务的阳光规划平台，固化权力运行流程，设立行政监察模块和对外受理模块，具有完善的部门互联网站，公开行政执法信息，实现行政执法联网运行，建立行政监察电子系统。

1）统一电子政务平台

网上政务大厅系统要求建设成为政务外网权力阳光政务展示的门户系统，公开展示权力目录及权力运行过程信息，为各部门行政网上办事提供统一入口，集中展示、查询各部门权力运行状态，考评各部门权力运行状况。

2）行政许可系统

行政许可系统基于行政服务中心的物理大厅、各政府部门的办事大厅和政府门户网站，实现行政许可项目和其他权力项目的受理、审批、公示等全过程，并辅以对行政服务中心的日常管理功能。

行政许可系统根据法制部门梳理确定的具体行政权力项目固化审批流程，采集业务表单，从多个角度设置工作人员的角色与权限，规范了行政执法机关的审批过程。

在行政许可系统中，将具体行政权力项目需要申请人提供的申请材料预设在系统中，降低受理工作人员的工作难度。

3）行政执法系统

行政执法系统在功能上实现行政权力网上运行，具备流程自定义、表单自定义、状态跟踪、结果查询、后台管理、网上监察功能，能够与网上政务大厅、电子监察系统实现无缝对接，实现信息的交换和共享。通过数据交换，实现与外网网站的信息交互，实现信息公开、政务透明。

4）电子监察系统

通过电子监察系统，对政府行政过程中的各个环节进行实时监控，利用网络信息技术，实现对监察数据的归集、整理、管理；提供行政审批监督、行政处罚监督、公共资源交易监督、专项资金监督等子系统的支撑，并实现对部门相关办事流程的绩效考核。

系统中政务办理的示意图如图3.8所示。

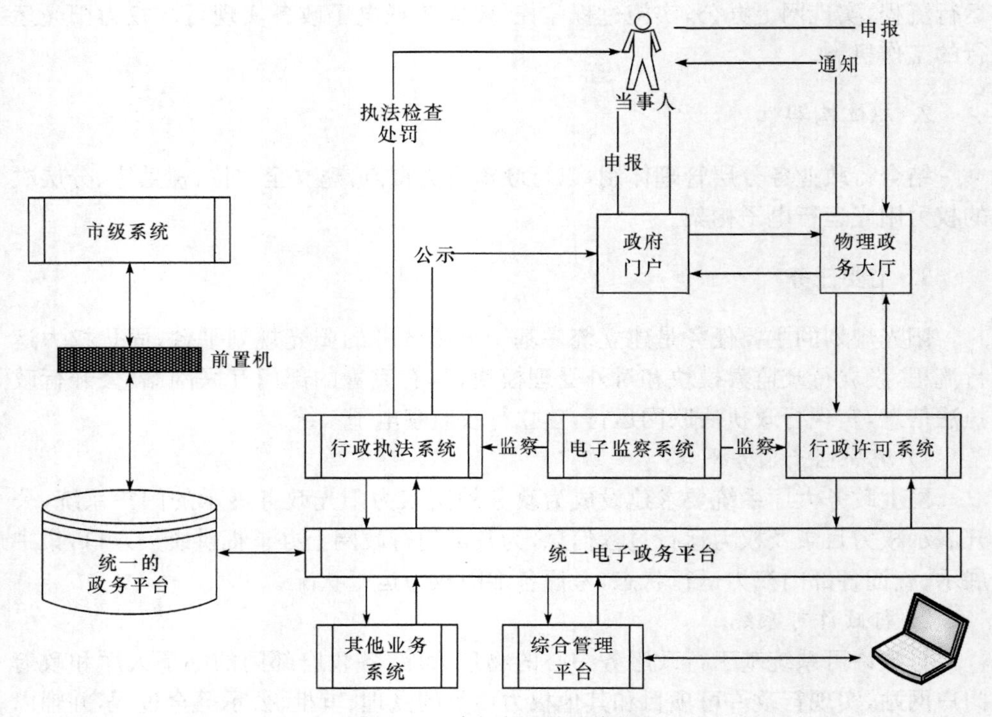

图 3.8　政务办理的示意图

要全面实行阳光规划，还应通过多种手段不断加大政务公开力度，确保规划审批的事项、依据、程序、内容、结果、监督的“六公开”。在规划编制方面，凡重大规划，均要通过展览、网站、媒体等形式进行批前、批后公示。

在规划许可方面，“一书三证”及其附图均在网站及时公布，主城范围内的新建、扩建永久房屋建筑工程，在规划许可后，还通过“公示牌”在施工现场进行公示。对居住片区内的插建、变更已批准的规划设计方案等情况，在规划许可前均进行批前公示。

城市规划应走“规范化、程序化、系统化、科学化、法制化、公开化”之路，把一切宜于公开的规划工作置于“阳光”之下，最大限度地实现公众参与、民主决策和社会监督。

3.6.2　权力阳光下的公众参与

公众参与是连接城市规划管理机构与社会各界的纽带。包括规划信息发布、网上调查、网上评审、网上监督和网上报批等。

1. 信息发布

信息发布是公众服务系统的基础，发布的主要内容：①城市规划相关法律法规；②城市规划成果，包括总体规划、控制性详细规划、重要工程布局等；③城市规划项目报批指南；④城市规划实施进展情况；⑤规划管理的有关政务信息。目前，随着我国电子政务建设的迅猛发展，通过建立门户网站体系发布政务信息，已成为一种趋势。城市规划门户网站建设能够增强网上规划政务信息发布、基础信息提供、信息查询和反馈的能力，提高公共服务水平和社会监督意识，促进规划政务管理公开、透明，满足社会对城市规划基础信息和政务管理信息日益增长的需求。

2. 网上调查、网上评审和网上监督

1）网上调查

规划管理部门可以通过网络进行市民意愿调查、发布城市规划初步设计草案。

2）网上评审

在互联网上召开公众展示会或公众听证会、规划方案及成果的公众评议会，公众可以通过可视化技术展现的虚拟城市景观提出自己的感受，更多地参与城市规划；各地专家可以在任何地方对通过虚拟现实技术展现的规划方案的各种信息进行方案评审与意见交流，实时与规划师双向交流。

3）网上监督

公众通过互联网反映规划实施过程中出现的违背城市规划的现象和问题，对规划中存在的问题提出质疑。公众服务系统将促进城市规划宣传、管理方式与公众监督机制的转变，达到引导公众参与城市规划和监督城市规划实施的目的。

3. 网上报批

利用公众服务系统，建设单位可以向规划管理部门远程申报建设项目，并动态查询项目的办理进度与反馈意见。网上报批系统不仅仅需要互联网支撑，还需要将公众服务系统与规划管理机构内部办公自动化系统联结，形成网上审批。在互联网、办公内部网以及相关功能软件系统的支持下，将传统报批使用的纸质介质转变为电子介质，依据规划指标技术标准以及规划管理流程，自动核算规划指标，实现计算机辅助审批。

思　考　题

（1）业务流程与管理制度有哪些？

（2）数字规划平台建设过程中需要参考哪些技术规划与标准？

(3) 需求调研过程中分析平台的功能结构有哪些?

(4) 城市规划审批方法与模式有哪些? 各有什么优缺点?

(5) 简述协同办公模式。

(6) 简述纸质与电子档案是怎么协同流转的。

(7) 概述我国权力阳光与电子政务的发展。

第 4 章　数字规划的总体框架设计

数字规划的总体框架设计分为基于传统独立应用和基于地理空间信息公共服务两种模式。基于传统独立应用的数字规划是一套基于特定专题的独立完整的规划管理业务系统。基于地理空间信息公共服务平台的数字规划是以数据资源共享环境和技术为基础，在公共服务平台基础上搭建而成的。4.1～4.7 节叙述的是基于传统独立应用的数字规划平台总体架构，4.8 节叙述的是基于地理空间信息公共服务平台的数字规划总体架构。

4.1　设计的目标与原则

4.1.1　框架设计目标

通过创建一个高效、简洁、实用、透明、人性化的计算机工作平台，在一套相关标准规范和安全支撑体系的支持下，为规划部门提供城市规划管理的全过程服务，提供基础、权威、及时和准确的公共空间基础地理信息服务；为政府部门之间跨部门、跨行业的地理空间信息资源共享、交换与更新提供规划信息支持；为政府的各类科学决策提供支持，为各行各业的专题数据信息提供更加直观、准确的地理属性和支撑，为社会和公众提供空间地理信息服务。

4.1.2　框架设计原则

数字规划的总体框架设计应遵循以下 8 个原则。

1. 标准统一性原则

要保证数据具有精确、完备、现势、标准、权威等方面的优势，在建设过程中，应制定一系列标准与规范，约束、指导数据的提供者与管理者按照统一的规范来集成、整合分散、异构、异源的地理空间信息资源，从而提高数据加工整合的效率以及对外提供数据服务的质量。

2. 资源共享原则

为提高信息化建设水平，满足政府部门进行电子政务业务协同的需要，数字规划在横向上应促进、保障政府部门之间进行信息资源共享；在纵向上，与国家、市、县级数据中心进行资源共享。同时也应将与民生紧密相关的空间信息数据对企事

业单位与社会公众开放共享。

3. 安全可靠原则

为保障共享信息资源的安全，在建设及运行过程中，应采用一系列完备的空间信息资源安全体系与系统管理策略；为保证共享的数据资源权威可靠，提供的共享数据应是由权威部门发布的数据。

4. 强化协调原则

由于数字规划建设涉及的政府部门众多，在调动各共享数据提供部门的共享积极性的同时，又能保护共享数据使用部门使用数据的权利，需加强各级协调机构的协调作用，保障数字规划的成功建设及其运行的长效机制。

5. 业务驱动原则

从实际需求出发，以业务为中心展开数字规划建设。

6. 灵活性原则

地理信息服务的需求多种多样，并且在不断发展。因此，数字规划的设计应当模块化，模块之间可以方便地进行组装、拆卸、替换，能够快速满足新的地理信息服务的需求。

7. 通用性原则

地理信息数据格式众多，计算机软、硬件也是多种多样。针对这些情况，数字规划提供的服务应当能够处理各种地理空间数据，并且能够适应各种软、硬件操作和各种浏览器。

8. 简洁易用原则

项目最终的成败取决于是否在实际工作中进行了应用和推广，应用推广的关键一方面在于业务需求的满足，另一方面在于数字规划系统是否简单易用。在项目建设中，应当研究用户的操作习惯、审美倾向，使数字规划的功能和服务容易理解，易于上手。

4.2 框架体系设计

数字规划体系框架由运行支撑层、数据层、应用子系统层和服务层等五个具有内在联系、层次结构分明的层次有机组成，数字规划的总体体系架构如图 4.1 所示。

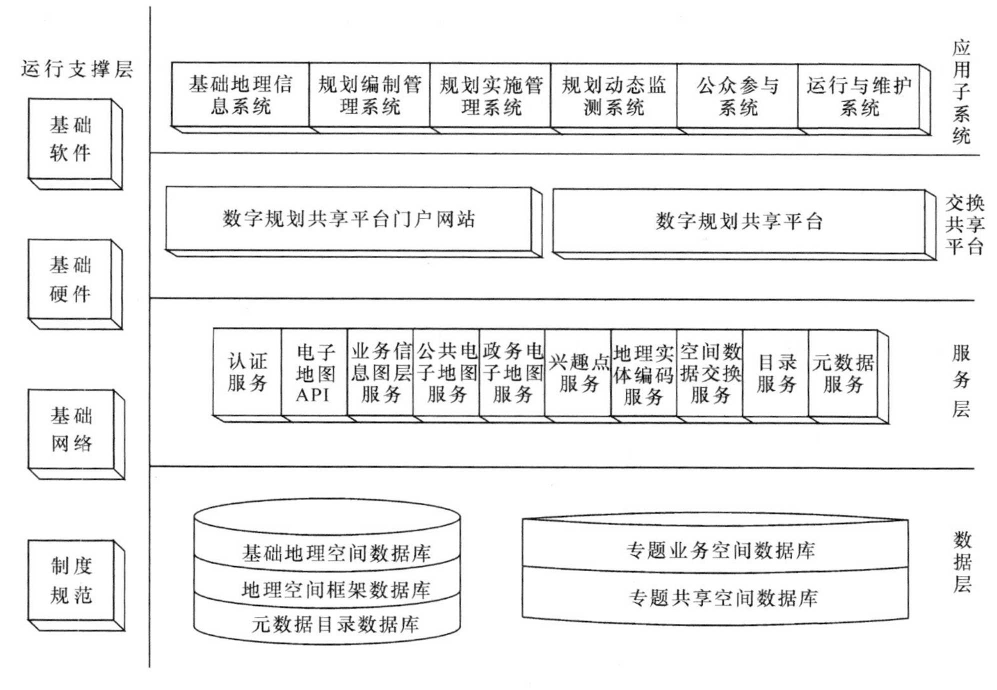

图 4.1　数字规划的总体体系架构

1. 运行支撑层

运行支撑层是数字规划系统正常运行的基本保障，主要包括标准规范体系、运行环境、安全体系、政策法规体系等内容。其中，运行环境由中心机房、基础网络、基础硬件、基础软件等部分组成。

2. 数据层

数据层由数字规划建设的系列地理空间信息资源数据库组成。数据库设计要完成数据模型设计、数据结构设计及物理结构设计等工作，是数字规划开发建设的重点任务之一。

3. 应用子系统层

应用子系统层由基础地理系统、规划编制管理系统、规划实施管理系统、规划动态监测系统、公众参与系统和运行维护系统组成。应用子系统层实现对数据的管理与维护，是数字规划正常及有效运行的软件系统保障。

4. 服务层

服务层由各类业务功能接口和数据接口组成。通过组合和封装服务层提供的

各类服务接口资源，可以快速搭建各种外部应用系统和门户网站，实现地理空间信息的分布式交换共享服务；各专业行业部门及市、县级数据分中心只需调用服务层提供的服务即可实现数据的共享交换，分中心提供数据而无需提供对等的功能。服务层是数字规划实现从提供数据的传统方式到提供在线地理信息服务方式转变的根本保障。

4.2.1 框架数据库体系设计

数字规划使用到的图形数据存储于基于 Oracle 关系数据库的 ArcSDE 中，案卷和控制信息存储于 SQL Server 数据库中。所有数据资源集中管理和维护，分布式使用。数据库建设如图 4.2 所示。

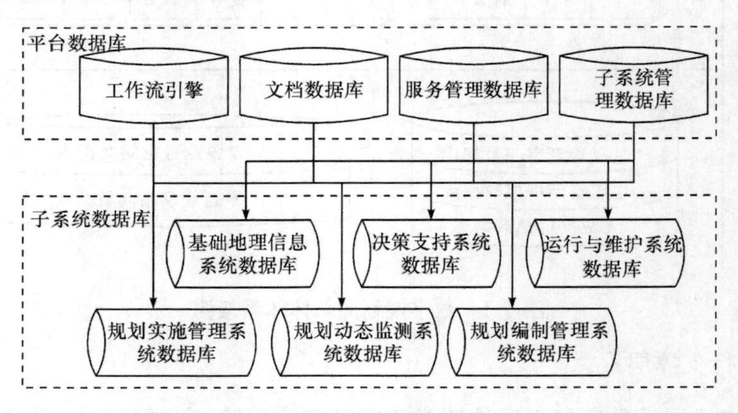

图 4.2 数据库体系架构

其中基础地理信息系统数据库、决策支持系统数据库和运行与维护系统数据库由文档数据库、服务管理数据库和子系统管理数据库搭建构成。规划实施管理系统数据库、规划动态监测系统数据库和规划编制管理系统数据库由工作流引擎、文档数据库、服务管理数据库和子系统管理数据库搭建构成。图 4.3 是规划编制管理系统数据库框架的详细描述。

4.2.2 框架数据流设计

遵循“规划编制管理—规划审批管理—规划监察管理”连续循环的业务过程，通过数据的流转(图 4.4)，形成“现状—审批—现状”的循环过程，覆盖“规划编制管理—规划审批管理—规划监察管理”的全过程。

运用数据流分析的方法，在对现有的基础数据、规划数据的生产、管理与应用过程进行深入调查、研究的基础上，概括出如图 4.5 所示的数据流图，它将作为系统功能确定的依据之一。整个数据处理过程可以简要分成三步：标准制定、数据采

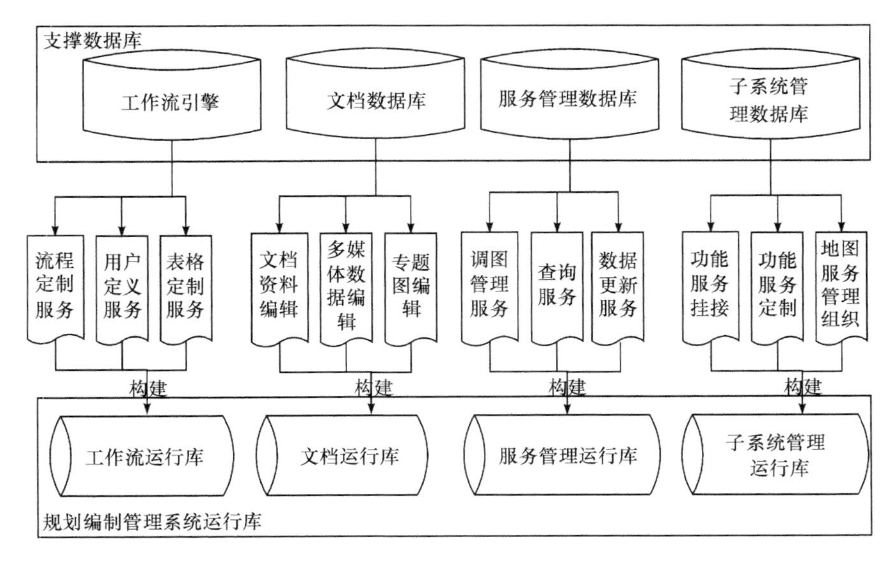

图 4.3　规划编制管理系统数据库构建框架

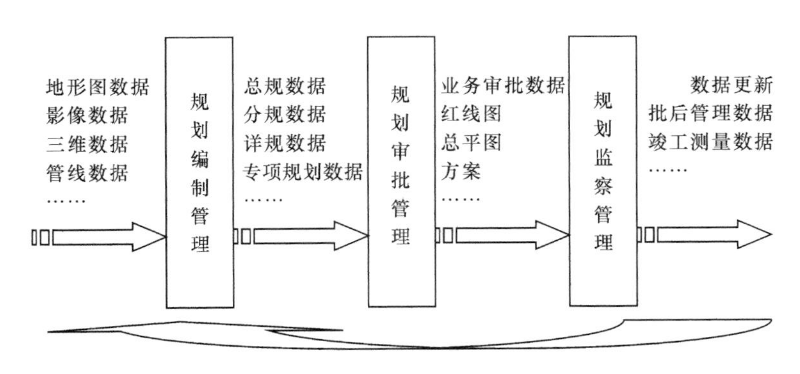

图 4.4　数据随业务循环而循环的过程

集与处理、数据整理与入库。

图 4.5 示意了系统数据的处理过程。首先要制定各类数据的制作标准，包括分层、编码与属性标准，数据交换格式标准，数据生产作业流程（包括更新流程）以及各项业务标准化流程。然后将经过标准流程按照标准格式对数据进行采集、处理、转换和入库。

在数字规划过程中同时需要将按 DLG 数据标准建立的 DWG 数据和按 GIS 标准建立的 GIS 数据库作为基础数据来使用，因此，需要建立测绘成果数据库、DLG 数据库、GIS 数据库，三者之间的数据流如图 4.6 所示。

图 4.6 围绕测绘成果数据库、DLG 数据库、GIS 数据库来描述三库间的数据流转步骤，整个流转过程涵盖了外业测图系统、测绘管理系统和基础 GIS，同时包

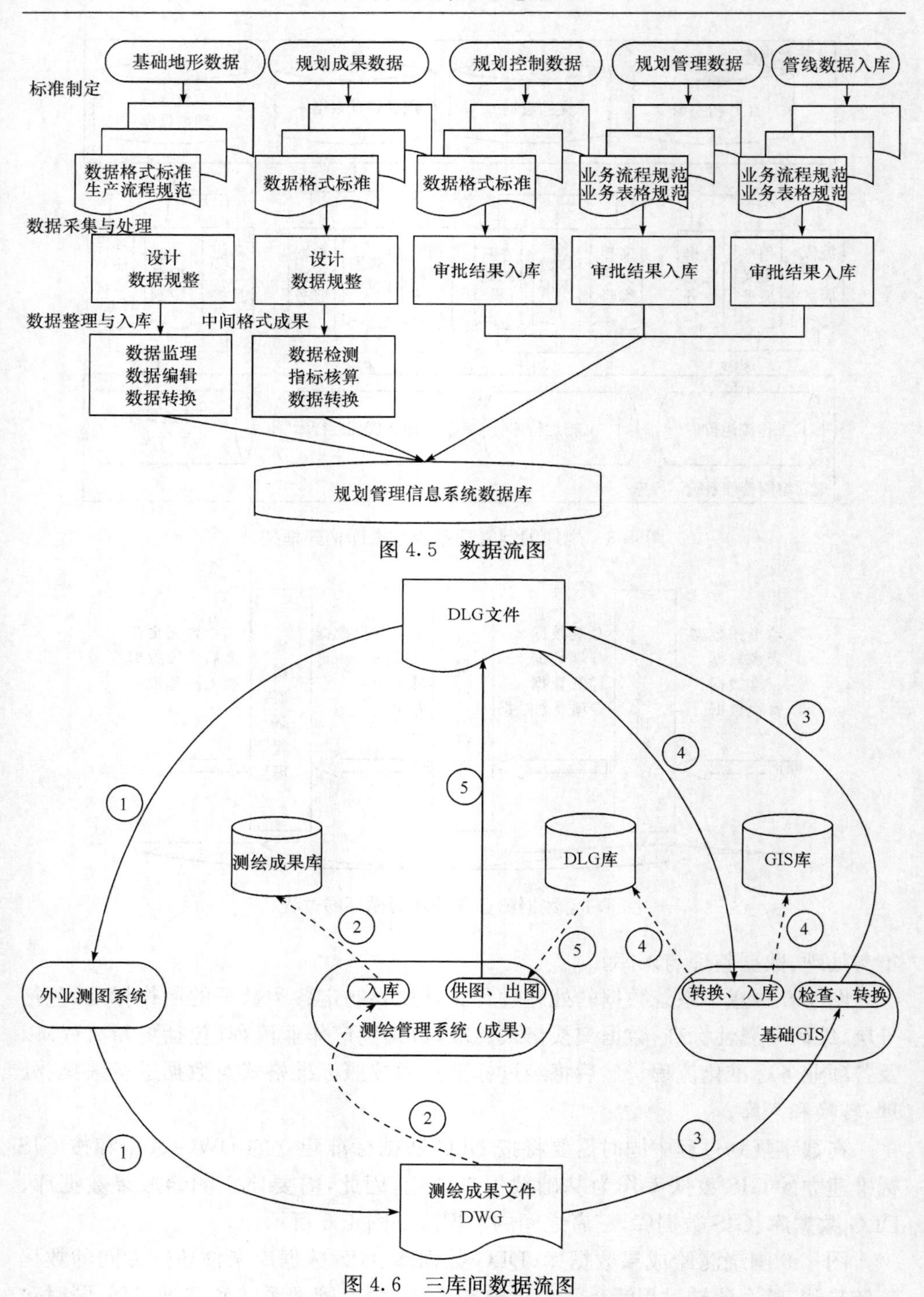

图 4.5　数据流图

图 4.6　三库间数据流图

括流转过程中输出的测绘成果文件和DLG文件。

4.2.3　框架软件体系设计

1. 软件环境

数字规划的软件环境如表4.1所示。

表4.1　数字规划的软件环境

类别		软件
操作系统	服务器	数据库服务器使用Windows Server Enterprise Edition操作系统，应用服务器使用Windows Server操作系统
	客户端	Windows XP / 2000
服务器端软件		Oracle Enterprise Editaion数据库管理系统、MS Sql Server数据库管理系统、ArcGIS、防火墙、网络监控软件等
客户端软件		Microsoft Office、Adobe Reader、AutoCAD、ArcGIS等，以及基础地理信息系统、规划编制管理信息系统、规划实施管理系统、规划动态监察系统、公众参与系统
其他软件		杀毒软件、办公软件等

2. 软件开发环境

开发工具选择Microsoft Visual Studio .Net、Microsoft Visual Studio，本书实例采用C#、VC7.1(.Net)和VC6.0作为开发语言。

4.3　框架功能服务设计

在数字规划中，“服务”是最核心的抽象手段。业务被划分为一系列粗粒度的业务服务和业务流程。业务服务相对独立、自包含、可重用，由同一个或者多个分布的系统实现；而业务流程由服务组装而来，从而应用子系统可基于该平台进行搭建。

数字规划的总体结构如图4.7所示。数字规划设计划分为五个部分的内容，依次为应用层、服务层、管理维护层、数据层和运行支撑层。

4.3.1　框架服务层设计

服务层是数字规划的核心建设内容之一，是实现从提供数据的传统方式到提

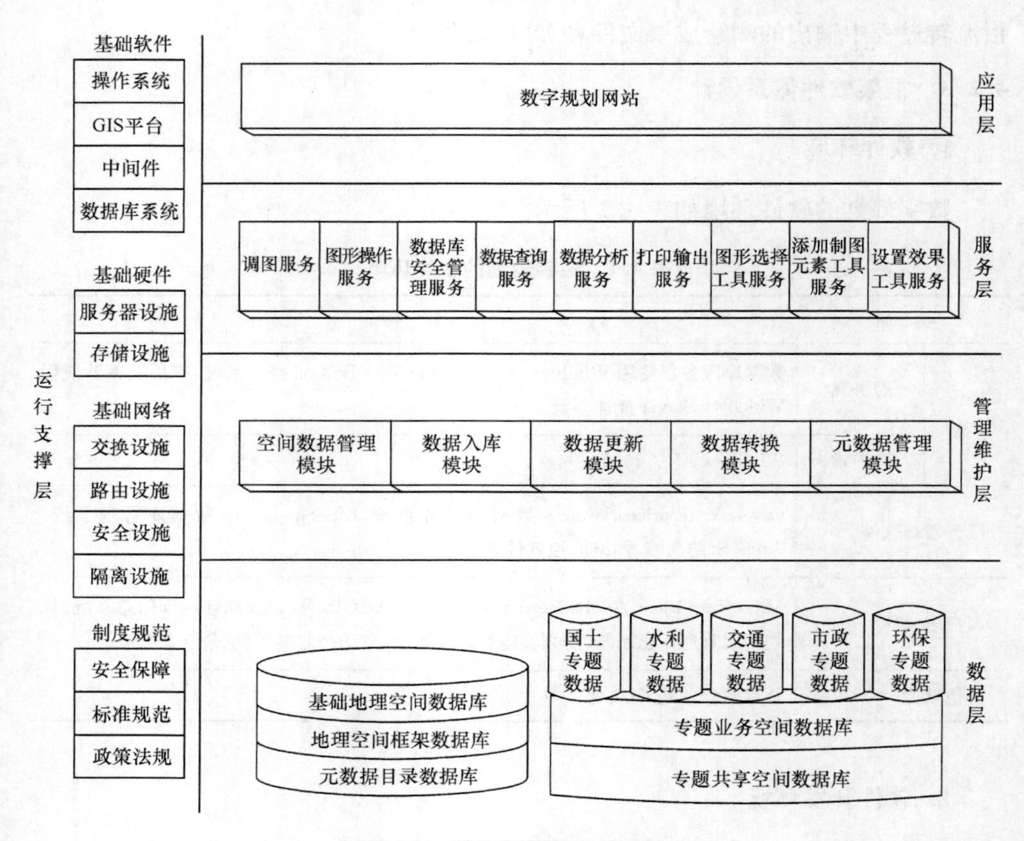

图 4.7　数字规划的总体结构

供在线地理信息服务方式转变的支撑和保障。

服务层将数字规划各类空间信息资源的对外发布、交换和共享功能接口化，以接口组件的形式对外发布。服务层的实现主要有两种形式，即 WebService 和网站 API。WebService 遵循 SOAP 协议实现；网站 API 通过 JavaScript、XML、HTML 等技术实现。对外提供的服务包括认证服务、WMS 服务、WFS 服务、图片服务、电子地图 API、三维景观服务、政务电子地图服务、公众电子地图服务、遥感影像服务、业务信息图层服务、兴趣点服务、数据交换服务、地理实体编码服务、目录服务和元数据服务。这些服务和 API 将注册到门户网站上进行发布。用户通过对服务资源的组合与封装，可快速搭建各种外部应用系统，减少系统功能的重复开发，提高数据的利用率，最大限度地发挥平台的作用。

(1) 数字规划包含的服务如表 4.2 所示。

表 4.2　数字规划包含服务

服务	服务功能描述
调图管理服务	为用户提供多种调图方式，如单点调图、多边形调图、框选调图、坐标调图等，以实现任意范围调图浏览
图形操作服务	为用户提供多种图形操作方式，如放大、缩小、平移、全图、前一视图、后一视图、缩放到调图范围等，以实现任意范围图幅浏览
安全管理服务	主要包括添加删除用户、用户权限设置、权限分配和数据库备份与恢复功能
查询服务	为用户提供多种数据查询服务，如属性、点选、简单和条件查询
数据分析服务	为用户提供多种数据分析服务，如面积量算、距离量算、范围统计、分类统计和报表输出功能
打印输出服务	为用户提供打印输出所需服务，如打印设置、图框整饰和效果设置等功能
数据交换服务	为用户提供数据的上传、下载、抽取和转换（包括格式转换和坐标转换）功能
数据更新服务	为用户提供数据的检查、入库、更新、接边、融合和编辑等功能
元数据服务	为用户提供元数据的录入、编辑、删除、查询和版本管理等功能
版本查询服务	版本管理包括元数据的版本管理及数据的版本管理两部分，为用户提供版本的基本信息查看及历史版本数据浏览、删除等功能
图层控制服务	为用户提供图层的打开、关闭、锁定、可见性和可编制等功能

（2）数字规划的后台配置服务如表 4.3 所示。

表 4.3　数字规划的后台配置服务

服务	服务功能描述
界面设计服务	为用户提供系统搭建的界面定制功能，包括系统界面框架设计、表单定制等
地图服务配置	为用户提供地图配置、符号定制等功能服务
地图服务管理与组织	主要包括地图的图层组织与管理功能
功能服务挂接	提供用户定制的功能与表单的挂接功能
功能服务定制	为用户所需搭建的应用系统提供多种可选功能服务

（3）数字规划的工作流配置服务如表 4.4 所示。

表 4.4　数字规划的工作流配置服务

服务	服务功能描述
用户定义服务	用于定义系统的各个用户
表格定制服务	用于定义系统中所有图形的组织关系
图库定制服务	用于可视化定制输入表格，并定义应用系统数据库结构

续表

服务	服务功能描述
数据包定制服务	数据包的原型是实际办公中的资料袋,是一套相互关联的数据集合,这里可以包含多媒体资料、图件、办公数据等数据包的定制功能
流程定制服务	政府部门有较固定的办公流程,这里提供在系统中可视化地定制反映功能
视图定制服务	应用系统的界面风格设计,系统用户可以继承初始设计并更改、保存自己的界面
报表定制服务	包括文本表格、图形的可视化定制输出报表功能

(4) 数字规划的文档管理服务如表 4.5 所示。

表 4.5　数字规划的文档管理服务

服务	服务功能描述
文档资料入库	将经过分类、整理、扫描后的文档资料上传到 FTP 服务器中,实现文档的一体化管理
文档资料编辑	根据要求对当前上传到 FTP 服务器上的数据做相应的编辑操作
多媒体数据入库	将指定的视频、音频、图片格式的多媒体数据资料上传到 FTP 服务器中
多媒体数据编辑	提供多媒体资料的存储结构编辑、已上传资料的删除、修改等编辑功能
专题图入库	将指定的专题数据上传到 FTP 服务器中
专题图编辑	根据要求,编辑已经上传到 FTP 服务器中的专题资料

4.3.2　门户网站设计

数字规划门户网站是地理空间信息资源的政府门户网站,将为共享地理空间信息提供一站式服务。具体表现为:它是数据与服务的唯一出口,是外部用户登录平台、访问数据和调用功能的唯一入口,是数字规划数据、功能的集中展示中心。网站采用单点登录、统一身份认证技术,实现一站式服务(GOS),同时向政府、企业、公众提供全方位、不同层次的地理空间信息服务,主要包括目录检索、元数据与数据浏览、路径分析搜索、定位、地图发布、测算、地理空间数据交换与共享等服务。网站提供地理信息产品与地理信息服务的发布与查询检索功能,支持以网络购物的方式选取数据服务与功能服务,支持以向导和示例的方式基于平台搭建应用系统,支持政务地理信息服务、公众地理信息服务和企业级位置服务。

数字规划门户网站的功能架构可分为网站基本功能模块、地理信息服务模块和注册与检索功能模块。

(1) 网站基本功能模块包含用户注册与登录、新闻与动态、政策法规、标准规范、BBS 论坛和服务指南模块,支持全文检索和一站式登录。

(2) 地理信息服务是数字规划门户网站的核心功能,主要向用户提供与数字规划中的数据资源、GIS 功能资源相关的功能服务。地理信息服务模块是在网站

API 及服务的基础上，结合共享数据管理系统中提供的数据服务资源而构建的一系列信息发布功能模块，包括政务电子地图、公众电子地图、遥感影像电子地图、三维景观电子地图、数据浏览与下载和数据上传等。

(3) 注册与检索是指对系统以及分中心发布的数据和服务的注册与检索功能，包括元数据注册与检索、目录注册与检索和服务注册与检索三大模块。

4.4　框架子系统设计

4.4.1　基础地理信息系统

基础地理信息系统是以基础地理数据为管理对象，实现对地理数据的采集、录入、处理、存储、分析、显示、输入、更新、共享等操作的信息系统，它具有完善的基础地理数据管理体系和数据服务体系。

广义的基础地理信息平台包含基础地理信息系统、三维景观信息系统、地下空间信息系统和综合管线信息系统，其划分如图 4.8 所示。

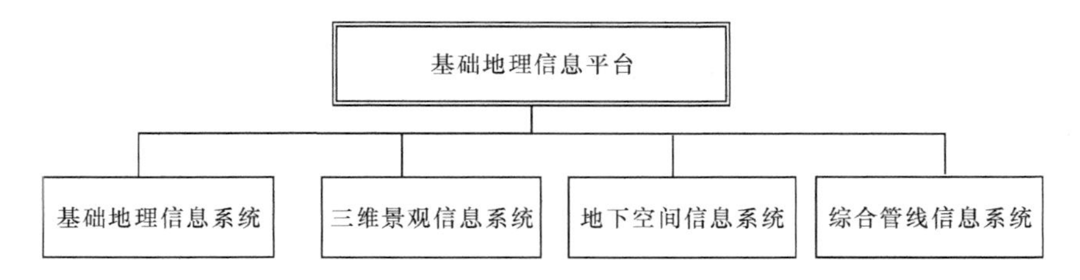

图 4.8　基础地理信息平台广义划分

基础地理信息系统的功能逻辑结构如图 4.9 所示。

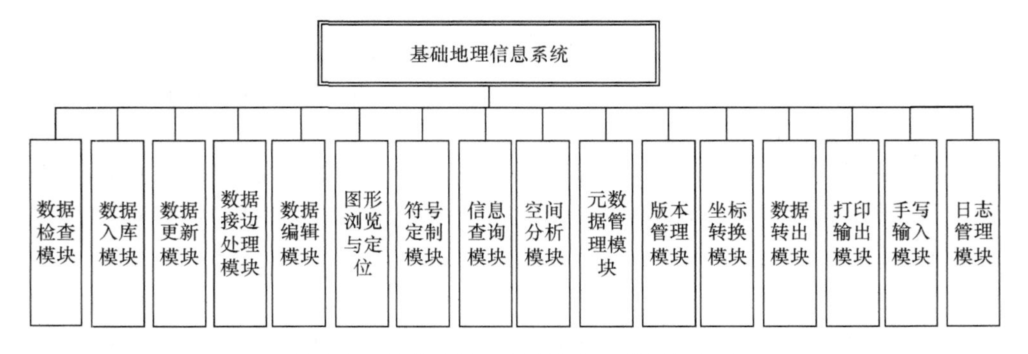

图 4.9　基础地理信息系统的功能逻辑结构

1) 数据检查模块

该模块提供对各种预入库数据进行检查的功能。

2）数据入库模块

对各类经过检查的预入库数据，满足入库的数据标准后，执行入库操作。

3）数据更新模块

当对同类同一区域不同时期的测绘成果数据进行入库操作时，即要进行数据更新的操作。

4）数据接边处理模块

本模块提供相邻图幅之间的接边处理功能，以及全自动和半自动的数据接边处理功能。

5）数据编辑模块

本模块提供了各种要素对象（点、线、面、注记等）的编辑操作，如增加、删除、修改，各种结点操作，线状对象的自动连接与打断、面交叉的处理、线状对象与面状对象之间的相互转换、符号设置、Undo/Redo 等操作。

6）图形浏览与定位

本模块主要负责完成地图图形的浏览、漫游以及快速定位操作。

7）符号定制模块

本模块提供以地形图的符号化表现用户自定义功能，包括符号库的选择、符号的定制、符号化方式的选择等。

8）信息查询模块

信息查询模块主要可分为图形查询、坐标查询、地名查询、注记查询、SQL 属性查询、元数据信息查询等。

9）空间分析模块

本模块提供对各类基础地理信息数据的统计分析功能。

10）元数据管理模块

元数据管理模块提供对各类基础地理信息元数据的录入、浏览、编辑等操作，还包含基础地理信息元数据的版本管理功能，包括版本的查看、编辑、删除等。

11）版本管理模块

版本管理包括元数据的版本管理及基础地理信息数据的版本管理两部分。基础地理信息数据版本管理包括版本的基本信息查看以及历史版本数据浏览、删除等功能。

12）坐标转换模块

坐标转换模块可以对各类基础地理信息数据进行坐标转换操作。坐标系的转换可分为动态投影转换与静态转换两种。

13）数据转出模块

数据转出模块提供的功能，为基础地理信息数据的分发与共享提供工具与手段。从数据类型来说，数据转出主要包括矢量格式数据转出、栅格格式数据转出

两种。

14）打印输出模块

在打印输出模块中，用户可以叠加多种类型的基础地理信息数据，可定制任意范围、任意比例、任意纸张、任意输出范围地图的制图输出，并可提供对图的修饰功能。

15）手写输入模块

为便于用户使用系统，增强易用性，提高数据输入的效率，系统支持手写输入，用户可以使用手写输入设备如手写板进行文字、图形的录入。

16）日志管理模块

用户在操作系统的过程中自动产生相应的日志信息，包括操作者、机器 IP 地址、时间、操作内容与对象等。日志管理模块主要进行日志的记录、查看、保存等操作。

4.4.2　规划编制管理信息系统

规划编制管理信息系统是数字规划的核心数据支撑系统之一。该系统用于实现信息系统和数据资源的整合，实现规划编制单位与局内、外各部门间的信息共享、数据交换和系统互操作，并对规划审批提供规划支撑和依据、参考，从而提高办文、办案、办事效率。

广义的规划编制管理信息系统包含规划编制成果管理和规划编制业务管理，其划分如图 4.10 所示。

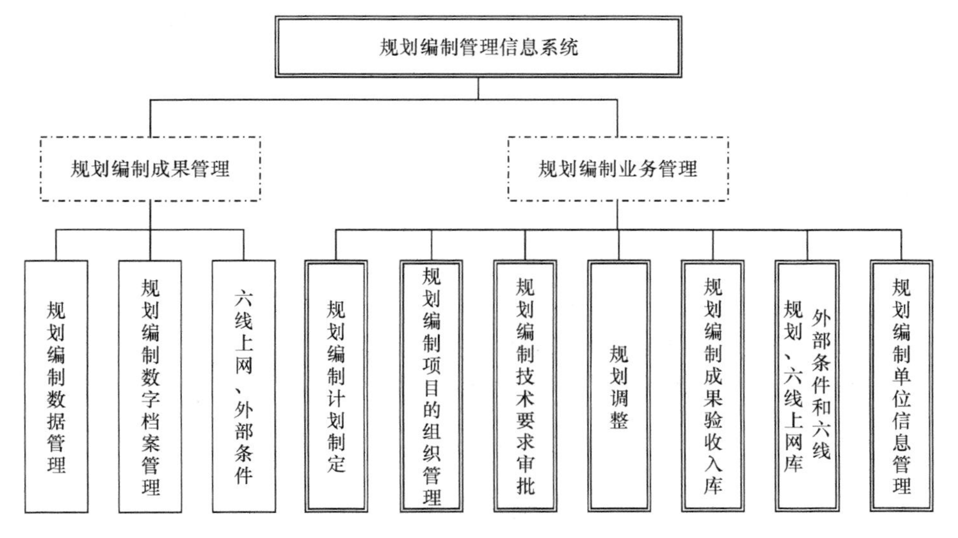

图 4.10　规划编制管理信息系统广义划分

规划编制管理系统功能逻辑结构如图 4.11 所示。

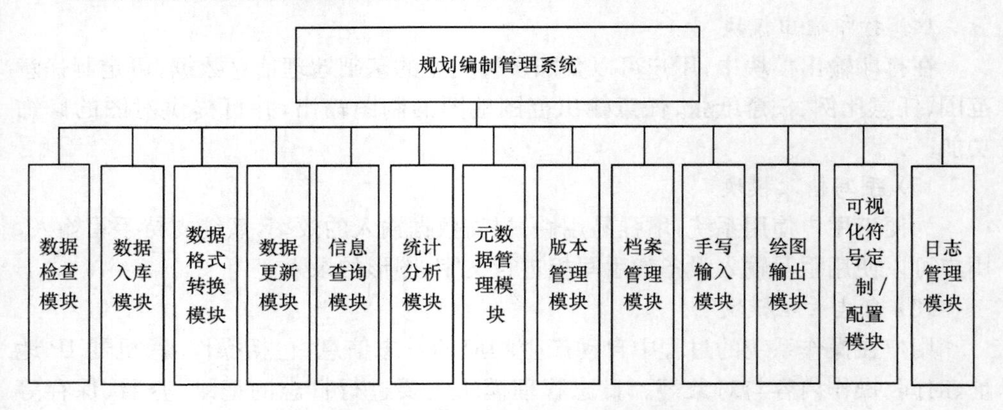

图 4.11　规划编制管理系统功能逻辑结构

1）数据检查模块

该模块提供对各种规划编制成果数据进行检查的功能。

2）数据入库模块

对各类经过检查的规划编制成果数据，满足入库的数据标准后，执行入库操作。

3）数据格式转换模块

对已有格式的数据提供数据转换接口，实现新旧系统数据移植。

4）数据更新模块

当对同类同一区域不同时间的规划编制成果数据进行入库操作时，即要进行数据更新的操作。

5）信息查询模块

信息查询模块主要可分为元数据信息查询、坐标查询、关键字查询、地名查询、注记查询、图形查询等。

6）统计分析模块

系统提供对各类规划编制成果数据的统计分析功能。

7）元数据管理模块

元数据管理模块提供对各类规划编制成果元数据的录入、编辑、删除等操作。元数据管理还应包含规划编制成果元数据的版本管理功能，包括版本的查看、编辑、删除等。

8）版本管理模块

版本管理包括元数据的版本管理及规划编制成果数据的版本管理两部分。规划编制成果版本管理包括版本的基本信息查看以及成果数据浏览、删除等功能。

9）档案管理模块

规划编制成果档案管理模块可以进行对各种规划编制成果档案资料的建档、归档、查询、档案维护等操作。

10）手写输入模块

为便于用户使用系统，增强易用性，提高数据输入的效率，系统支持手写输入，用户可以使用手写输入设备如手写板进行文字、图形的录入。

11）绘图输出模块

通过绘图输出模块提供的功能，为规划编制成果数据的分发与共享提供工具与手段。

12）可视化符号定制/配置模块

规划编制成果符号应根据建设部有关规定、规划部门的约定及各级规划图的特殊表示等因素生成相应的符号库。

13）日志管理模块

日志管理模块主要负责日志系统登录、日志查询、日志输出和日志删除等操作。

4.4.3　规划实施管理系统

规划实施管理系统是最核心的子系统，包含规划审批、批后管理和规划监察（违章查处、信访接待）等业务内容。系统的建立要基于各子系统和资源之间的相互关联，体现人性化及可扩展性等特点，重视系统响应速度快捷的要求。广义的规划实施管理系统划分如图 4.12 所示。

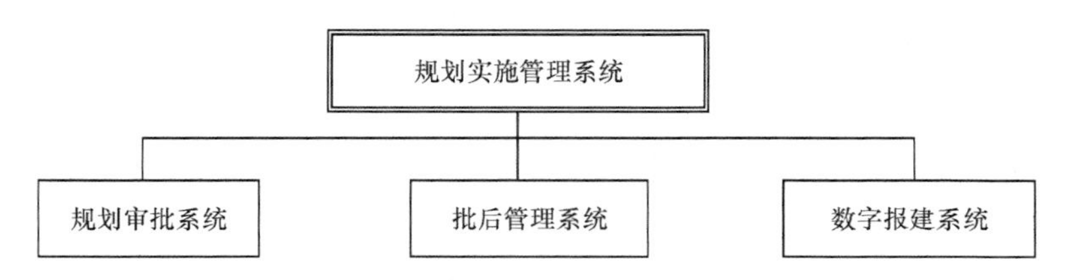

图 4.12　规划实施管理信息系统广义划分

系统在系统功能方面划分为综合供图模块、数字报建模块、业务审批模块、图形审批模块、智能预警模块、网上服务模块。系统功能逻辑结构如图 4.13 所示。

1）供图登记模块

实现对每次供图结果进行登记，提供唯一的综合供图编号，查询、统计供图面积及收取费用等信息，打印供图申请回执单。

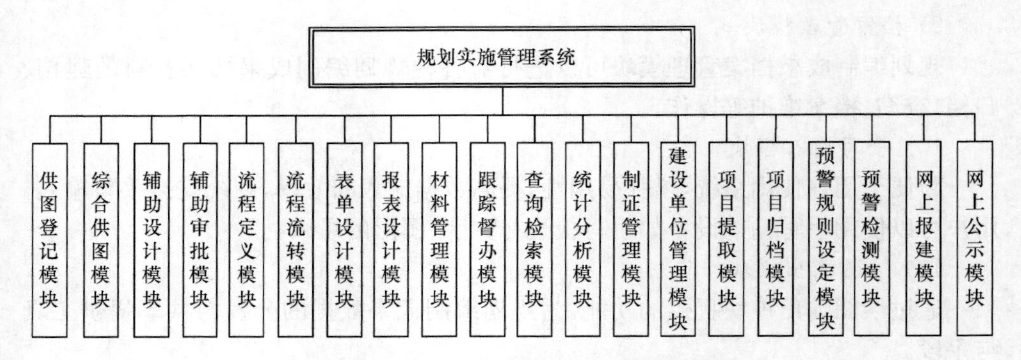

图 4.13 规划实施管理系统的功能逻辑结构

2）综合供图模块

对外提供综合图件。提供指定供图范围功能，并裁剪输出成 DWG 格式或打印绘图，在供图数据库中对供图范围要有状态标志。

3）辅助设计模块

提供给设计单位的辅助设计工具，根据一定的规则对草图进行技术处理，将不同标准的图纸统一成信息规范的成果图。

4）辅助审批模块

报建审批主要用于规划审批单位计算和审核综合技术经济指标。

5）流程定义模块

定义规划管理办公自动化系统中的业务流转流程，包括规划实施、批后管理、综合业务三个部分。

6）流程流转模块

在对审批流程中案件审定或指定的审批环节前作出指示、提出建议或意见。

7）表单设计模块

在审批界面中通过业务表单查看到所提出的规划设计要点内容。

8）报表设计模块

对各类案件、公文、纪要等按名称、时间、类别、状态、范围、密级、部门、人员、关键字等条件进行查询，并生成报表。

9）材料管理模块

提供“数字报建”辅助设计及审查系统间的数据接口，对报建材料、案件相关材料等以多种数据文件格式进行管理、入库功能，并能够方便查阅、核对。

10）跟踪督办模块

提供案件办理周期提醒、跟踪督办、可视化案件运转运行流程状态查看功能。

11）查询检索模块

提供属性查询、图文互查、案件查询、在办案件查询、历史案件查询、违章查询功能。

12）统计分析模块

统计分析包括效能的统计分析以及对审批管理的监管分析。

13）制证管理模块

提供“一书三证”的可视化打印制证、证号管理功能。

14）项目提取模块

能够重新由系统恢复“数字报建”当前及以往各阶段的申报和审批结果的整套“数字报建”光盘。

15）项目归档模块

完整档案的整理及形成，并列出项目报建和审批过程。

16）预警规则设定模块

设定智能预警的预警规则，可称为预警模板，包含检测周期、检测条件描述、通知格式、通知对象等。

17）预警检测模块

建立预警机制，对规划设计要点在要点提出和方案审批过程中，实时发出预警报告信息提示。

18）网上报建模块

在网上设置审批业务栏，所有规划审批事项均可通过该栏目进行网上报建。

19）网上公示模块

在网上设置各类公示栏，内容包括所有建设项目的审批状态、审批结果、违章处理信息、项目批前公示、批后公示。

4.4.4　规划动态监测系统

规划动态监测工作是运用遥感技术，通过对不同时相、高分辨率卫星遥感影像数据进行比对，提取出反映城市建设用地变化情况的变化图斑，结合城市规划相关资料，对城市总体规划的实施情况进行综合评价。为了了解一个城市多年的变化情况，还可以进行动态、连续的监测。规划动态监测系统的监测重点是城市规划的强制性内容的落实情况。城市规划的强制性内容涉及区域协调发展、资源利用、环境保护、风景名胜资源保护、自然与文化遗产保护、公众利益和公共安全等方面，是正确处理城市可持续发展的重要保证。

广义的规划动态监测信息系统包含规划监察信息系统和动态监察信息系统，其划分如图4.14所示。

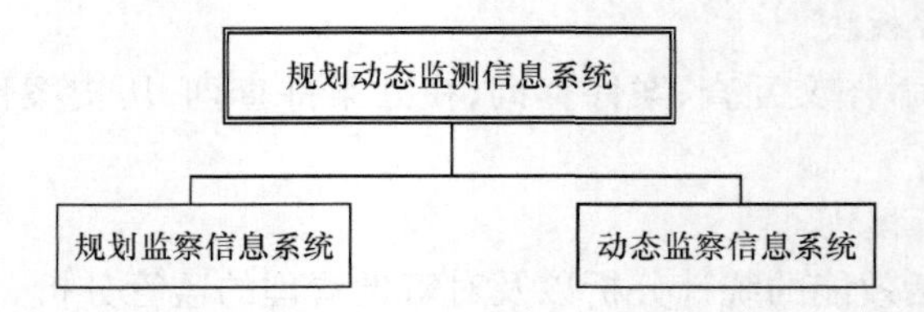

图 4.14 规划动态监测信息系统广义划分

规划动态监测系统的功能逻辑结构如图 4.15 所示。

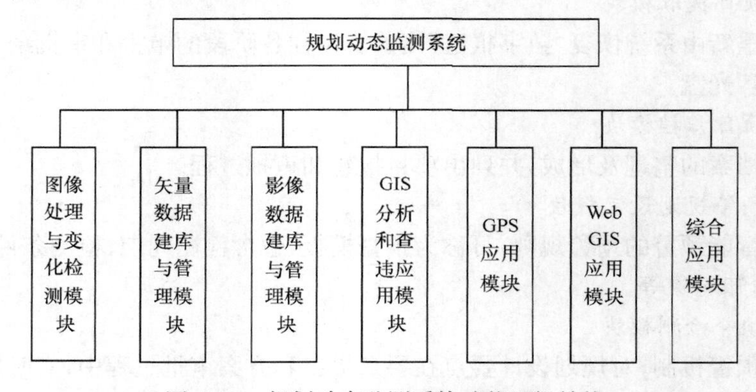

图 4.15 规划动态监测系统功能逻辑结构

1）图像处理与变化检测模块

主要提供基本图像处理、几何校正、影像配准、分类和融合、变化检测功能。将得到的图像数据生产成为具有精确地理坐标的影像图，通过对比不同时相的影像，可以检测出地物的变化情况，并将相应的影像、变化矢量图斑等信息存入数据库。

2）矢量数据建库与管理模块

主要完成矢量数据的建库、数据入库和管理功能。

3）影像数据建库与管理模块

主要完成多时相影像数据建库、数据入库和管理功能。

4）GIS 分析和查违应用模块

主要通过变化图斑的对比分析来查处违章用地和建筑。

5）GPS 应用模块

主要为野外验证提供导航服务，并为查违工作提供辅助信息。

6）Web GIS 应用模块

在本系统建立的审批数据库、影像数据库以及变化图斑数据库的基础上，通过政府专用网向相关部门进行有关信息发布。

7）综合应用模块

对利用遥感手段进行城市规划综合应用的成果进行专题项目的演示。

4.5 子系统间与数据间的关联设计

数字规划涵盖城市规划研究、编制、管理和监督等城市规划全过程业务。数字规划的多个子系统是一个紧密关联、有机联系的整体。系统间关联是由业务引导，并通过数据间调用和交换而实现的。因此，子系统之间、数据之间、子系统与数据之间的关联设计是数字规划实现高效、稳定和实用的关键。

4.5.1 业务间关联分析

实现系统之间、数据之间以及系统与数据之间的有效关联的前提是业务间关联的分析。下面以城市规划的几个主要业务关联分析为例。

1. 规划实施与其他业务关联

规划实施与规划验收、竣工测量、规划调整、违章查处等的关联如图 4.16 所示。

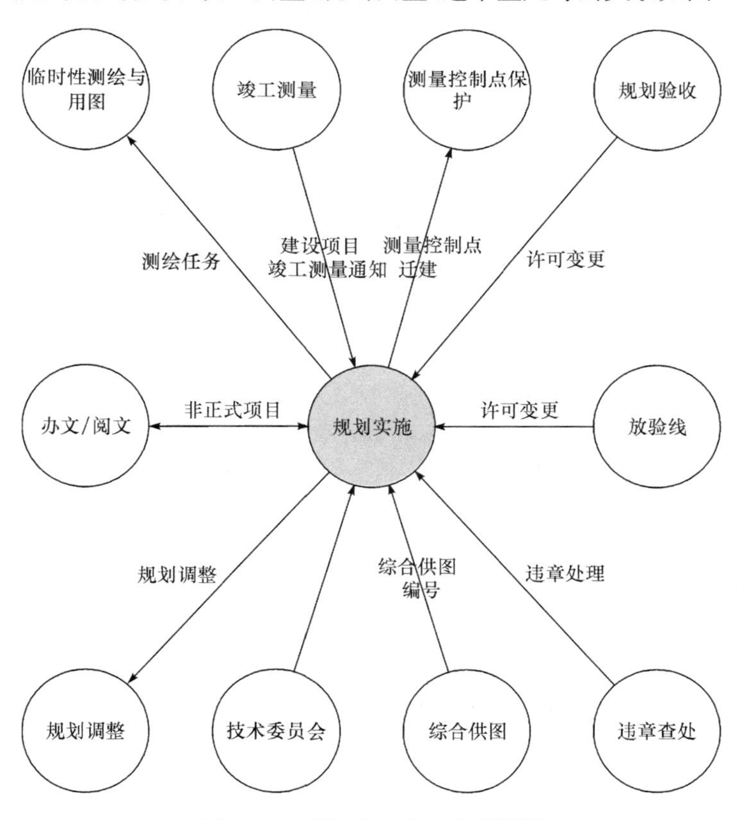

图 4.16 规划实施业务关系概图

1）规划实施与批后管理关联

规划实施与批后管理的关联主要包括与验放线、复验、竣工验收、违章监察、变更和补办、规划监察和司法与复议7个方面的业务关联，详见表4.6。

表4.6　实施与批后管理业务关联

序号	与相关业务之间的交叉关系说明
1	验放线： 许可证发出时将项目信息和电子图纸发送到验线组； 将项目信息发送到监察大队
2	复验： 验线组将合格的复验结果信息传回到监察大队； 监察大队应对长期没有进行复验的项目进行巡查； 复验不合格时，将复验结果发送到经办处室、分局；（作为一类审批项目进入平台办理）经审查，项目符合变更范围的，需进行公示（征求利益相关人的意见），由分局发出注销原核准图并进行方案修改的通知；涉及改变原许可内容的，要注销原规划许可证； 复验不合格且经审查认为无法同意变更的，由分局填写处理意见并转往法规处和监察大队
3	竣工验收： 验线组将合格的竣工测量结果信息传回到监察大队； 监察大队应对长期没有进行竣工测量的项目进行巡查； 竣工测量合格时，将竣工测量结果发送到经办处室、分局；（作为一类审批项目进入平台办理）经审查，项目符合变更范围的，需进行公示（征求利益相关人的意见），由分局发出注销原核准图的通知，涉及改变原许可内容的，要注销原规划许可证； 竣工测量不合格且经审查认为无法同意变更的，由分局填写处理意见并转往法规处和监察大队
4	违章监察： 所有违章信息应与地理位置关联（大队输入地理位置点位信息，可在影像图上标识）； 通过巡查、举报等方式发现的违章信息应同时发送到违章信息栏目，根据违章信息的地理位置确定违章所在的分局； 建管人员在处理违章审查时，应进行关联，发现违章涉及在办案件的，需停办，并做相应处理（系统需要警示）
5	变更和补办： 涉及行政许可变更的，更需要进入审批平台，按照业务类型由相关业务处室重新审批； 对于不涉及行政许可内容变更的，如建设单位名称、案件名称等，直接由窗口人员提出申请，处室人员手工办理即可，分局长直接审定（其中城中分局项目由综合处处长审定），处理完毕后将变更结果录入系统中存档即可

续表

序号	与相关业务之间的交叉关系说明
6	规划监察： 需要影像图分析功能； 将选址、用地红线整合到历年的用地范围中； 将选址、用地、规划许可证中的建设性质与分区规划、控制性详细规划比对； 对给定范围的建设量、高层数量、拆迁范围、新建范围、住宅比例等建设信息进行评估
7	司法与复议： 在发生重大群访、进入司法程序、复议时，相关责任处室将涉及的案件做关联标志，经办人应当得到系统的及时提示，相关的案件暂停办理

2）规划实施与综合业务关联

规划实施与综合业务关联主要涉及项目审批、数据统计分析等业务，详见表 4.7。

表 4.7　规划实施与综合业务关联

序号	与相关业务之间的交叉关系说明
1	审批流程：收发件、档案流转、周期变更(挂起)
2	统计分析：按区域、分局、个人、定制条件、时间进行统计； 统计分析的形式：各类表单、空间分布图、饼状图、柱状图、趋势图等； 审批信息：各类案件的数量、面积、分布、审批要素(参见综合处提交的资料)； 办案效能：工作量统计，提前、超期、挂起情况统计，案件关联预警、违章、信访统计，效能排名(效能函数)的及时显现、与年度考核挂钩(与人事处发生关系)； 趋势分析：各类统计信息的周期变化情况、拟合函数关系； 关联分析：不同要素、不同统计范围之间的统计对比关系

3）规划实施与档案管理

规划实施与档案管理关联主要涉及案卷档案的挂接还涉及电子档案的存档问题，详见表 4.8。

表 4.8　规划实施与档案管理业务关联

序号	与相关业务之间的交叉关系说明
1	案卷档案需要挂接当前的地形图、管线图，避免基础数据更新后审批成果与地形图、管线图不能吻合，涉及电子档案的存档问题

4）规划实施与项目审议

规划实施与项目审议的关联主要涉及技术委员会审议、专家评审、市长办公室会审、规划会审会和土地会审会5个方面的会审程序，详见表4.9。

表4.9 规划实施与项目审议关联

序号	与相关业务之间的交叉关系说明
1	技术委员会审议： 上会材料的准备和提交：基础地理信息、规划信息（含各分局的规划拼合图）由总工办准备；项目信息（含相邻地块的信息）由系统生成，直接导入技术委员会相应栏目；上会项目的提出、复审、审定流程由系统实现。不再用纸质流转；没有电子文件的，由经办人进行电子化； 上会材料、会议纪要的存取和链接：上会材料、会议纪要需要有专门的栏目和数据库；上会时进行链接，在查询时链接同办文； 对于上会议题中共性的问题，总工办应定期分析汇总并在内网发布
2	专家评审（咨询）会： 凡在规划设计要点中要求多方案评审的，需规委办评审的，系统自动将信息转到规委办； 多方案比选也应进行电子报建（仅需提供总平面指标计算图），由窗口进行指标核算合格后交由总工办办理； 多方案比选项目（含会议纪要）建立单独的档案和数据库； 办案时进行链接，在查询时链接同办文
3	市长办公室会审： 上会材料的准备和提交：在系统中设立上会材料演示栏目（可采用离线办理或将整个栏目拷贝的方式，此栏目也应用于技术委员会、专家评审（咨询）会、规划会审会、土地会审会）；上会材料演示栏目应集成基础地理信息、规划信息（含各分局的规划拼合图）、六线库、项目信息；每种信息可分层表示，存储在不同文件夹中；该栏目要有简单的画线、添加注记、打印、播放（播放上一张图、下一张图，类似PPT）等各类标识的功能；栏目支持文档、图形、PPT； 本栏目与办案系统的链接：图形与审批信息需要方便的导入；上会材料的初拟、复审、审定流程由系统实现；不再用纸质流转；没有电子文件的，由经办人进行电子化； 上会材料、会议纪要的存取和链接：上会材料、会议纪要需要有专门的栏目和数据库；会议纪要应及时形成电子文档，由经办人发布到办文系统，在查询时链接同办文
4	规划会审会：同市长办公室会审
5	土地会审会：同市长办公室会审； 议题的通知及材料的汇总扎口在规划处； 上会前需要规划处在系统中实施复审和意见反馈

5）规划实施与规划编制

规划实施与规划编制主要涉及各层次规划编制中成果满足规划实施及审批的要求，详见表4.10。

表 4.10　规划实施与规划编制关联

序号	与相关业务之间的交叉关系说明
1	需要的规划编制成果： 各类规划(城市总体规划、分区规划、控详、城市设计)； 基本农田保护区(需向国土局调用)； 特定意图区等专项规划； 土地利用规划(需向国土局调用)； 待批的规划成果； 规划信息(规划的意向性控制要求和控制范围,如火车南站)
2	控制性详细规划成果在规划审批中的应用： 选址、用地、规划要点审批时该用地范围涉及的控制性详细规划单元的规划信息的便捷显示和调用,需要版本回溯； 选址、用地、规划设计要点指标、用地性质在对控制性详细规划内容有修改的情况下,需提交规划处、市政处、分局提醒调整； 在规划设计要点提出退让、高度等规划要求时显示调用所在位置涉及的控制性详细规划单元或城市设计的规划信息； 选址、用地、规划要点、方案审查、许可证指标与控制性详细规划不符的应有显示提醒的功能(预警之一)
3	从控制性详细规划、六线专项、相关的专项规划(如明城墙规划)等成果中提取所需六线数据作为外部条件的工作基础； 同时外部条件作为下一轮控制性详细规划调整的依据； 产生编制任务,进入编制任务项目管理(规划编制管理)； 专项管线规划(含市政联动成果)

6）规划实施与测绘

规划实施与测绘的关联主要涉及测绘和基础地理数据如何满足规划实施的数据要求,详见表 4.11。

表 4.11　规划实施与测绘关联

序号	与相关业务之间的交叉关系说明
1	地形图的表达： 地形图中增加衍生服务功能,如标示用地现状,并且审批后能动态更新； GIS 数据库的应用
2	需要的测绘成果： 最新的大比例尺地形图,同时地形图需要有版本回溯的功能； 最新、分辨率最高的影像图

续表

序号	与相关业务之间的交叉关系说明
3	可能引发的测绘任务 项目申报时或项目办理过程中，发现地形图需要更新的，应简便地进入测绘任务管理系统： A、发现地形图没有更新(更新图未送达、更新单位未更新)的，需要测绘处查找原因； B、审批范围扩大，发现地形图未覆盖的，产生新的测绘任务； C、非正式项目需用地形图
4	审批范围内涉及高等级测绘控制点时，应提醒经办人发送案卷到测绘处会签办理测量标志迁建或保护意见

7）规划实施与规划监察

规划实施与规划监察的关联主要涉及将规划实施的检验结果传输到规划监察系统中，再由规划监察进行警示、查处等，详见表 4.12。

表 4.12 规划实施与规划监察关联

序号	与相关业务之间的交叉关系说明
1	业务监察：监察室可实时监控各类案件的审批情况、违章处理情况、信访接待等；在审批过程中，规划成果与选址、用地、要点、方案审查、许可证发生不吻合情况时，应提出警示，并将信息发送给监察室；可制作各类业务监察报表、分析报表
2	效能监察：办案周期超期、审批轮次过多(5 轮以上)时，将案件信息发送给监察室；监察室可实时监控人员效能情况；可制作各类效能监察报表、分析报表； 人员处理：监察室将人员处理决定应及时发送到内网相应栏目和后台管理平台，及时更新内外网内容和系统设置

2. 批后管理与其他业务关联

为改变以往对越证违法建筑被动受理或接受举报后查处，但越证违法已成事实，并会造成处理难的后果与现象，行之有效的办法就是早发现、早制止，为此，规划管理部门开展了开工前验灰线、建设中验±0、建设竣工后进行规划验收工作。

批后管理与规划实施、规划验收、业务关联、违章查处和项目跟踪等业务关联如图 4.17 和表 4.13～表 4.17 所示。

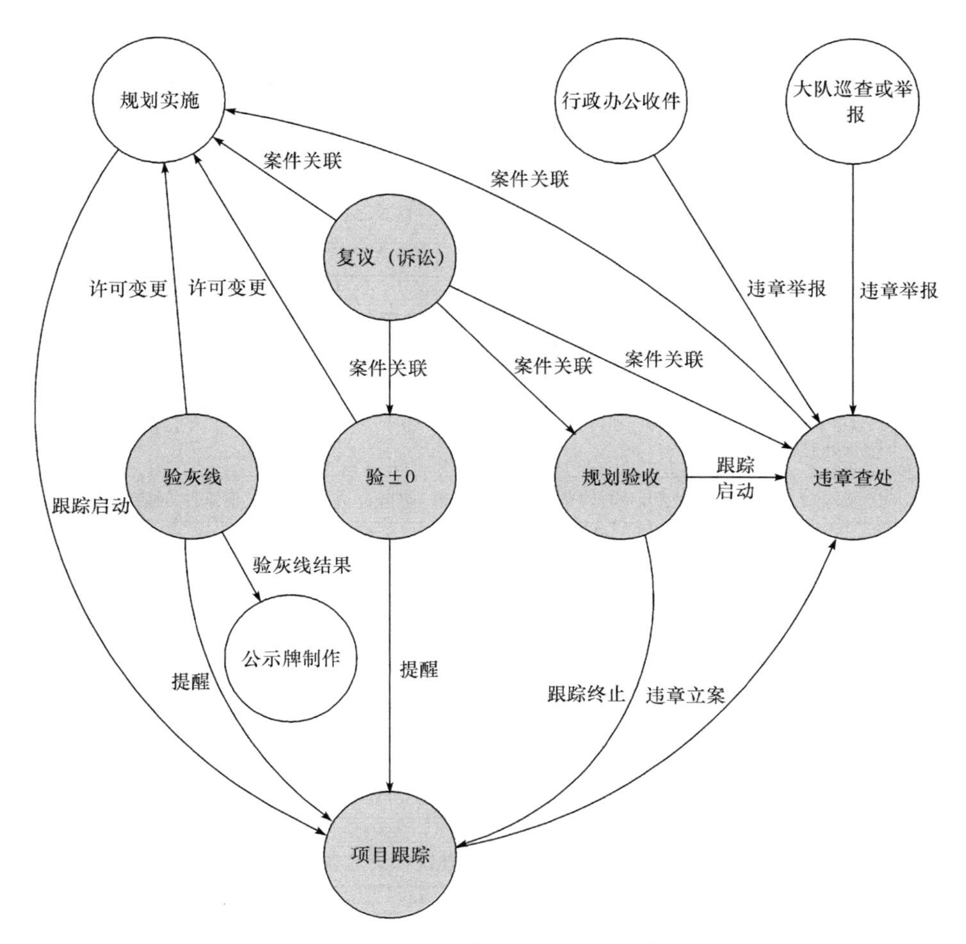

图 4.17　批后管理业务关系概图

表 4.13　批后管理与验灰线、验±0 业务关联

序号	与相关业务之间的交叉关系说明
1	在收件时需要查询放线成果库中是否存在所申请验线的放线成果图，如果没有，则要求建设单位提供放线成果图
2	验线组完成验线后，需要将验线成果和处理意见提交到系统对应的数据库，同时提醒法规处进行处理
3	根据验放线结果，如果合格，则提醒公示牌制作，可以制作公示牌
4	验线完成后，不论结果如何，都要提醒大队进行对应的项目跟踪

表 4.14　批后管理与规划验收关联

序号	与相关业务之间的交叉关系说明
1	在收件时需要查询竣工测量数据库中是否已经存在竣工测量数据，否则要求建设单位提供竣工测量数据，如果没有测量数据则要求建设单位提供放线成果图
2	规划验收完成后，应该提醒大队，如果合格则终止项目跟踪，如果不合格则需要进行实地调查，看是否存在违章，如果存在则做违章处理

表 4.15　批后管理与违章查处关联

序号	与相关业务之间的交叉关系说明
1	根据办公室的转文或其他处室的违章举报，实地调查后确认是否需要立案处理，如果需要则进行违章处理
2	记录违章单位和项目信息，并与具体项目建立关联，当经办人办理对应业务时提醒
3	根据违章记录，记录建设单位的诚信，建立对应的建设单位诚信记录

表 4.16　批后管理与在建项目跟踪关联

序号	与相关业务之间的交叉关系说明
1	发放建设工程许可证，系统提醒监察大队，需要建立对应的项目跟踪，如果三个月内该工程没有申请验线，则需要提醒监察大队到现场调查，同时记录在案
2	监察大队根据对应的结果确定是否定为违章立案处理，还是终止项目跟踪

表 4.17　批后管理与复议和诉讼关联

序号	与相关业务之间的交叉关系说明
1	根据复议或诉讼的内容，建立与具体审批项目的对应关联，同时及时提醒对应的经办人做相应的处理

3. 规划编制与其他业务关联

规划编制与规划成果管理、测绘管理、档案管理和规划调整关联如图 4.18 所示。

1）规划编制与规划审批

规划编制与规划审批的关联主要包括与规划审批信息、规划调整的关联，详见表 4.18。

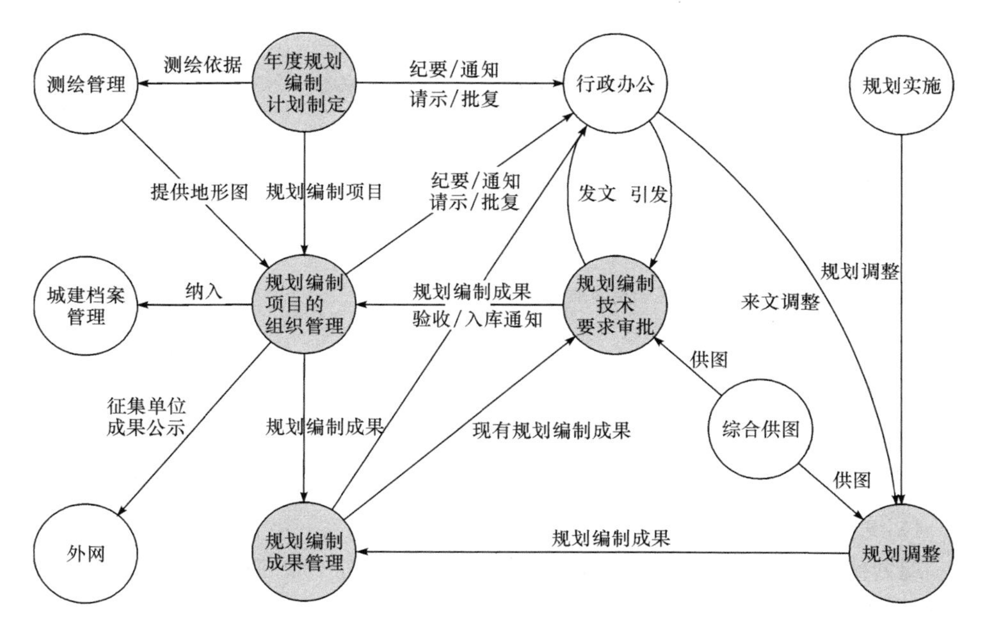

图 4.18　规划编制业务关系概图

表 4.18　规划编制与规划审批关联

序号	与相关业务之间的交叉关系说明
1	规划编制项目的组织管理； 提供规划审批信息
2	规划调整； 局部地块用地性质等引发调整； 规划审批的结果成为规划调整的结果

2）规划编制与行政办公

规划编制与行政办公的关联主要是编制计划及经费的确定，见表 4.19。

表 4.19　规划编制与行政办公关联

序号	与相关业务之间的交叉关系说明
1	年度规划编制计划制定； 发送填写年度规划编制项目计划建议的通知； 发送年度规划编制计划经费额度的通知； 发送执行年度规划编制计划的通知

3）规划编制与测绘管理

规划编制与测绘管理业务关联主要涉及的是测绘计划依据以及为规划编制与

审批提供基础地理数据，见表 4.20。

表 4.20 规划编制与测绘管理关联

序号	与相关业务之间的交叉关系说明
1	年度规划编制计划制定： 把年度规划编制计划转到测绘处，作为制定测绘计划的依据
2	规划编制项目的组织管理： 提出基础地理信息地形图调用需求； 提供基础地理信息地形图
3	规划编制技术要求审批： 提出地形图提供需求； 提供地形图

4）规划编制与预警系统

规划编制与预警系统业务关联主要涉及的是规划要点同用地指标之间的预警机制，见表 4.21。

表 4.21 规划编制与预警系统关联

序号	与相关业务之间的交叉关系说明
1	要点同用地指标之间的关系要有预警机制：规划要点审批过程中，经办人提出的用地指标、审批用地的性质等要和规划编制的内容相一致，如若出现不一致的需要系统智能预警

5）规划编制与档案

规划编制与档案业务关联主要涉及的是规划编制成果的归档，见表 4.22。

表 4.22 规划编制与档案关联

序号	与相关业务之间的交叉关系说明
1	归档成果的内容和数量应在相关合同中做明确规定，一般包括规划报告（含文本、说明、专题研究、图则等）A3 规格 3～5 套、规定比例大图 1 套、规划成果简本（结论和主要图纸）10～15 本、公示用展板（含主要内容和图纸）打印样稿 1 套（具体要求另定）、单页宣传材料（规划概况、主要结论及主要图件等）1 套（具体要求另定）、汇报用演示文件（ppt 格式）、全套成果电子文件 2 套（需符合局规划编制成果数据标准要求）

4. 测绘管理与其他业务关联

测绘管理与规划实施、规划审批、规划编制等业务的关联如图 4.19 所示。

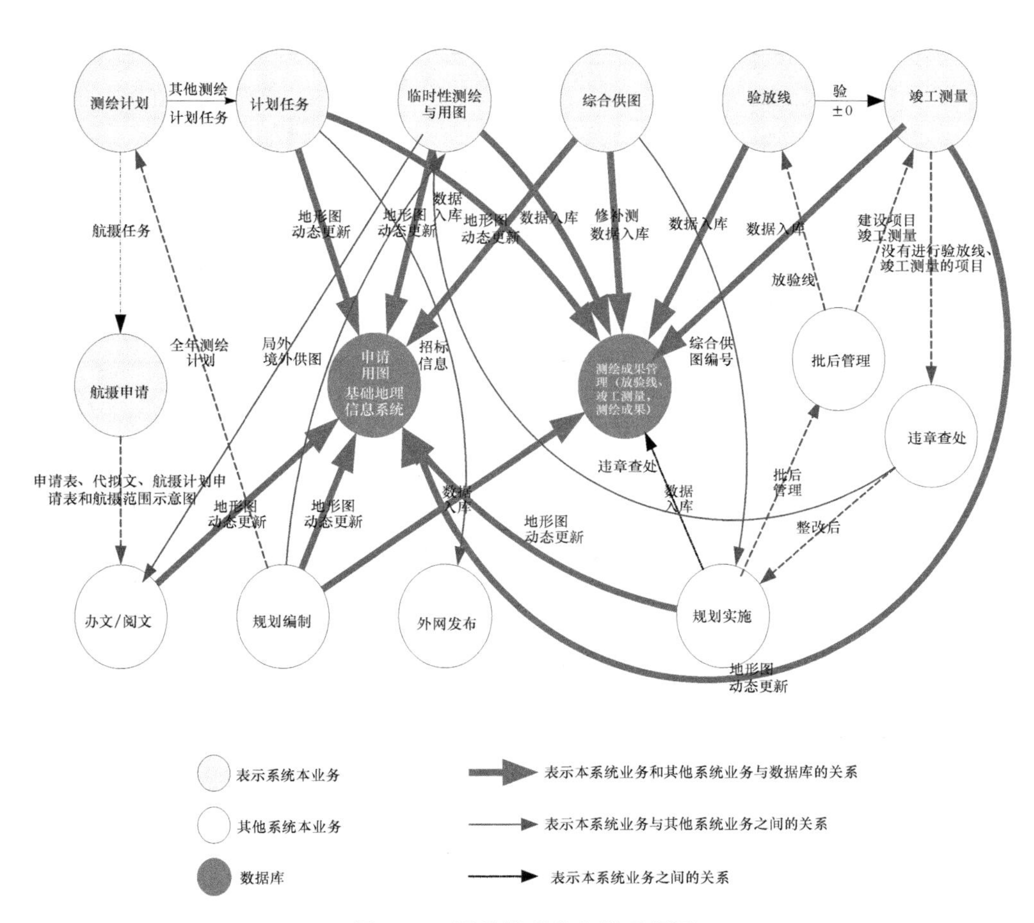

图 4.19　测绘管理业务关系概图

1）测绘与规划实施

测绘与规划实施主要涉及综合供图编号和测量业务，见表 4.23。

表 4.23　测绘与规划实施关联

序号	与相关业务之间的交叉关系说明
1	综合供图业务中的供图编号要在规划实施中体现
2	规划实施中已发《建设工程规划许可证》的项目进入竣工测量流程管理

2）测绘与批后管理

测绘与批后管理业务关联主要涉及验放线、竣工测量，见表 4.24。

表 4.24 测绘与批后管理关联

序号	与相关业务之间的交叉关系说明
1	验放线： 许可证发出时，将项目信息和电子图纸发送到验线组
2	竣工测量合格时，将竣工测量结果发送到经办处室、分局；（作为一类审批项目进入平台办理）经审查，项目符合变更范围的，需进行公示（征求利益相关人的意见），由分局发出注销原核准图的通知；涉及改变原许可内容的，要注销原规划许可证； 竣工测量不合格且经审查认为无法同意变更的，由分局填写处理意见并转往法规处和监察大队

3）测绘与违章查处

测绘与违章的关联在于没有进行验线、放线、竣工测量的项目进入违章查处，见表 4.25。

表 4.25 测绘与违章关联

序号	与相关业务之间的交叉关系说明
1	没有进行验线、放线、竣工测量的项目进入违章查处

4）测绘与规划编制

测绘与规划编制的关联在于规划编制中制定测绘计划并进行流程管理，见表 4.26。

表 4.26 测绘与规划编制关联

序号	与相关业务之间的交叉关系说明
1	规划编制中制定全年测绘计划任务，进入测绘计划流程管理
2	临时性测绘计划中的局外境外用图申请需要在办文系统中拟文

4.5.2 数据间关联设计

数据关联方式更多地体现在数据库之间的相互关系，特别是相互之间的引用关系上。从数据库的角度来看，不同类型的业务数据之间存在着引用、空间参照、更新、归档等联系，构成复杂的数据之间的关系，如图 4.20 所示。

4.5.3 子系统间关联设计

专题数据库和相关业务数据库之间的数据关联方式，可以构建并表达为这些

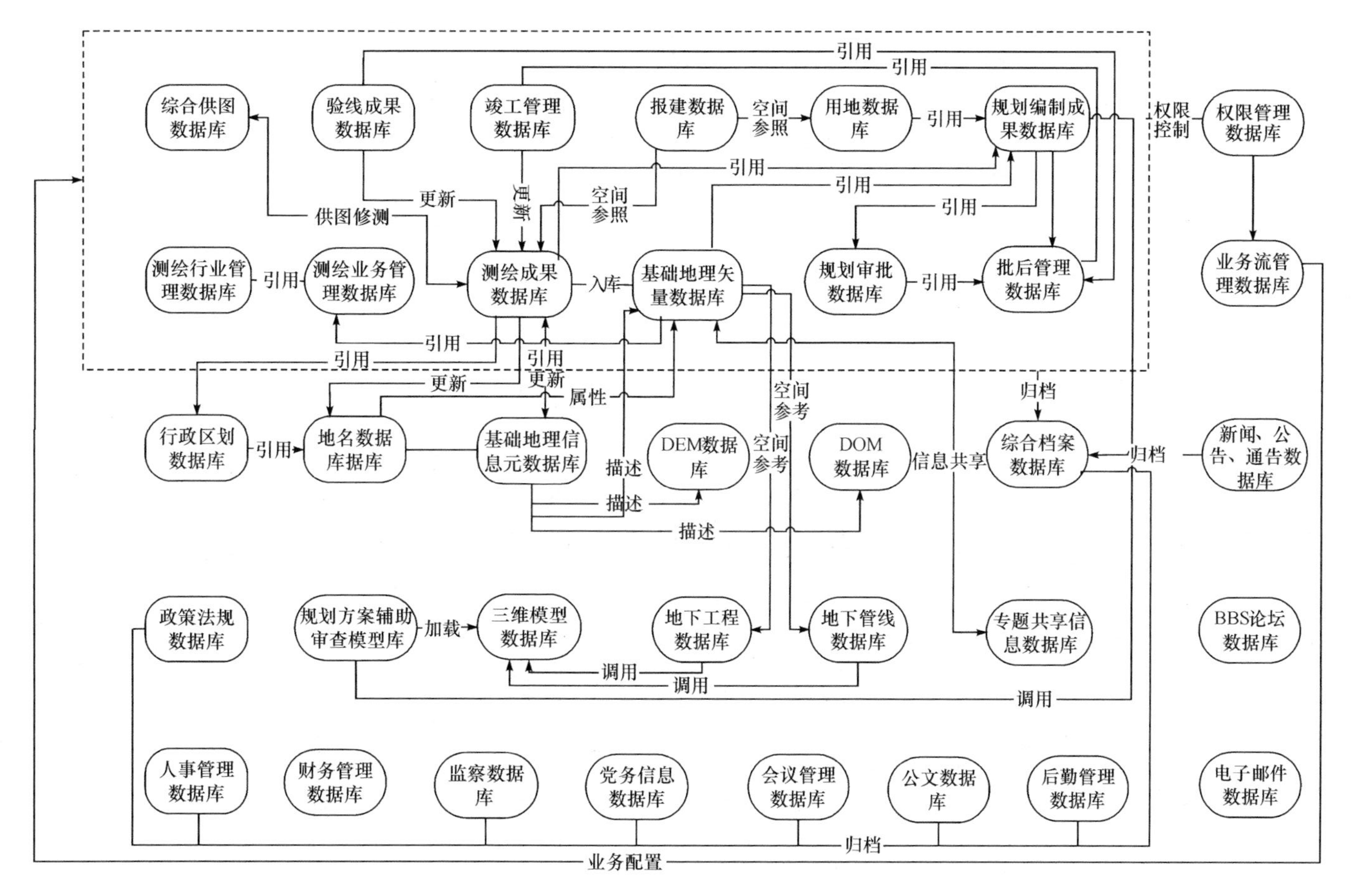

图 4.20　系统数据间关联图

数据库之上相应子系统之间的关系，数字规划中主要子系统间有基础地理、规划实施、规划成果和规划监察等之间的关联。

1. 基础地理信息系统与规划实施管理系统的关联

基础地理信息系统与规划实施管理系统间的关联主要包括以下 6 个方面。

1）围绕综合供图业务的关联

（1）规划实施管理系统中综合制图产生临时性测绘修测任务书，产生唯一的综合供图编号，并在供图数据库和图形界面中标志供图状态；

（2）规划实施系统中监控图修测任务；

（3）修测完成后，在基础地理信息系统中进行地形图更新，并在数据库和图形界面中改变供图状态，更新 GIS 数据。

2）围绕竣工验线业务的关联

（1）规划实施管理系统中建设单位申请验线，提交许可证证号，发出验线任务通知，生成唯一的验线编号，并在验线数据库和图形界面中标志验线状态；

（2）验线组验线，将验线成果及报告在基础地理管理系统中入库到验线数据库中并改变验线合格与否状态标志；

（3）规划实施系统中检查验收报告；

（4）申请验线时间与许可证发出时间超出有效期规定的，提醒许可证公告失效。

3）围绕竣工测量业务的关联

（1）规划实施系统中产生竣工测量测绘任务书，生成唯一的竣工测量编号，并在竣工测量数据库和图形界面中标志竣工测量状态；

（2）规划实施系统中监控竣工测量任务；

（3）完成后，在基础地理信息系统中入库到竣工测量数据库，并进行地形图更新，在竣工测量数据库和图形界面中改变竣工测量完成及地形图更新时间状态；

（4）在基础地理信息系统中利用竣工地形图更新 GIS 数据。

4）围绕违章查处业务的关联

（1）为违章的立案和查处提供审批结果信息；

（2）查处结果在各系统中均能看到。

5）围绕信访接待业务的关联

（1）为信访接待提供审批结果信息；

（2）信访接待办理结果在各系统中均能看到。

6）围绕规划审批业务的关联

（1）为规划管理提供地形图、影像图、基础 GIS 数据和查询、分析等功能支撑；

(2) 高等级测量控制点保护范围控制线。

2. 规划编制管理信息系统与规划实施管理系统的关联

规划编制管理信息系统与规划实施管理系统包括以下 7 方面。

(1) 为规划审批的前期研究提供指引;

(2) 为规划审批、批后和违章监察等管理提供规划支撑和依据、参考(规划指标、退让、保护、环境、高度等要求);

(3) 在规划管理中能够根据控制性详细规划成果自动辅助分析和生成规划设计要点;

(4) 为违章的立案和查处提供规划编制信息;

(5) 规划审批的结果为土地利用现状图提供定期更新的依据和参考;

(6) 规划审批会产生对规划编制成果进行调整的需求并成为控制性详细规划图更新的主要途径之一;

(7) 规划审批、批后、违章查处的结果信息作为背景条件纳入规划编制。

3. 数字报建系统与规划实施管理系统的关联

(1) 规划审批提供规范的报建数据;

(2) 为规划审批提供指标核算、退让检查、日照分析等功能。

4. 规划网站与规划实施管理系统的关联

(1) 自动生成网上“一书三证”公示内容;

(2) 审批进度、结果网上查询;

(3) 网上远程报建和审批;

(4) “一书三证”失效网上公示。

4.5.4　子系统与数据的关联设计

从应用系统的角度来看,每个系统分别调用不同类别、不同等级的数据库,形成不同应用系统对数据库的交叉调用关系。各应用子系统与不同的数据库有着不同的访问关系,如表 4.27 所示,它们之间的关系主要通过数据(文号、卷号、地理位置等)进行关联和体现。

表 4.27　子系统与数据的关联表

项目		规划管理系统	行政办公系统	测绘管理系统	基础地理信息系统	规划编制管理系统	综合档案管理系统	三维虚拟决策平台	规划动态监测系统	城市专题信息系统
基础地理数据	元数据	X	X	O			X			
	DLG	X	X	O	X	X	X		X	X
	DRG			O	X		X			X
	地下管线			O	X	X	X			X
	专题图			O	X		X			X
	测量控制点	X		O			X			
	元数据库	X		X	O	X	X			X
	各比例尺矢量地形图	X			O	X	X			X
	DOM 数据库	X			O	X	X			X
	DEM 数据库	X			O	X	X			X
	地名数据库	X			O	X	X			X
	行政区划数据库	X			O	X	X			X
	地下管线数据库	X			O	X	X			
	城市地质数据库				O	X	X			
	城市三维景观数据库	X			O	X	X	X		
数字报建辅助设计与审查数据	总平面图	O	X				X			
	指标计算图	O	X				X			
	建筑单体图	O	X				X			
	申报文件资料	O	X				X			
规划编制成果数据	元数据库(CAD)	X				O	X	X		
	规划基本图则(CAD)	X				O	X	X		
	六线数据库(CAD)	X				O	X	X		
	元数据库(GIS)	X	X			O	X	X	X	
	规划基本图则(GIS)	X	X			O	X	X	X	
	六线数据库(GIS)	X	X			O	X	X	X	
	基本农田图	X	X			O	X	X		
	特定意图区分布图	X	X			O	X	X		
	建筑高度分布图	X	X			O	X	X		
	新的尚未纳入控制性详细规划的成果等	X	X			O	X	X		

续表

项目		规划管理系统	行政办公系统	测绘管理系统	基础地理信息系统	规划编制管理系统	综合档案管理系统	三维虚拟决策平台	规划动态监测系统	城市专题信息系统
城市专题信息	历史文化资源数据库						X			O
	商业网点数据库						X			O
	园林绿化数据库						X			O
	其他城市专题数据库						X			O
规划动态监测数据	多时相遥感数据库						X		O	
	违法建设判读核查数据库	X					X		O	
	规划动态监测元数据库	X					X		O	
	测绘业务管理数据库			O			X			
	临时性测绘用图数据库			O			X			
规划实施业务数据	“数字报建”数据库	O	X			X	X	X	X	
	“一书三证”审批数据库	O	X			X	X	X	X	
	批后管理数据库	O	X			X	X	X	X	
	综合供图数据库	O					X			
	验线数据库	O					X			
	竣工测量数据库	O					X	X		
	规划监察数据库	O	X			X	X		X	
规划编制业务数据	规划编制计划管理数据库					O	X			
	规划编制项目管理数据库					O	X			
	规划调整管理数据库	X				O	X			
行政管理业务数据	公文数据库	X	O	X		X	X			
	会议数据库		O				X			
	信访数据库	X	O	X			X			
	行政复议数据库	X	O	X			X			
	行政诉讼数据库	X	O	X			X			
	人事数据库	X	O	X		X	X			
	纪检监察数据库	X	O	X		X	X			
	党务数据库	X	O	X		X	X			
	政策法规数据库	X	O	X		X	X	X	X	

续表

项目		规划管理系统	行政办公系统	测绘管理系统	基础地理信息系统	规划编制管理系统	综合档案管理系统	三维虚拟决策平台	规划动态监测系统	城市专题信息系统
综合档案数据	公文档案库		X				O			
	业务档案库	X					O			
	测绘档案库			X			O			
	规划编制档案库					X	O			
	城建档案库	X	X			X	O			
	其他数据库						O			

注:O 表示该系统负责维护该数据库;X 表示该系统将使用该数据库的内容;空白表示系统与数据间无关联。

4.6　框架硬件与网络设计

4.6.1　网络结构

网络采用基于 TCP/IP 协议的结构。网络操作系统主要是 Windows 2000/XP/2003 系列,用户授权机制建立在 Windows Active Directory 域信任模型上。

为了保证网络与信息的安全,2000 年 1 月国家保密局颁布的我国《计算机信息系统国际联网保密管理规定》第六条规定:涉及国家秘密的计算机系统不得直接或间接地与国际互联网或其他公共信息网络相连接,必须实行物理隔离。受限于此,数字规划的内外网需实施物理隔离,具体网络结构如图 4.21 所示。

4.6.2　网络情况说明

1. 内部局域网

局域网络系统在逻辑上可划分为三个功能分区,即数据服务区、外部连接区和办公功能区,三个区之间通过防火墙进行区隔。

数据服务区应采用高性能的数据服务器,运行 Windows 或 UNIX 网络操作系统,挂接磁盘阵列并运行大型关系数据库管理系统。办公功能区包括应用服务器和各处室使用的微机以及日常使用的网络打印机。外部连接区通过光纤网与分局联网,通过电信政务专网与其他政府部门连接。

在局域网内部的主干网带宽不低于 100Mbps,推荐 1Gbps,引入到业务处室的分支带宽为 100Mbps。

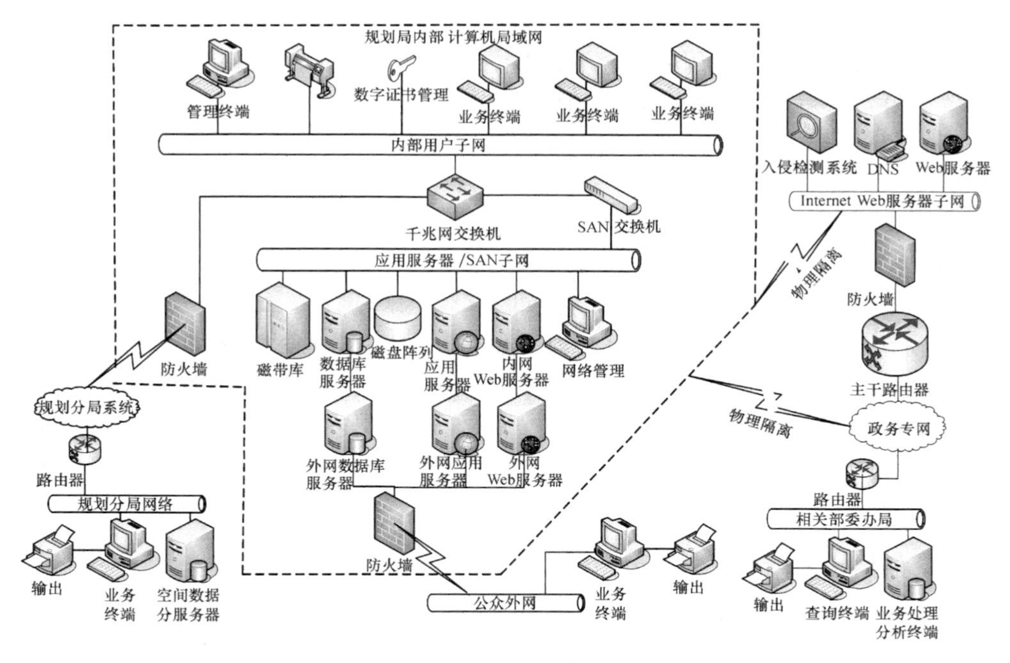

图 4.21 数字规划平台网络结构

2. 城域网

应敷设光纤网络或租用政务专网、电信专网，使规划局与其下属各分局、事业单位全部互联在一起，构建成规划局城域网。

4.6.3 硬件的配置

1. 中心机房

中心机房是规划局信息系统的数据中心与计算中心。中心机房建设包括存储设施、服务器设施、专业输入/输出设备、网络通信设备、布线系统及相关配电、安全设施等。同时，在数据中心机房内应配备网管系统，通过网管工具实现对城域网内所有网络设备、服务器和数据库系统等的监控和管理。

2. 存储设备

随着城市化及信息化的不断发展，规划全过程所需的各类地理和文字数据量日益庞大，需要考虑相应的存储解决方案，满足以下要求。

(1) 扩展能力强。应采用网络结构，以便服务器可以访问存储网络上的任何一个存储设备，用户可以自由增加磁盘阵列、磁带库和服务器等设备，使得整个系

统的存储空间和处理能力可以按客户需求不断扩大。

（2）连接速度快，采用为大规模数据传输专门设计的光纤通道技术。

（3）可连接多个磁盘阵列或磁带库组成存储池。

（4）支持基于存储的数据同步/异步复制方案，通过配置光纤链路，实现基于存储的块数据复制。

（5）适用于远距离数据容灾保护，光纤连接距离远。

（6）易于管理。

为满足上述要求，存储设备应采取存储区域网络（storage area network，SAN）解决方案。SAN以数据存储为中心，采用可伸缩的网络拓扑结构，通过高传输速率的光通道连接方式，提供其内部任意节点之间多路可选择的数据交换，并且将数据存储管理集中在相对独立的存储区域网内。SAN上的存储设备可组成单独的网络，利用光纤连接，服务器和存储设备间可以任意连接，易于插拔和扩展。

3. 网络交换机

网络系统的主干交换机采用千兆光纤交换机，为满足数据传输的高速要求，服务器集群接入主干交换机。主干交换机带宽应达到1Gbps以上，配置的端口数应不少于400个，具有多个机架式可扩展插槽。系统采用的其他核心交换机性能可略低于主干交换机性能，但必须满足千兆带宽及高端口密度接入的要求。

除一级交换机外，在市局中心机房以及各派机机构的机房内还要配置若干台二级交换机。二级交换机所需的端口较少，一般在20个左右即可。

4. 服务器集群

数据库服务器和应用服务器可采用小型机，或采用双机主从热备模式（比双机互备模式要节省投资），以集群方式运行。目前在规划行业大多采用服务器集群的方式。

服务器集群需要提供如下服务：

（1）数据库服务——装载大型数据库并提供标准的数据库服务；

（2）应用服务——采用B/S或多层架构时部署核心应用功能，包括Web服务器和其他中间件；

（3）文件服务——提供文件共享、下载和上传服务。

5. 网络安全设备

随着网络应用的发展，内、外网之间的界限越来越模糊，内部网的安全受到来自外界日益严重的威胁。为此，建议使用专用的硬件防火墙设备对外网予以物理

隔离。如果条件许可,可考虑配备专用的防黑客攻击硬件。

6. 桌面微机

桌面微机是业务人员接触到的主要办公设备。目前的商用微机均可满足要求。由于计算机的速度和配置在不断提高,而价格基本不变,因此在购买一般的微机时,可根据具体情况需要时再购买。

鉴于信息系统投入运行后,一般微机将作为办公工具放在业务人员案头上,因此应尽量追求其使用的舒适性以及对人体健康的保护,建议一般微机的屏幕应使用“17 寸”以上的液晶显示屏(LCD)。

7. 其他设备

其他设备主要指备份设备、绘图仪、扫描仪、触摸屏、激光印字机、行式打印机、票据打印机等。

数据备份能够保证数据不丢失,是一项重要的工作。可采用多种方式进行数据备份,如使用外部硬盘(移动硬盘)、光盘刻录机、磁带机等作为数据备份设备。

绘图仪是在出图时使用的设备,打印速度和幅面是绘图仪的主要技术指标。目前在规划行业,常用的绘图仪幅面要求至少达到 A1,最好可以打印 A0 和 B0 宽度的纸张,长度自由设定。

票据打印机主要用于打印硬证(套打)和审批表单。扫描仪主要用于实现接件时扫描录入建设单位申报的材料。

在信息化建设中,不是所有硬件设备都要重新采购,应尽量利用已有的设备,保护原有投资。

4.7　框架系统安全设计

4.7.1　系统安全总体设计

为保障数字规划安全、稳定运行,将采取如下措施:本地局域网与外网物理隔离、广域网边界处部署防火墙;在运行关键业务的主机上配置主机安全防护系统;在本地局域网中部署网络入侵检测系统;在本地局域网中部署集中安全管理中心、主机稳定性监控系统、主机性能监控系统、网络监控系统;在本地局域网中部署网络防病毒系统;在数据库服务器上部署数据库运行监控系统;使用漏洞扫描系统定期扫描服务器;及时做软件升级和安装补丁。基本架构如图 4.22 所示。

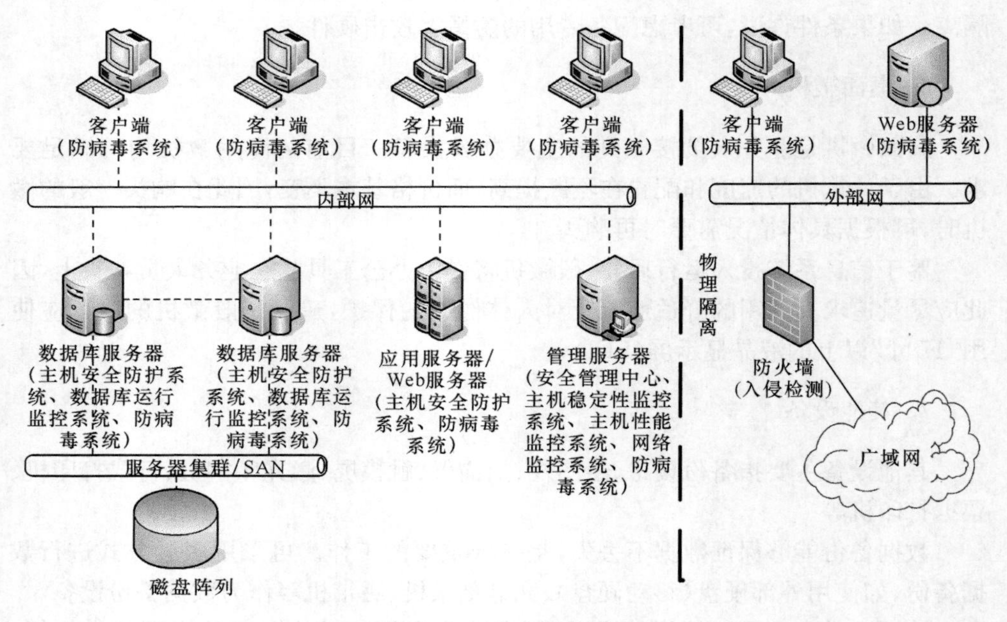

图 4.22　安全架构图

考虑到目前外网改版时着重关注了内、外网隔离时的信息传递要求，开发过程中暂不实施内、外网信息传递的具体实现，但是需要在外网开发过程中关注其进展，并做好数据交换的接口。

4.7.2　硬件安全

保证计算机信息系统各种设备的物理安全是保障整个网络系统安全的前提。物理安全是保护计算机网络设备、设施以及其他媒体免遭地震、水灾、火灾等环境事故以及人为操作失误或错误及各种计算机犯罪行为导致的破坏的过程。它主要包括以下 3 个方面。

环境安全，即对系统所在环境的安全保护，如区域保护和灾难保护。参见国家标准《电子计算机机房设计规范》(GB50173—93)、国标《计算站场地技术条件》(GB2887—89)、《计算站场地安全要求》(GB9361—88)。

设备安全，主要包括设备的防盗、防毁、防电磁信息辐射泄漏、抗电磁干扰及电源保护等，保证整个系统的可用性。

媒体安全，包括媒体数据的安全及媒体本身的安全，对主机房及重要信息存储、收发部门进行屏蔽处理。

4.7.3　软件安全

软件安全主要包括操作系统和应用系统的安全。

1. 操作系统安全

目前的操作系统或应用系统无论是Windows还是其他任何商用Unix操作系统，其开发厂商必然有其“后门”，而且系统本身必定造成安全漏洞。这些“后门”或安全漏洞都将造成重大安全隐患。系统的安全程度跟对其进行的安全配置及系统的应用面有很大关系，操作系统如果没有采用相应的安全配置，则会漏洞百出，掌握一般攻击技术的人都可能入侵得手。

对于操作系统的安全防范可以采取如下策略：尽量采用安全性较高的网络操作系统并进行必要的安全配置，关闭一些不常用却存在安全隐患的应用，对一些保存有用户信息及其口令的关键文件（如Unix下的/. rhost、etc/host、passwd、shadow、group等；Windows NT下的LMHOST、SAM等）使用权限进行严格限制；加强口令字的使用（增加口令复杂程度，不要使用与用户身份有关的、容易猜测的信息作为口令），并及时给系统安装补丁，系统内部的相互调用不对外公开；填补安全漏洞，关闭一些不常用的服务，禁止开放一些不常用而又比较敏感的端口等。那么入侵者要成功进入内部网是不容易的，这需要相当高的技术水平及相当长的时间。通过配备操作系统安全扫描系统，对操作系统进行安全性扫描，发现其中存在的安全漏洞，并有针对性地对网络设备进行重新配置或升级。

2. 应用系统安全

在应用系统开发过程中，应注意在以下方面加强系统安全：加强登录身份认证，确保用户使用的合法性；严格限制登录者的操作权限，将其完成的操作限制在最小的范围内；对重要信息的修改/变更要充分利用应用系统本身的日志功能，对用户所访问的信息做记录，为事后审查提供依据。

4.7.4　数据库安全

数据库安全主要从存取控制设计和数据库恢复设计方面考虑。

1. 存取控制设计

Oracle从8i版本开始引入的Oracle行级安全性（Row-Level Security，RLS）特性提供了细粒度的访问控制——在行一级上进行控制。行级安全性不是有任何访问权限的用户都打开整张表，而是将访问限定到表中特定的行。其结果就是每个用户看到完全不同的数据集——只能看到那些该用户被授权可以查看的数据——所有这些功能有时被称为Oracle虚拟专有数据库（或称为VPD）特性。

使用Oracle的VPD功能不仅确保了企业能够构建安全的数据库来执行隐私政策，而且提供了一个应用程序开发更加可管理的方法，因为虽然基于VPD的政

策限制了对数据库表的访问,但在需要时可以很容易地对此做出修改,而无需修改应用程序代码。

通过对 Oracle 上述功能的二次开发利用,结合 Windows 操作系统提供的网络身份认证机制,可以实现通过账户和口令确认用户身份,使用户只能在其权限范围内操作数据库。

2. 数据库恢复设计

数据库恢复设计主要包括数据库服务和备份机制。

1) Oracle 集群数据库服务

建议在成本允许的条件下,将核心的数据库建立在采用 Oracle Real Application Clusters 的服务器集群上。它为 Oracle 数据库提供了最高级别的可用性、可伸缩性和低成本计算能力。

如果集群内的一个节点发生故障,Oracle 将可以继续在其余节点上运行而不损失数据。更新故障节点或者需要更高的处理能力时,新的节点也可轻松添加至集群。

依靠集群系统可以有效地降低意外的软、硬件故障,如硬件的坏死、程序死机等导致系统崩溃的概率。

2) Oracle 的数据库备份机制

数据库备份可能是防止 Oracle 数据库发生介质故障的唯一方式。在突发事故如火灾、地震等发生时,异地的数据库备份将使系统得以快速恢复。而当工作人员在通过空间数据库管理系统操作数据库的过程中有错误操作时,备份也成为空间数据库管理系统中实现历史回溯功能、恢复数据原貌的有效手段。

4.7.5 网络安全

网络安全由防火墙方案和入侵检测方案组成。

1. 防火墙方案

防火墙是实现网络安全最基本、最经济、最有效的安全措施之一。防火墙通过制定严格的安全策略,实现内、外网络或内部网络不同信任域之间的隔离与访问控制。并且防火墙可以实现单向或双向控制,对一些高层协议实现较细粒的访问控制。

2. 入侵检测方案

利用防火墙并经过严格配置,可以阻止各种不安全访问通过防火墙,从而降低安全风险。但是,网络安全不可能完全依靠防火墙这一单一产品来实现,网络安全

是个整体，必须配以相应的安全产品作为防火墙的必要补充。入侵检测系统就是最好的安全产品，它是根据已有的、最新的攻击手段的信息代码对进出网段的所有操作行为进行实时监控、记录，并按制定的策略实行响应(阻断、报警、发送 E-mail)，从而防止针对网络的攻击与犯罪行为。入侵检测系统一般包括控制台和探测器(网络引擎)。控制台用作制定及管理所有探测器(网络引擎)。探测器(网络引擎)用作监听进出网络的访问行为，根据控制台的指令执行相应行为。由于探测器采取的是监听而不是过滤数据包，因此，入侵检测系统的应用不会对网络系统的性能造成很大影响。

4.7.6　系统备份与恢复

系统备份的目的是在数据丢失后或系统发生灾难、崩溃后数据能及时恢复和系统重建。备份软件的选取应遵循以下原则：高效率、多平台的互操作，可轻易地把数据管理从一种服务器平台转到另一种上；基于策略的备份管理自动化，支持在线式数据库的全自动备份；可以进行集中化管理，用户界面友好；易于扩展和升级；能够支持广泛的存储设备。基于以上原则，建议考虑以下备份软件：CA ArcServe，Legato Networker，Veritas，NetBackup。

4.8　框架界面设计

界面设计要求有专业美术设计人员进行美观设计，并结合人机工程学原理进行美观和布局的人性化设计。本节为界面设计的概要框架及给出的界面示例，后续章节中对各个子系统作进一步优化设计。

1. 目标和原则

创建简洁、实用、高效的工作环境，充分体现人性化的要求，使系统真正成为用户的集成工作台。

2. 首页风格

由于整合了内网功能，首页采取大家较为熟悉的网页风格。整个页面可考虑五大部分内容：一是一般业务功能，二是辅助业务功能，三是网络资源列表，四是“今日工作”列表，五是新闻、通知和专项工作等与日常工作密切相关的栏目。图 4.23 是给出的界面示例。

3. 首页可定制

用户可根据自己所在的部门、岗位、业务特点、个人喜好，定制首页的栏目排

主页
数字规划共享平台
首页
行政办公
规划编制
规划实施
规划监察
测绘管理
技术管理
规划立法
综合业务
档案管理
行业管理
内部管理
2010年01月15日 星期五 城中分局 某某 分局长 今日工作
用户注册
值班表
一周日程
个人空间
电子邮箱
日程管理
任务管理
通 信 录
便 签
工作日记
处室空间
处室任务
日程安排
处室例会
工作台帐
人员动向
信息发布
交流平台
博客论坛
局长信箱
总工信箱
举报信箱
部门园地
业余生活
心声建议
视频交流
在线交流
短信交流
资源共享
政策法规
标准规范
工作规程
服务信息
共享软件
电子图书
对外接口
外网镜像
政务专网
分析报表
效能监察
参加会议（3）
规划审批（20）
批后管理（2）
违章查处（1）
信访接待（0）
公文办公（15）
效能监察
预警报告
其它工作（3）
图片新闻
市人大评议市规划局工作大会
新上岗领导干部廉政谈话会
通知
新闻
专项工作
行风评议
人大评议
网上办事
个人办事
企业办事
社区服务
（待完善）
新闻
公文纪要
审批成果
规划成果
测绘成果
基础GIS
专项工作
行风评议
人大评议
先进性教育
学习园地
科研成果
调研报告
专业动态
名家名著
专业讲座
知识更新
搜索
您要查找什么？
1、规划审批案卷
2、违章案卷
3、公文、纪要
4、地形图
5、规划成果
6、历史档案
7、法律、法规
8、标准、规范
全文检索……
人大政协
社区服务
专家库
违章单位
建议提案
预警报告
规划监测

图 4.23　首页风格

列、缺省设置以及字体大小、页面颜色、皮肤等风格方案。

4. 便捷的栏目进行方式

对栏目、系统模块的切入要有最高的优先方便度，因此，一方面，首页栏目的设置充分考虑了业务分类的科学性，区分了核心内容和非核心内容，设置了较为合理的多级栏目；另一方面，用户可以在“今日工作”栏目或窗口中直接点击项目列表，进入个案查看或办理界面。用户还可以通过搜索引擎找出项目列表，点击后直接进入所在的栏目。

对于“今日工作”栏目中的各子栏目，可以点击子栏目上的“最小化”按钮对其进行隐藏，点击“最大化”按钮对其进行浮动独立窗口全部显示。同时，“今日工作”栏目可以整体浮动，隐藏到屏幕范围外。

5. 进入系统和退出系统界面

系统进入：一站式用户登录、不同时段欢迎问候、生日祝福、今日焦点等；
系统退出：提示工作完成情况、祝语等。

6. 规划审批主界面示例

（1）规划审批划分为“规划审批”、“批后管理”、“违章查处”、“信访接待”、“查询”5个栏目。“规划审批”下划分为“新件”、“在办”、“办理关注”、“相关关注”、“办结”、“超期监督”、“预警报告”、“全局”7个子栏目。其中，“超期监督”、“预警报告”中均按处室以树图形式列表案卷；“全局”中按阶段、处室、人员，并依据权限以树图形式列表案卷。案卷列表中，“状态”划分为在办、退回、委托、会签、挂起，并以不同颜色表示案卷办理的周期。红色：超期；黄色：警告，快超期；黑色：正常办理。点击“查询”栏后，弹出查询对话框，输入查询条件后，查询出的案卷列表显示在栏目下的列表中，同时，案卷的位置信息将在界面右边的视图区中显示。在案卷列表中，显示案卷如下信息：序号、案卷编号、状态、类别、建设单位、项目名称、项目地点、发送人、办理处室、到达时间、截止时间、超期时间。同时在案卷列表中，增加右键菜单：办理、发送、挂起、解挂、查看当前流程。具有以项目来组织案卷的功能，相同项目、不同阶段具有相同的案卷总编号。在案卷列表中，如果案卷所处同一项目的其他阶段具有案卷，将在案卷编号前显示“⊞”，点击“⊞”，将列出关联案卷。如图4.24所示。

（2）“办案核心图”如图4.25所示，其中包括以下几个方面。

基础地理信息图：最新的1∶500～1∶1000的地形图、最新的高分辨率影像、验线数据、竣工测量数据；

规划审批成果：控制性详细规划的核心成果——应用图则部分、规划控制线数

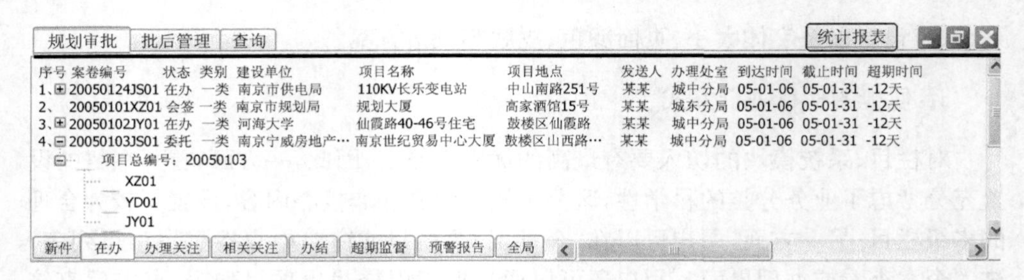

图 4.24 关联案卷

图 4.25 办案核心图

据库;

规划过程成果:基本农田图、特定意图区分布图、建筑高度分布图。

4.9 数字规划平台总体架构设计

4.9.1 数据整合与共享

规划行业之前的信息化建设中,已经开发了一些应用系统,与其他行业相比,信息化建设的起点较高,在系统建设方面积累了很多经验,为今后的系统建设奠定了良好的基础。正是基于此,数字规划的建设不需重起炉灶,根据现有的应用系统,充分调动用户和前期开发商的积极性,按照软件再工程或逆向工程的思路,提取软件可重用部分,搭建数字规划中的规划应用运行平台。应用运行平台的构建框架如图 4.26 所示。

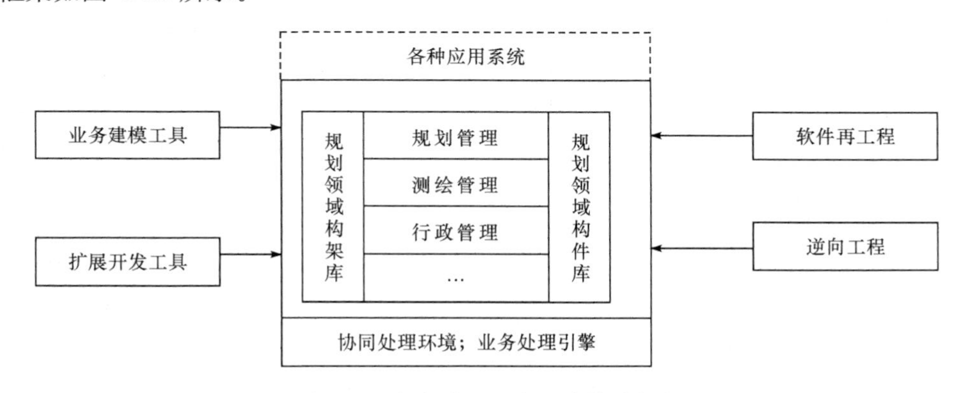

图 4.26 规划应用运行平台构建框架

规划应用运行平台是完全支持复杂工作流业务,集成了系统建模、业务建模、功能建模、组织结构和工作流等多种技术,满足软件开发生命周期的系统应用软件平台。应用规划应用运行平台的重点在于如何实现用户的具体功能,避免复杂业务的编程工作,真正达到应用系统实现快速、准确、简单和实用的目的。

1. 异构数据的集成与共享平台

规划业务纷繁复杂,涉及的数据格式种类繁多,其异构性主要表现在以下几个方面。

(1) 计算机体系结构的异构:各个数据库系统可以分别运行在大型机、小型机、工作站、PC 或嵌入式系统中。

(2) 基础操作系统的异构:各个数据库系统的基础操作系统可以是 Unix、Windows NT、Linux 等。

(3) 数据本身的异构：可以是各种格式、各种类型的数据，如数字地图、遥感影像、设计图纸、关系型数据库、多媒体文件、数字照片、图形表格、文档资料等。

在系统集成和进一步开发的过程中，常常面临的一个突出问题，一个信息系统中往往存在多种不同的数据格式。在复杂的环境中，如何实现异构数据信息资源的合并和共享、如何保护已经建立的资源、充分利用各部门已经使用的数据库，实现不同系统之间的连接、数据交换和数据共享，已经成为信息系统开发是否成功的关键。

异构数据交换与共享框架能帮助企业或机构通过简单的设置而创建元数据服务器和数据服务器。企业职工能通过局域网(LAN)、企业网(Intranet)或者广域网(Internet)访问系统来创建元数据库，并将它们的数据注册到数据服务器，或者找到并使用可用数据。通过构建网络服务器，就可实现利用网络浏览器来访问系统。

该框架主要包括3个部分。服务器部分包括元数据服务器和数据服务器，用以提供数据交换与共享服务。服务器工具部分包括服务器管理、履历管理、备份恢复工具等，用以管理和维护服务器系统。客户端工具部分包括客户端、浏览器、扩展工具等，用以远程连接和使用该框架；还包括应用系统开发工具，用于本系统应用程序开发和业务系统集成。

该框架的核心部分是一个异构数据交换与共享框架。配置一个中心元数据服务器、多个分布式数据服务器和远程客户端。支持对文档、多媒体、影像空间数据和数据库等任意格式的数据通过元数据进行远程登录、更新、查询、变换和下载。最适合于组织内各部门间的信息交换和共享。

异构数据交换与共享框架可以在任何时间任何地方提供分布式数据管理和数据共享的服务。图4.27显示了在一个多部门机构中采用该框架进行数据共享的典型范例。每个部门有一台数据服务器来存储它的有用数据，信息中心有一台元数据服务器，包含所有用于该机构中共享数据的元数据。数据仍然由各个主管部门维护和更新。内部用户能通过局域网访问，同时外部用户能通过Internet访问。

异构数据交换与共享框架是基于元数据和分布式数据管理技术的共享管理框架。它通过元数据和网络框架管理分布于不同地点的、各种不同类型、任何格式的数据，包括办公文档、电子报表、数字照片、多媒体文件、GIS数字地图、遥感影像、设计图纸和数据库等，使各种不同格式的数据可以在不同部门和业务框架之间进行流通、交换和共享利用。

该框架可以将任意格式的数据存放在任意多个分布式数据服务器上，而将包含数据搜索和描述信息的元数据登录到元数据服务器上。服务器之间通过局域网或国际互联网连接，可以随数据量的增大、新数据源的加入和共享用户数的增加而随时扩展。用户可以通过客户端框架(C/S)或网页浏览器(B/S)两种方式提交数

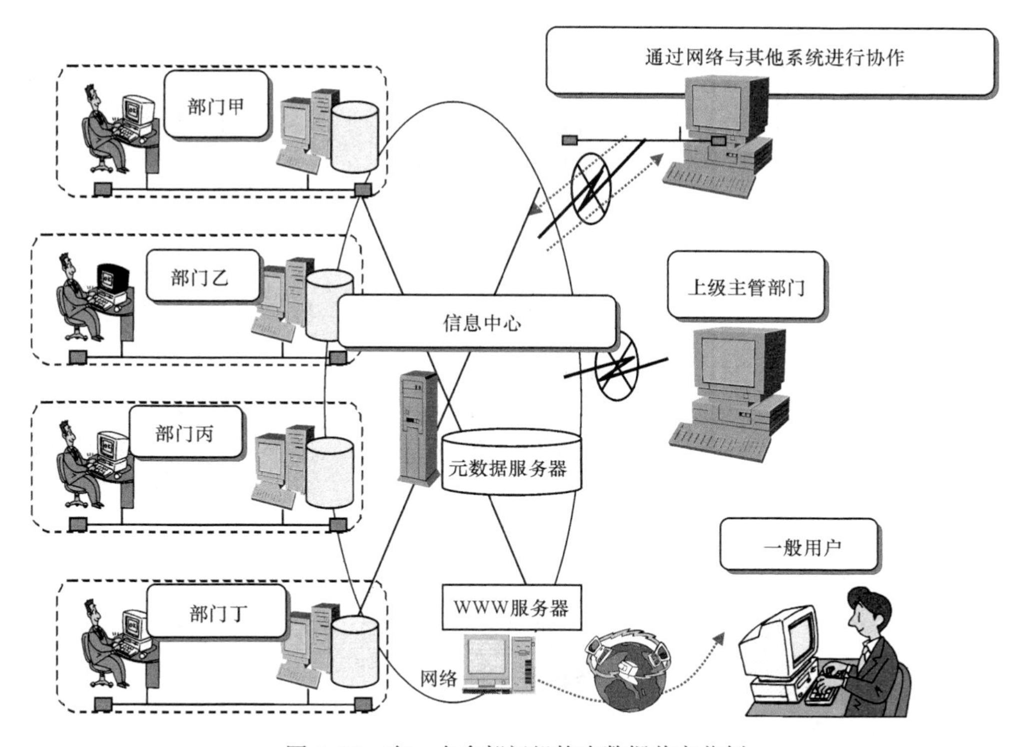

图 4.27　在一个多部门机构中数据共享范例

据、登录或查询元数据及下载所需数据。在框架支持下，不同部门或不同业务的数据可以由各自的专用服务器存储管理，通过公共的元数据服务器查询使用，完美地实现数据交换和信息共享。多个元数据服务器可以通过该框架数据交换服务器代理，实现一点查询。

框架支持各种操作系统（MS-Windows、Unix、Linux 等），支持以 C/S 和 B/S 两种方式使用，并提供应用开发接口（API），支持通过各种常用编程语言（VC++、VB、Java、HTML、Java Script、ASP、JSP、OCX、Java Applets 等）进行二次开发、系统集成和扩展。

异构数据交换与共享框架功能如图 4.28 所示，主要包括以下几个部分。

(1) 元数据服务器：提供制作、更新和查询元数据以及数据使用授权认证服务。

(2) 数据服务器：提供上传、更新、下载及访问数据文件以及查询用户关系型数据库的服务。

(3) 服务器管理器：服务器管理员用来定制和修改元数据库、管理用户账号和权限，登录数据服务器。

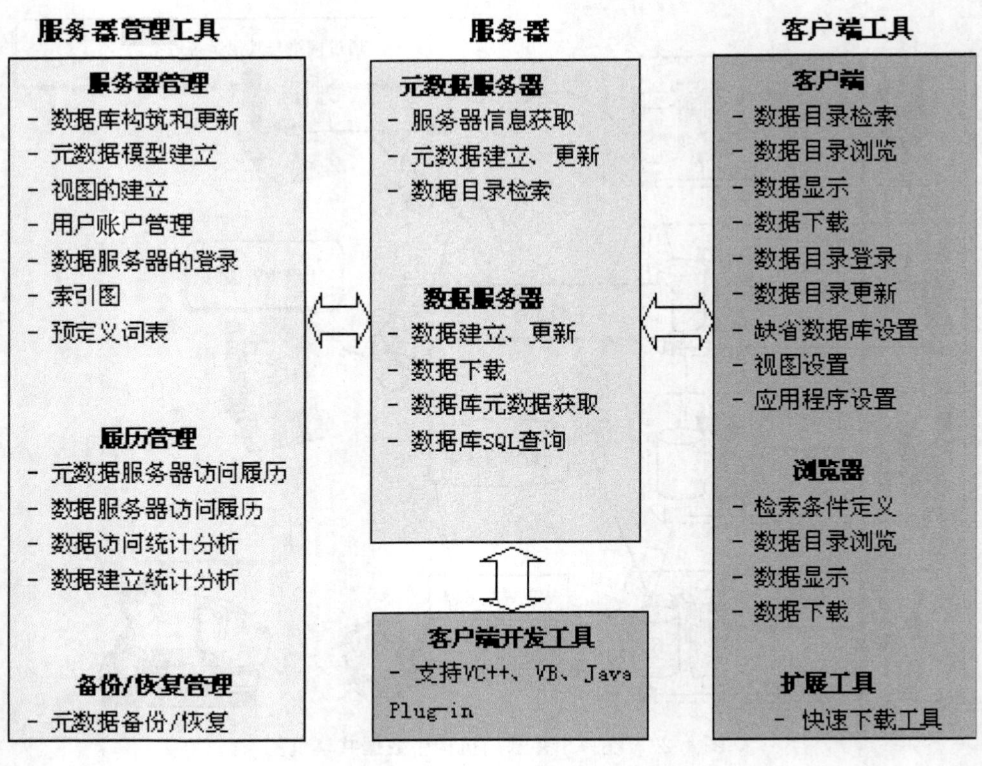

图 4.28 功能配置图

(4) 日志浏览器:服务器管理员用来浏览和统计用户对服务器上数据使用的日志信息。

(5) 备份/恢复工具:服务器管理员用来进行服务器备份、损坏/丢失数据恢复、服务器维护、数据完整性检验等。

(6) 客户端:用户用来远程连接元数据服务器,登录、更新、查询和下载元数据和数据集。

(7) 浏览器:用户用来预置查询条件,分类、过滤列出所需数据集并快速浏览元数据。

(8) 扩展工具:为用户方提供的工具集。快速下载工具支持热连接直接下载数据;MS-Office 插件支持在 MS-Office 直接登录、更新、检索和打开 MS-Office 文件(Word、Excel、PowerPoint 等);元数据批量编辑器支持对大量文件批量制作元数据,并一次性上传到框架服务器。

(9) 客户端开发工具:应用开发人员使用 VB、VC++或 Java 进行客户端应用程序开发扩展或与其他系统集成。

(10) 数据压缩传输:本框架集成了压缩技术,在上传数据时,先进行无损压缩,再传送到数据服务器。

(11) 网络发布工具:提供在 Internet 发布功能,通过异构数据管理平台,利用 Jrun 的发布工具发布。使用户可以通过 Internet 查询、下载数据。

框架用户可以分成三组:数据发布(所有)者,数据用户和框架管理员。数据所有者经常也是数据用户,如图 4.29 所示。

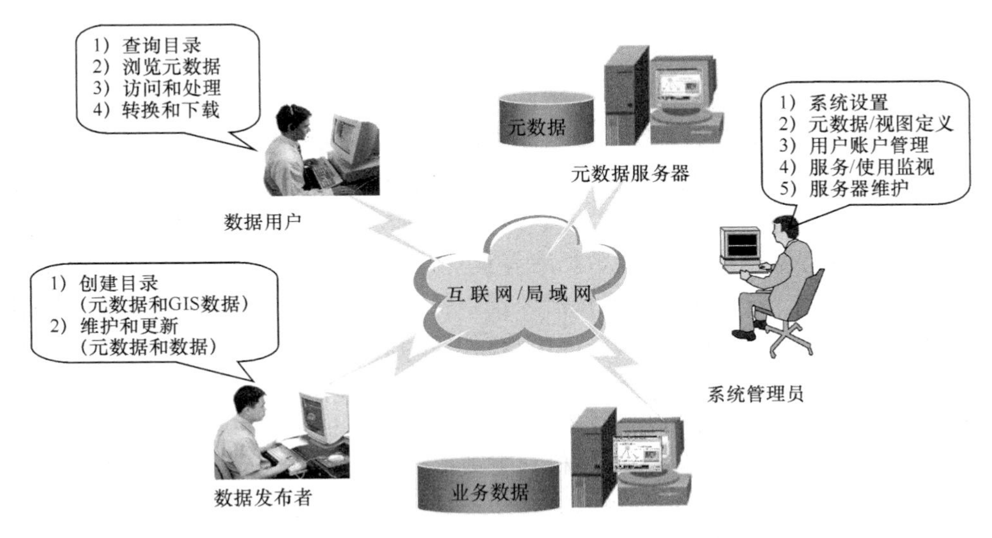

图 4.29　应用程序的操作流程

数据发布(所有)者提供用于共享的数据。数据所有者通过 GIS 或者其他应用程序制作数据,并且把数据注册到任何可以使用的数据服务器上。当注册数据集时,数据所有者要制作元数据和预览,输入到目录中并分配权限。所有者负责数据的维护以及随时进行数据集、元数据和目录设置的更新和修改。

2. 数据更新机制

中心数据库的设计有利于信息的管理、维护和共享,但由于数据是集中管理的,当多个部门同时访问中心数据库时,会造成系统负担过重,整体运行效率下降。为了避免这种情况的发生,数据库的运行采用数据复制技术,这样既可以保证数据集中统一管理,又能满足系统运行的需求。

数据复制技术是在数据库之间对数据和数据库对象进行复制和分发并同步以确保其一致性的一组技术,使得可以在城市范围内复制、分发和修改数据。通过数据复制可以将数据分发到不同位置,通过局域网、使用拨号连接、通过 Internet 分

发给远程或移动用户。复制还能够使用户提高应用程序性能，根据数据的使用方式，物理地分隔数据（如将联机事务处理（OLTP）和决策支持系统分开），或者跨越多个服务器分布数据库处理。

在中心数据库的建设和基于中心数据库的应用系统的开发和升级过程中，为了保持原有系统的稳定应用和平稳过渡以及中心数据库内容的及时更新，需要采取一些临时性措施。通过对现有系统的数据库系统建立监控程序，监控老系统数据库的变化，同时及时或周期性更新中心数据库的数据。

3. 数据共享方式

数字规划最重要的目标之一就是实现规划部门内部的数据共享。规划部门内部的数据共享机制就其本质而言就是要构建规划数据共享机制。规划数据共享机制中的中心数据库包括元数据库、基础地理数据库和数据交换模型库等，规划其他的数据库如业务数据库、工作流数据库等紧紧围绕在中心数据库周围，共同形成规划数据共享机制。中心数据库不仅能为规划各种应用提供元数据、基础地理数据和数据交换模型，同时还是规划各部门数据共享和数据交换的基础和中转站。中心数据库就像一台交换机，有各种数据的接口，专门负责数据的采集与交换。以中心数据库为纽带，连接规划其他数据库，在逻辑上形成一个数据交换的星形结构。某一规划应用系统只需和这个交换机建立数据通道，就可以和其他应用系统进行数据交换。规划许多的应用都可以通过中心数据库得到需要的数据，而不必在两个需要数据交换的部门之间建立一条单独的数据通道。这样做极大地减少了数据交换通道的数量，节省实现数据交换所需的经费。有了中心数据库这个公共数据通道，就可以实现真正意义上的数据共享，不管规划数据物理上存放在何处，数据访问总是透明的。另外，利用这种共享机制还可以方便地统一管理和监视规划各部门的数据交换。

规划部门之间有时需要同其他部门进行数据交换，当规划数据共享机制搭建起来以后，可以通过规划数据共享机制和其他数据共享平台（如地理信息公共服务平台）进行数据共享。规划局部门之间进行数据交换是以平台的形式进行的，数据共享必须通过平台进行，而不能在系统与系统之间进行，这体现了建设地理信息公共服务平台的重要性。以接口的方式与外界进行数据交换，会大大节约交换开支，同时还能高效地管理好数据交换，形成一种良好、有序的局面。

在建设数字规划数据共享机制时，一定要建设好数据标准和各种数据接口，因为系统之间的数据交换是通过接口进行的。规划数据共享机制必须不断更新自己的接口库，以适应不同平台、不同格式的数据之间的交换。规划数据共享机制经过长时间的数据交换，拥有了丰富、稳定的接口，从而进一步完善。

根据规划数字机制的基本情况和数据中心建设框架，可将数据共享按照方式

及其特点的差异,分为以下几个层面,其结构如图 4.30 所示。

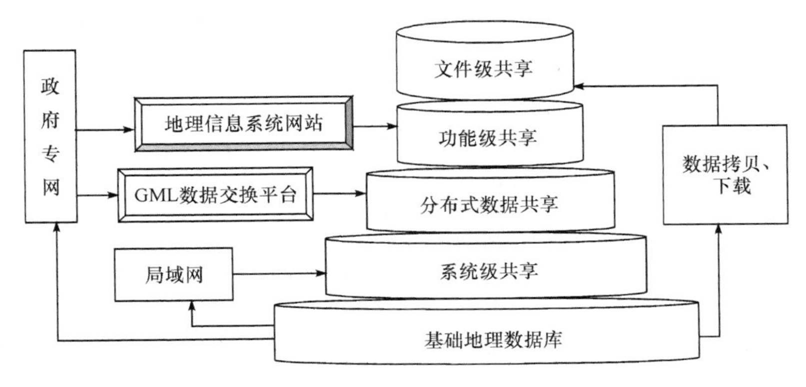

图 4.30　共享服务交互框架

(1) 系统级共享:主要实现规划局内部不同系统平台之间的数据互访,由于主要基础地理数据是通过 ArcSDE 存储在 Oracle 数据库中的,因此,系统级共享的实现不存在任何技术障碍。

(2) 数据级共享:主要是通过分布式数据库及中间件技术来实现数据中心与其他政府专业部门之间的数据读取、更新。主要表现为数据中心向其他政府部门(如规划局、环保局等)提供基础地理信息数据,其他政府部门可以根据基础地理数据库方便地扩展各自的专项数据库;各部门也可以将部分专项数据向数据中心提供共享,以扩展基础地理信息数据库,从而使基础地理信息数据库可以为政府部门及社会公众提供更加全面的信息服务。

(3) 功能级共享:通过地理信息系统专网网站的方式,政府的其他专业部门通过访问网站,实现其专题数据的查询、检索及部分编辑功能,这主要是为了弥补其缺少地理信息平台及数据库系统的不足。

(4) 文件级共享:对一些保密性强的部门,如公安部门,通过数据分发服务系统,直接实现所需数据的格式转换与输出(介质拷贝、硬拷贝),另外,地理信息系统专网网站的数据下载服务也通过此模块完成。

4.9.2　规划功能服务体系设计

数据服务体系是城市规划信息共享平台的技术保障因素,涉及数据的采集、更新、加工、处理到存储、管理、共享、分发与应用等各项应用,需要使用和发展一系列的新技术和新工艺,以达到快速、准确、全面、高效的目标。

1. 数据交换服务

该服务作用于各数据库中的数据与外部的数据进行交换的过程。提供数据交

换的各种功能，包括数据上传、数据下载、数据抽取和数据转换（格式、坐标）。

(1) 数据上传是规划局内各部门将自己接收的原始文件、数据以及已经经过处理的成果文件和数据按照数据类型上传到相应的数据库中，以供其他部门调取和审阅。

(2) 数据下载与数据上传相对，指各部门根据自己的业务需求从总平台各数据库中下载调用所需的资料辅助办公。

(3) 数据抽取主要是各部门根据实际需要从数据库中抽取所需数据或图层进行下载，或者某些部门为了保密需求在数据上传之前抽取某些涉密图层，有选择地与其他部门共享数据。

(4) 数据转换包括数据格式的转换和数据坐标的转换。数据格式转换是指用户可以把作业单位提交的文本数据无损地转换为入库数据，根据用户的需求定义基于文本的数据中间格式，开发转换程序实现文本数据转到 SHP 文件，实现数据迅速入库。数据坐标转换即规划中涉及的数据可能是多种坐标体系，有通用的也有地方的，在入库前必须使其转换为统一的坐标体系，具体根据各规划局的要求确定。

2. 数据更新服务

数据更新服务顾名思义就是更新平台中数据的服务，包括数据检查、数据入库、数据更新、数据入库处理（数据接边、数据融合、数据编辑）。

1) 数据检查

用户对将要入库的数据进行检查，保证数据的准确性。根据用户的需求开发检查程序，对将要入库的 SHP 数据进行检查。检查内容有属性表、CODE 值、图层完整性、集合接边、属性接边。属性表结构检查提供检查各个层的属性数据表结构是否符合数据库设计要求的功能。CODE 合理性检查提供检查各个图层是否出现不应该在本层出现的编码的功能。图层完整性检查提供检查 SHP 数据是否多余或缺少图层的功能。几何接边检查提供对以图幅为单位提交的数据逐层检查以及检查几何接边是否正确的功能。属性接边检查提供对以图幅为单位提交的数据逐层检查以及检查属性接边是否正确的功能。批量数据检查提供让用户可以批量检查图幅数据的功能。

2) 数据入库

数据入库是指用户可以把符合入库标准的数据方便快捷地输入到数据库，具体涉及矢量数据和栅格数据时有些不同。对于矢量数据，用户可以定义入库的范围和入库的图层，具体包括图幅入库、多边形入库、类别入库。图幅入库允许用户以图幅为单位定义入库的范围。多边形入库是指用户可以提交成片的数据入库，如规划区的一部分或整个规划区。类别入库是指用户可以以类别为单位选择图层进行入库。而对于栅格数据，通常以文件的形式进行管理，在入库的时候可以方便

地将数据复制到指定的网络共享目录中，入库过程实现配准和影像金字塔建立。建立虚拟栅格数据库，使入库人员可以在不了解数据具体存储位置的情况下实现数据录入。

3）数据更新

数据更新是将新的实体写入到数据库中，将旧的实体推入到历史库中并对新的实体与周围图幅数据进行接边。同时提供实体变更校验功能，使实体在入库的时候进行自动变更校验，对于变更的实体建立历史信息。

4）数据入库处理

数据接边是指当新数据加入数据库后与当前的工作空间及其临近工作空间的原有数据没有完全拼接时，需对新数据进行接边处理。包括实体接边和属性接边。系统提供功能对于用户指定要接边的图层在入库的时候进行自动接边处理。属性接边则是在实体接边处理后为这些新接边的要素添加属性值，使其和原有数据保持一致。数据融合就是将接边后的要素融合成一个完整的实体。有时还要手动对某些特殊要素进行编辑。

3. 图形操作服务

图形操作服务是主要针对图形显示界面的放大、缩小、平移、全图、前一视图、后一视图、缩放到调图范围、符号化设置等服务。

4. 查询服务

查询服务主要满足用户专题应用对特定数据的需求，查询包括坐标查询、关键字查询、地名查询、街道查询、图形查询、空间查询和元数据查询等方法。查询可以在一个图层上进行，也可以在多个图层上进行。查询结果以报表和地形图的形式输出，报表支持 Excel、Word 和 DBF 格式，图形以常用的 DWG 格式为主。

5. 元数据服务

元数据是记录和管理数据库的重要元素，元数据服务主要包括元数据录入、编辑、删除、查询、版本管理。

元数据录入可以让用户导入符合中间格式约定的元数据。元数据编辑服务可使用户根据需要为元数据添加或修改部分信息或属性字段。元数据输出提供功能可以将图幅元数据输出成 Word 或 Excel 格式。元数据删除服务可以删除不需要的元数据。元数据查询即根据图号快速定位元数据记录。元数据版本管理包括版本添加、删除、合并、回溯。版本添加是指为新数据添加版本信息。版本的删除是指清除用户指定的某一时刻的历史数据。版本的合并是将用户指定的某几个历史时刻的数据合并为一个版本。版本的回溯是将图面显示的数据回溯到用户指定的

一个时刻点。

6. 版本查询服务

提供浏览历史数据版本功能，按照 YYYYMMDD 的格式输入要浏览的历史数据时刻。可以通过浏览日历控件让用户指定要浏览的历史数据的时刻，还可以根据用户输入的日期显示历史数据。

7. 打印输出服务

包括数据输出、打印、打印预览、图框整饰、效果设置。用户能以标准图幅或多边形为范围输出数据到文件或图形。根据用户的需求提供数据输出功能，用户可以选择图幅，也可以用鼠标定义输出范围，并且用户可以指定输出的内容。数据可以输出成 SHP 格式、DWG 格式或者 MapInfoTAB 格式文件，也可以输出成图。输出数据按照图幅号、多边形选区、图层、类别来确定。打印是将当前打开的图形数据打印到设定的打印机上；打印设置是对打印机、打印页面、打印方向等参数进行设置，以满足规划各阶段对图件的要求；图框整饰是指为打印的图形加入制图元素，如指北针、文字、比例条、图例等要素；效果设置也是对打印出图进行相关效果的调整，如添加网格线、设置边框、设置背景、设置阴影等。

8. 图层控制服务

用户可以灵活地控制已加载的图层，便于浏览应用。主要包括图层打开、关闭、锁定、可移动性、可编辑性。图层打开也就是显示一个图层，可以让用户指定一个图层为显示状态。显示图层可以根据实体类型显示图层，如点层、线层、面层、注记层等；关闭图层即隐藏一个图层，可以让用户指定一个图层为隐藏状态；图层可移动性是针对图层的顺序而言的，可以通过拖动来确定图层位置，用户可以用鼠标拖动一个指定的图层来决定其在显示序列中的具体位置。其他一些简便的功能：图层置顶是指定一个图层位于显示序列的顶端；图层置底是指定一个图层位于显示序列的底端；图层上移是指定图层的显示位置在显示序列中上移一位；图层下移是指定图层的显示位置在显示序列中下移一位；图层的可编辑性控制是否可以对图层进行人为操作。

9. 安全管理服务

用户对系统建立用户机制和权限机制以维护数据库的安全。把对数据库使用性质相同或接近的用户群进行角色管理，每个用户都属于一定的角色，每一个角色包含了许多用户，用户在继承所属角色所拥有的系统权限的同时也可以拥有自己所特有的权限。同时建立日志管理机制，使管理员可以了解系统的使用情况。安

全管理服务包括添加用户、删除用户、用户权限设置、权限分配、日志管理。

10. 调图服务

数据浏览的首要需求是系统让用户能够快速地定位、浏览需要查看的数据。由于数据库中存储的数据量很大,如果用户的每一次屏幕操作都涉及覆盖整个数据库范围的一个层或几个层,则势必造成浏览速度下降,屏幕刷新缓慢甚至死机。针对这种情况,在用户操作前首先提供一套调图机制,使用户可以根据灵活的查询条件把要浏览的数据先装载到系统,再对其进行操作。提供以下调图服务:图号调图、图名调图、坐标调图、按选择区域调图、按实体类型调图。

根据图号调图指让用户输入要打开的图号来定义要显示地图的范围;根据图幅名称定义调图范围指让用户输入要打开的图幅名称来定义要显示地图的范围。根据左下角坐标定义调图坐标并确定范围是让用户输入坐标串定义范围;按选择区域调图是指用户可以在基础图上以任意形状划定所需范围,平台将能根据已选区域确定调图范围,并进行显示;根据实体类型调图是指用户可以根据数据库内实体的划分来选择图层,并进行显示。

11. 数据分析服务

数据分析服务是GIS在数字规划中特色体现最明显的地方,因此平台展现了强大的空间分析功能,主要有面积量算、长度量算、范围统计、分类统计、简单报表。

面积量算是指在地图上量算任意闭合面的面积;长度量算是指在地图上量算若干个点之间的距离;范围统计是指对选择的实体按某个字段属性值划分范围进行统计;分类统计是对选择的实体按某个字段的属性值分类进行统计;简单报表是将统计结果或者记录属性以报表的形式打印输出。

4.9.3 业务流设计

规划局的业务以“一书三证”的审批为核心,涵盖规划、建管、市政、监察等规划管理业务,业务类型复杂、多样,并深受政府政策因素的影响,因此导致了业务的办公流程、组织、人员、权限等具有易变性。鉴于上述特点,数字规划的业务流设计采用可视化的工作流定义与建模工具,以直观的图形化方式来定义用户的工作流程,利用鼠标拖放就可以轻松直观地描述业务的工作流程和业务流的调整、流程统计、自动催办、自动任务提示、流程特送等功能,达到能够支持任意复杂的工作程序并提高工作流程变动的灵活性和适应性。

1. 业务流设计内容

业务流平台就是使用定制工具,对规划政务管理中组成业务的四大元素(人

员、资源、事件、状态)进行定义,并将其按照一定规则和约定连接在一起,以描述业务的发生、发展、完成过程,并实现对过程的监控。

1) 工作流定制

利用工作流定制工具把工作流要素(流程、用户、角色、表单、权限等)按照一定规则和约定连接在一起,描述一个特定业务流程。工作流定制应包含以下内容:流程定义、节点属性定义、时间限定、角色定义、内容及权限定义、流向定义等。工作流定制的要求包括普遍性、分布式架构、高效性、多元性、集成性、易用性、适应性等。

通过工作流引擎驱动定制的业务流程的运行,在运行过程中记录、跟踪、监控、督办、查询和统计工作流处理的活动状态。工作流引擎应支持顺序流(单一流向)、分支流(有多个可能流向,根据给定规则自动进行分支选择或进行人工选择特定流向)、并发流(同时有多个流向)等(图 4.31)。

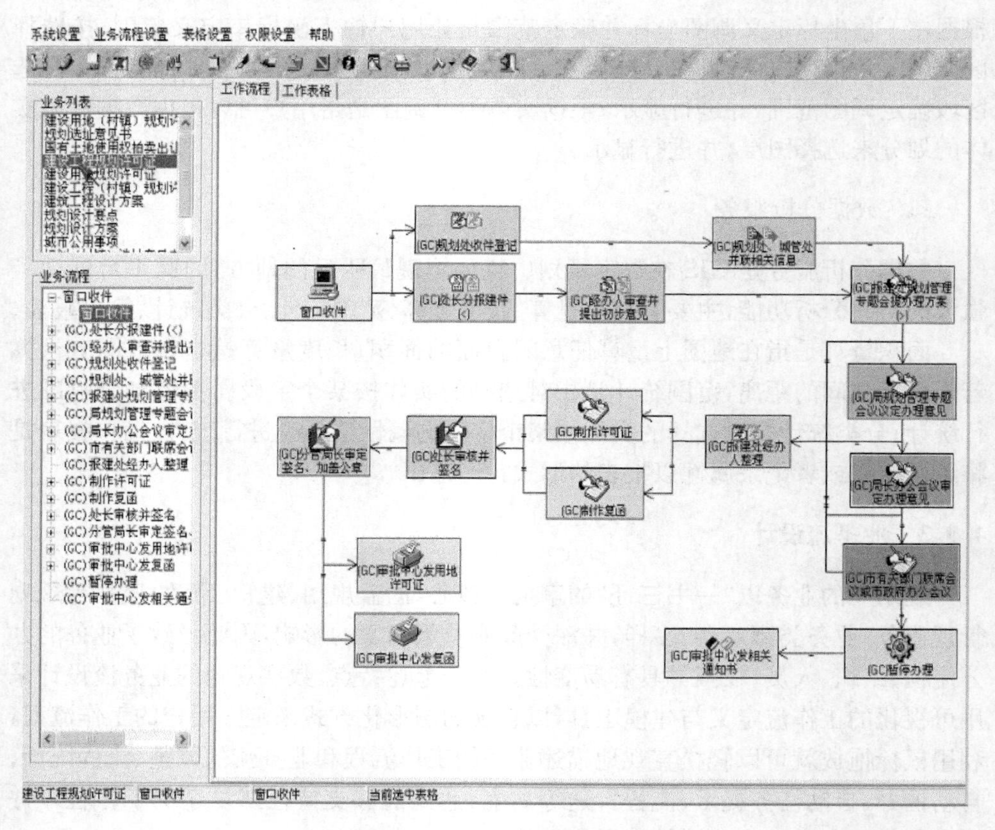

图 4.31　可视化工作流定制

2) 自由流转定制

在运行环境中,根据用户的选择及定义的处理流程,按一定规则动态临时生成

工作流的运行模式。该运行模式以发起人为核心，对流程(流转的数据包括公文、文件等)按一定规则进行动态定制。主要是指非结构化数据的处理。发起人可选择流转的环节、顺序、角色、内容等信息，并能够对公文的办理过程进行跟踪和监控，并显示每个环节的处理意见，意见最终返回给发起人。

3) 业务表单定制

规划政务管理中涉及大量的各类表格，是规范业务流程、采集基础数据和审批管理中重要的手段之一。各业务所使用的表单有业务领域严格的要求，是工作流中数据操作界面表现的重要手段。

业务表单定制工具的主要功能：定制静态业务表单；定义表单项与应用数据库间的关联。

4) 业务权限定制

用于对业务处理中的操作内容及操作权限进行定义。可用于工作流节点，也可应用于独立业务。还可通过调用业务表单定制工具对具体业务表单的定制定义对数据项操作的权限，包括可见、不可见、可填写、必须填写、授权填写、追加、口令设置、占先方式等。

5) 习惯用语模板定义

用于管理工作中经常使用的专业用语，以减轻业务人员文字录入的工作量，提高办事效率，也可对业务工作中的用语进行规范化管理和定制。

6) 业务查询定制

在业务办理过程中经常要涉及查询操作，对于不同业务系统，查询要求各不相同，但实现方法相同，即均可通过数据库查询表达式(设置查询对象、内容、条件等)实现。业务查询定制工具就是提供对业务数据有关信息的查询对象、查询内容、查询条件、查询权限和表现形式等的定制。使用该工具可以对业务的查询需求进行定制，以模板形式保存到支撑数据库中，并通过运行环境实现具体业务查询。

7) 统计图表定制

规划管理中需生成大量统计报表，与工作流配合使用，是工作量分析、业务数据情况分析、决策分析和业务管理的重要手段之一。

统计图表定制工具需包括以下功能：报表格式定制、内容定制、结果定制、运算关系定制、条件定制、结果显示、打印输出、提供转出接口(可将统计结果转出为文件形式，如 HTML、Word、Excel、WPS 等格式)。在统计表的基础上形成各类统计图的定制操作。

2. 业务流设计方案

业务流采用框架设计。系统的各个子模块之间功能独立，可根据用户的需要进行动态组合。各个子模块之间没有直接耦合，而是通过数据库之间的联系由框

架进行组合。业务系统的流转通过工作流引擎进行驱动,子模块的修改只是模块内的局部修改,不会导致修改的蔓延,从而使系统的抗修改能力大大提高,降低了系统开发的风险(图 4.32)。

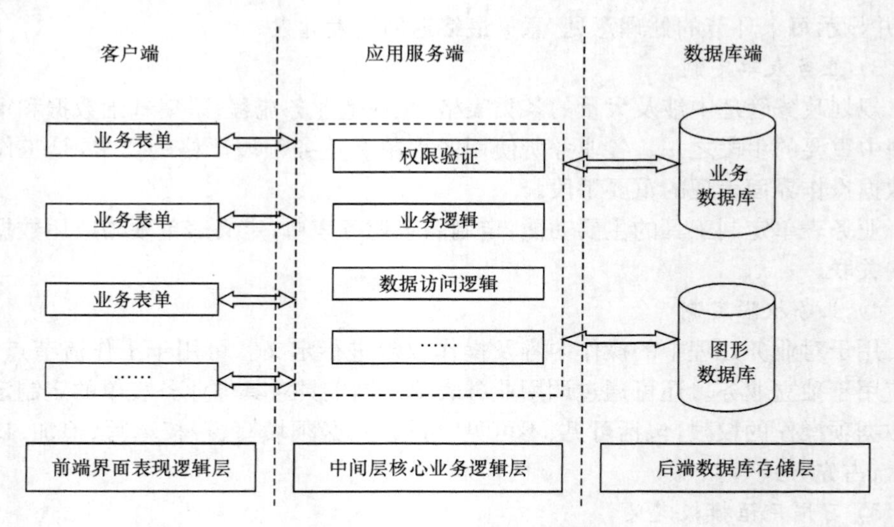

图 4.32　三层结构模型图

框架程序采用以 C/S 为核心、以 B/S 为表现技术,运用面向对象的设计方法,PnP(即插即用)的设计理念。在框架的组织下,程序员无需了解项目的流程等细节,只需要关心其负责的功能模块,对程序员的要求大大降低,也避免了程序员的个人理解能力对系统造成不必要的影响。大大增强了系统的可维护性,降低了维护的风险。

基于框架的程序设计最重要的特点是实现了模型—视图—控制器模式(MVC)的设计过程。模型组件封装了内核数据和功能,从而使核心的功能独立于输出表示和输入方式。视图组件从模型获得信息并向用户显示。控制器组件与唯一的一个视图组件连接,接受用户的输入。通过模型、视图和控制器的相互分离,框架设计可以方便地改变用户接口,甚至在运行期间也可以修改,使得系统可以十分灵活地适应用户多变的功能界面要求。

架构模型采用松散模式,但应用具有较强的集成性。从实现功能的角度可分为以下几个层次。

(1) 业务流基础建模平台:包括安全权限设置、工作流定制工具、业务表单定制工具、业务数据实体定制工具、应用系统定制工具(系统创建器)以及其他基础设置。

(2) 业务流基础运行平台:一系列基于支撑平台的基本运行服务包,如业务驱动模型(工作流引擎机)、图形访问引擎、公文管理、收发文管理、呈报文管理、拟文、

电子邮件管理、即时通讯、日程安排、通讯录管理、短信服务、桌面视频会议、文档管理等。

(3) 服务提供平台：定义外部接口，提供内部信息的外部发布，如外网信息发布工具、移动终端查询平台、远程信息提供接口等。

从以上三个层次来看，基础建模平台提供基础定制应用，是整个系统的核心；基本运行平台负责具体应用的基础，既是外延，又体现了基础平台的内涵，是电子政务系统的重要内容；服务提供平台提供电子政务内部信息的公开机制，是完善电子政务系统的关键，如图 4.33 所示。

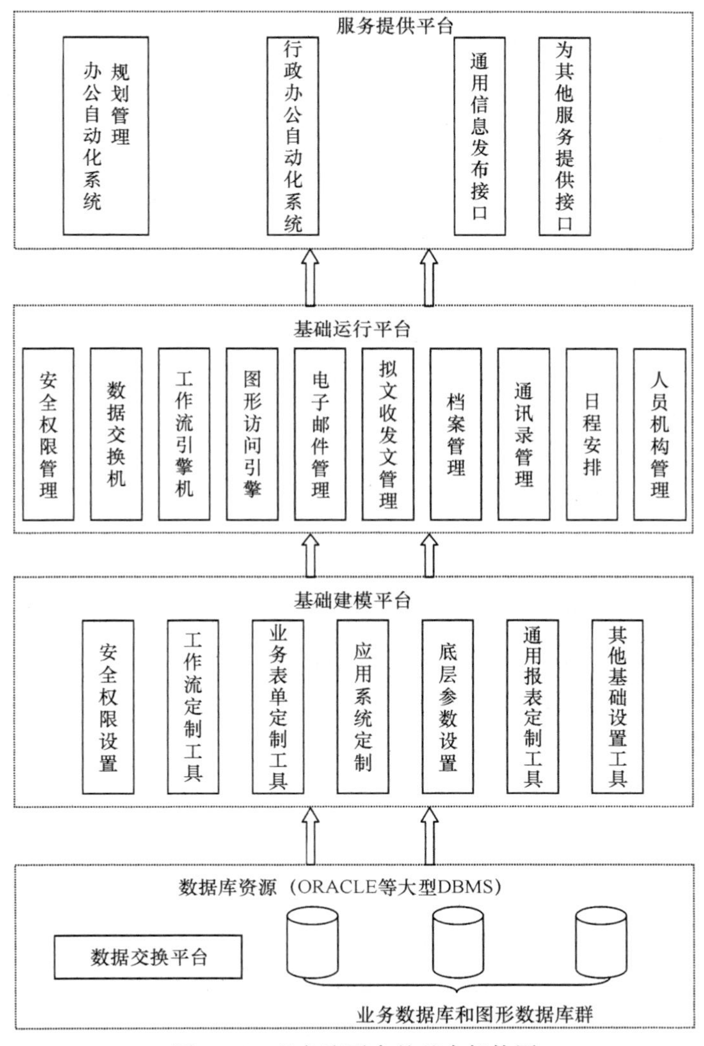

图 4.33　业务流平台的基本架构图

基础建模平台不包括具体的业务子系统，但提供了业务子系统的运行环境，并提供了一定能力的业务子系统创建功能。其采用面向对象建模的思想，把城市规划部门的日常业务以及审批办理的业务过程抽象为计算机模型，通过驱动模型，在运行平台上构建相应的管理信息系统(MIS)或业务办公自动化系统(OA)，实现了以业务为导向定制、随业务需要调整的灵活建模思想，使用户具有自我建模、调整业务模型的能力。

3. 设计特点

按照以上方法设计的业务流有以下特点。

1) 统一业务流平台框架

利用关系数据库强大的数据管理功能和访问机制，将全局业务数据、工作流数据、部门-人员-岗位-权限任职数据、档案数据统一存放，提供全局统一的工作流管理、安全与权限管理等公共工作平台，实现流程、用户界面、系统接口的统一。具有灵活性、可扩充性。

工作流管理：将局内各种涉及多个处理阶段或需要多个承办人处理的事件、任务统一作为工作流进行管理。工作流的主体包括各类业务案件、信访、公文等，用户可以根据标准字典制定、调整具体个案的处理流程；实现自动转发、核查相关数据，自动任务提醒、期限预警、跟踪督办，办理过程全程记录，发证、材料交接跟踪，结果自动通知等功能。

安全与权限管理：采用基于角色权限的静态控制、基于工作流任务的动态控制和日志管理三种安全控制机制，构造一个方便、完善、严密的安全体系。

在此框架下加入各业务系统模块，就构成了包括整个公文管理与督办和各种业务管理功能在内的综合的管理信息系统。

2) 可视化工作流定义

工作流的表示：从工作流的表现来考察，要求工作流的表示有如下特征：表现力强，能够使大量的具有约束集合的业务在建模工具中展现；容易理解，使用户能够充分地理解表现的具体内涵；形式化，与具体的业务有联系，也有抽象；可采用业务图元和控制流图元表示工作流的图形。

业务图元：表示组成业务流程的一个操作或功能单元，以封闭实体为表示方式，形象化地描述了一个业务流程，与业务实体有抽象的对应关系。每个业务具有业务基本属性(业务名称、业务编码、业务级别、业务类型、业务说明)、业务条件属性(开始条件、结束条件、转移条件等)、任务属性(执行组织、执行角色或具体的人、执行任务名称、任务类型、调用模块、调用参数)、监控属性等。

控制流图元：表示业务流程中不同业务之间的流向，以线形为表示方式。每个控制流线形只与具体业务间的转换条件有一一对应关系，描述业务的执行顺序和

转移条件。所谓“只与”,是指本系统的控制流图元只包含两个不同业务之间可能的流程,而具体业务之间的关系如与关系、或关系,则定义在业务图元上,这样就降低了系统的处理难度。大量的关系全部转移到业务图元上,也就是上面业务图元的条件属性。

业务之间的关系将影响业务的表现形式,以下从逻辑关系和实际的业务两个方面分析业务之间的关系。从逻辑关系上考虑业务之间有与关系、或关系、异或关系和空关系、顺序关系(与标准的逻辑关系有区别)等,图 4.34 为 A 业务与 B 业务分别具有的关系。但是本系统建模时不从两个业务的关系入手,而只是定义每个业务的流转条件,在完全形成业务流程图时各个业务之间的关系也就能表现出来了。

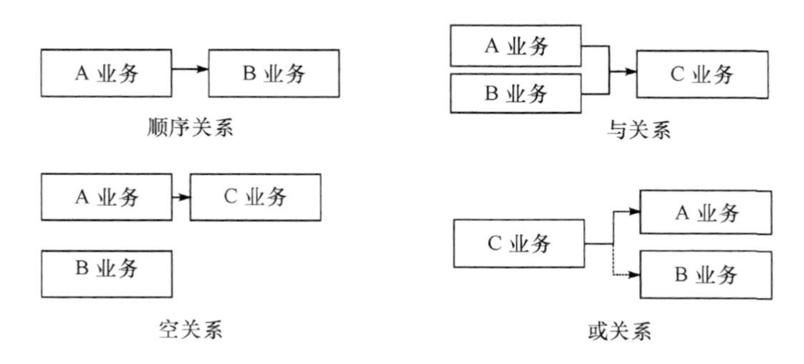

图 4.34　业务之间的逻辑关系

从实际的业务流转关系来考虑,业务之间有直流、分流、辅流、并流、子流、回流等关系,以下分别对几种情况进行说明。

直流:简单的顺序流程,如执行完 A 然后执行 B。

分流:有条件地走不同的流程,如执行完 C 流程后,满足条件 T1,则走 A 流程,不满足 T1 或满足条件 T2,则走 B 流程。

辅流:不在主线流程(关键路径)上,如 OA 中的协办概念,与主流程有松散的关系。

并流:并发执行的流程,如执行完 C 流程后,就可以执行 A 流程和 B 流程,A 流程完成后要等待 B 流程的完成,才能启动下一个主线流程(关键路径)上的流程(注意不是下一个流程)。

子流:流程下包含子流程,如在流程图中包含子工作流的情况,在本系统中将进行特殊处理。该类子工作流不可分割地存在子流程图中,但每个子工作流的变化将不影响包含其的工作流。

回流:一定条件流程回转,如若不合格,则返回相应的流程。

通过可视化工作流编辑、管理功能,实现了工作流程的快速建模和维护。系统通过对实际业务中各种任务、岗位的流量管理,可以进行周期工作量监控,自动实

现催办、跟踪等功能,使业务更易于管理。

可视化工作流的基本图元包括开始、结束标志及活动和流程。流程分三种类型:表示单个活动到单个活动的直流、表示流程分叉的分流和表示引用子过程的辅流。在每个流程上可附加定义规则属性,以便动态决定实际路由的选择。另外,系统还提供几类典型业务的描述模板,用户在此基础上只需进行简单的修改和重用即可成型,大大增强了业务建模的灵活性和适应性。

3) 工作流业务驱动设计

工作流可通过标准工作流模版进行可视化定义,是集成工作环境的纽带,通过权限、流程、功能、信息集成与关联,完成业务功能的集成,实现对业务数据的多级控制。

工作流驱动弥补了菜单驱动的不足,通过严格、灵活、可视化的工作流定义,完成业务操作的标准化。用户通过模板化的工作流开始操作,根据业务操作从模板工作流生成一个实例工作流,把业务和工作流联系在一起,再定义可视化的工作流节点和应用模块的调用关系,实现工作流节点入口、节点控制的办文模式,如图 4.35 所示。

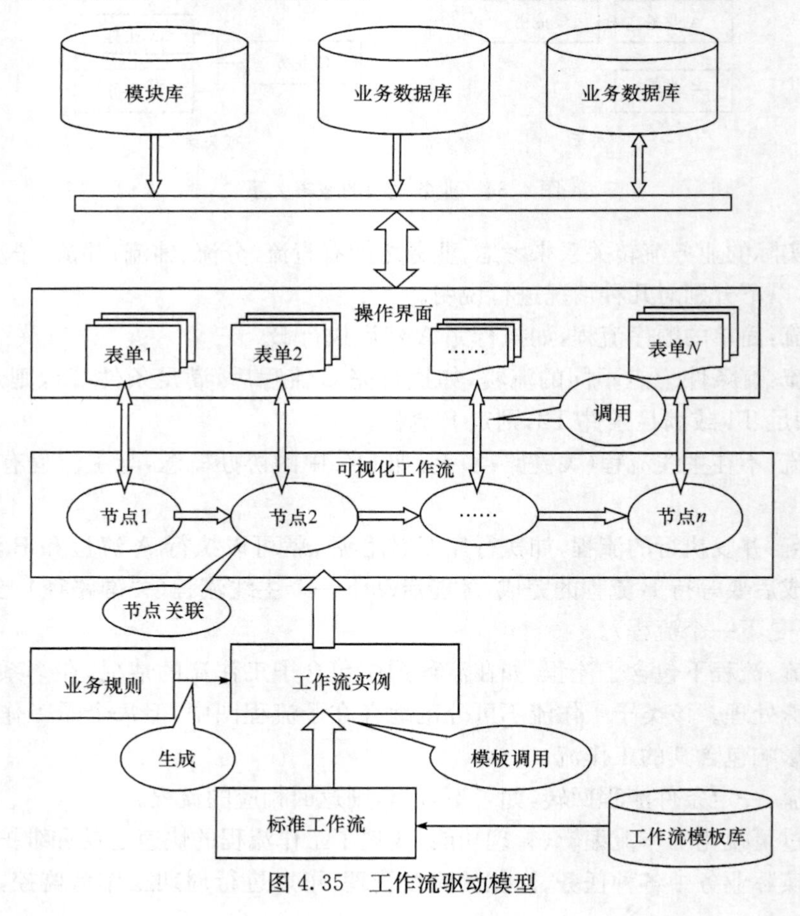

图 4.35 工作流驱动模型

4）图文一体化集成

采用模块注册机制实现 GIS 应用和业务流之间的紧密集成。业务流提供扩展模块的注册机制，即提供一组注册到业务流的标准接口。和其他的扩展模块一样，GIS 平台作为一组 GIS 应用扩展（activex 组件等方式）注册到业务基础平台中，业务基础平台和 GIS 平台共享同一个进程和内存空间，通过注册和数据存取接口实现 GIS 数据和业务数据的通存通取，在同一个进程和内存空间内实现各应用系统间的紧密融合。采用这种方式，就可以把 GIS 平台完全无缝地集成到基础运行平台中，如图 4.36 所示。

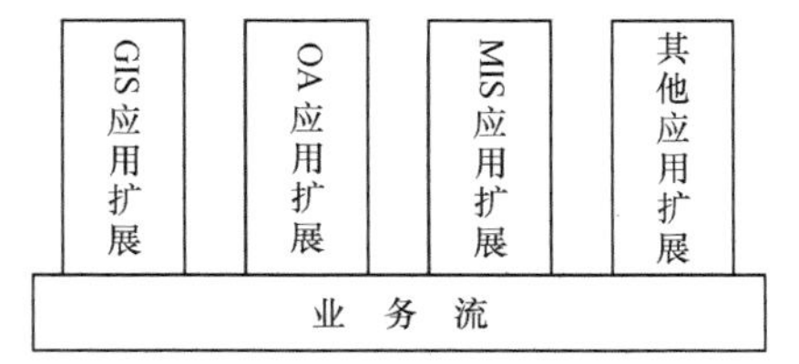

图 4.36　以业务流为核心的应用系统搭建模式

采用这种方式，GIS 平台和业务应用系统完全可以独立开发，通过接口注册完全融合，既保证了开发上的开放性和灵活性，又保证了融合后数据存取的一致性。

基础平台在实现时分为业务基础建模平台和基础运行平台两部分，GIS 平台也划分为与之相对应的两个部分，即 GIS 建模和 GIS 驱动。

在 GIS 应用建模时，GIS 应用也被当作一种表单处理，采用业务流建模所提供的统一的建模工具，定义业务所需的 GIS 空间数据、图层表现形式以及相应的 GIS 操作等。在基础建模平台驱动应用模型形成真正的业务应用系统时，其中的 GIS 应用通过统一模型驱动机制，表现为完整应用系统的一个有机组成部分，从而实现了图文业务流的一体化驱动。

4. 业务流模块设计

业务流按照规划业务四元素的相互关系，共分为以下模块（表 4.28）。

表 4.28　业务流功能模块

模块名称	模块标识符	模块名称	模块标识符
组织人员定义	Ogran_Emp_Define	角色定义	Role_Define
权限定义	Power_Define	系统菜单定义	Menu_Define
业务流定义	WorkFlow_Define	业务定义	Business_Define
业务规则定义	Business_Rule	系统流程关联定义	Sys_Flow_Rel
工作流调整	WorkFlow_Adjust	工作流流转	WorkFlow_Transfer
自由转发	Free_Transfer	撤销转发	Undo_Transfer
工作日计算	WorkTime_Cal	我的任务	My_Task
材料字典	File_Dict	系统日历	Sys_Calendar
常用词维护	Comment_Define	收文查询	Receive_Query

续表

模块名称	模块标识符	模块名称	模块标识符
发文查询	Reply_Query	经办文件查询	Finish_Query
工作情况统计	Work_Stat	数据结构与界面	Data_Design
电子印章管理系统	Elec_Cover	出差转授权	Power_Grant
催办督办延期挂起	Sys_Business	内部请示	Inner_Ask
业务表单设计	Common_form	内部邮件系统	Mail_System
通用报表定义	Common_Report		

1）组织人员定义模块

本模块的主要功能是管理系统所有的机构和人员及系统内部登录用户，以及定义机构及机构的关系和机构与人员的关系。机构人员定义模块的功能包括：①组织机构的增、删、改，及组织机构的所属关系；②人员的增、删、改；③人员的查找；④人员与组织机构之间关系的定义。

2）角色定义模块

即角色的定义及人员及角色关系的定义，人员与角色之间的关系也允许一对多，即一个人员可能有多个角色。

3）权限定义模块

权限设定可以分为对业务进行授权、对业务上的模块进行授权。对业务进行授权分为两类，一类是按角色授权，另一类是按人员授权，但是结果都转化为按角色授权，因为每新增一个人员，系统就自动产生该用户的系统角色，该角色只拥有唯一一个人员。

对业务上的模块进行授权也可以分为两类，一类是按角色授权，另一类是按人员授权即不同角色，但是结果都是转化为按角色授权。对业务上的模块进行授权时只能是业务中已经授权的角色、用户，可以对相同模块授予不同用户不同的权限。

4）系统菜单定义

系统菜单模块主要是对系统各个单元模块所使用到的菜单进行设置部署以及权限和业务规则的设置。该模块可以自由添加或者修改菜单，可以上下移动菜单位置，以及进行权限设置和业务规则设置。权限设置负责对各个菜单进行权限控制；业务规则设置主要负责对各个模块所涉及的数据集进行权限控制。

5）业务流定义模块

工作流定义允许用户以可视化的方式定义工作流，它是对用户标准工作流程的安排，是生成事件和工作流流转的基础。

用户在流程树中选择一个流程进行编辑，如果被编辑的流程图以前曾经编辑

过，则自动从数据库中读取流程图，并以图形化的方式加载以供用户编辑；如果以前没有编辑过，则新建一张空白的流程图。用户在进行编辑的时候可以从过程列表树中以托放的方式选取工作流的步骤。

工作流定义支持图形可视化定义流程。图形上每一个对象（图形、方框）代表一个过程，每个连线代表过程关联。不同的过程类型用不同的图形表示，例如，普通过程与子流程分别采用不同的图形表示。过程之间的关系采用不同的连线表示，如顺序关系、可选关系、条件关系采用不同的线形、颜色表示。

过程定义有两种类型：普通过程、子流程。普通过程代表一个实际的业务；子过程代表流程流转到该节点后，进入该节点代表的子流程，本阶段系统不实现子流程类型的过程。

过程关联包括 8 种类型：顺序（子流程）、可选（选择）、并行、协办、同步、会商（并联办理）、条件、返回。

6）业务定义

业务定义模块的主要功能是实现业务的流程定义和过程定义以及与这些业务相关联的属性设定。过程定义部分主要负责的是定义流程定义所需要的基本过程的定义。流程定义部分主要包含合乎需要的流程定义以及设置流程相关联的属性。业务规则定义包括系统流程关联定义和业务材料定义。

7）业务规则定义

业务规则定义主要是设置与过程相关联的参数。设置属性包括过程名称、承办部门参数、承办人参数、状态参数。流程定义规则参数定义。

8）系统流程关联定义

系统流程关联定义主要是对流程可进行的协作处理设置。相关流程设定限定为四种类型：①催办；②督办；③挂起；④延期。可对流程进行相关流程协作，包括增加、删除、修改。

9）工作流调整模块

实际工作流调整支持以图形方式显示实际工作流程，并通过可视化调整现有实际工作流程。图形上每一个对象（图形、方框）代表一个过程，每个连线代表过程关联。

10）工作流流转模块

根据主业务 ID 和标准工作流的关系自动生成事件，并支持多种类型的转发控制，如顺序、条件、协办、可选、返回等。同时又可以在实际工作流中加入多个协办。目前此对象共提供 20 余种方法，供客户端调用。

11）自由转发模块

自由转发模块主要是负责对自由转发流程的转发以及生成新流程。负责正常的流程转发功能；负责生成新的自由转发流程，可以生成新的过程以及协办，修改

和删除过程以及协办;批量增加协办功能。

12) 我的任务模块

我的任务是用户的任务列表,用户可从这里办理业务。我的任务列表要从过程表中查询出当前状态是“办理之中”,并且是当前用户的全部过程并以列表的方式显示,对于剩余时间较少的任务要用突出字体颜色显示,同时要用不同的背景色标识不同类型的任务,并且显示关于催办督办延期挂起的统计信息。

13) 材料字典模块

该模块主要完成对材料字典的维护、添加、删除、修改、查询。点击相应的功能键就可以编辑材料,修改记录。

14) 系统日历模块

本模块主要完成系统日历的维护工作。它包括一年内工作日、节假日、工作日内上下班时间等信息。模块中可以自动生成系统日历中当前最大年份后一年之内的日历以及批量修改一段时间内的日历信息。

15) 常用词维护模块

主要完成对常用词的维护、添加、删除、修改、查询。点击相应的功能键就可以编辑常用词,修改记录。

16)收文查询模块

本模块主要完成根据不同的登录用户,列出其所经手的收文材料信息的工作。

17) 发文查询模块

本模块主要完成根据不同的登录用户,列出其所经手的发文材料信息的工作。

18) 经办文件查询模块

本模块主要完成根据指定的承办人,查询出其所办理过的任务信息的工作。

19) 工作情况统计模块

该模块主要完成对人员所有办文过程中工作量的统计。用户可以根据自己的要求选择统计某段时间和某部门,某人和某项工作的工作量。同时也可以根据办理状态来统计工作量。

20) 电子印章管理系统模块

电子印章管理系统是对电子印章和手写签名的综合管理系统。数字签名的意义在于用非对称加密、揭密算法对用户填写内容的摘要进行加密存储。如果用户意见被恶意修改,通过对用户填写内容摘要的校验就可以发现。

电子印章、手写签名就是存储当表单内容正确时显示的图片,如果表单的内容被更改,则不显示这些图片,电子印章管理系统就是对这些图片的管理。在电子印章管理系统中提供了对位图文件和手写笔迹的存储、编辑和为每个电子印章(手写签名)设置密码的功能。

21）出差转授权模块

该模块主要完成在自己出差或者不能处理业务时，可以把自己已有的所有权限的一部分或全部授权给相关人员，并记录授权历史。先由其他人代理其业务的处理，当出差人回来时，可以收回自己的授权。

22）催办督办延期挂起模块

本模块的功能主要是能对业务流程中的一个过程进行催办、督办、延期、挂起的操作。

23）内部请示模块

内部请示模块主要提供的是系统内部文件的请示披阅、审核以及内部请示文件自由转发的功能。

24）业务流的表单设计模块

本模块主要完成业务流的表单设计。表单定义通过表单编辑器实现。编辑器有很强的控件工具，能够使用户绘制出各式各样的表单。

25）内部邮件系统模块

内部邮件系统主要是提供内部信息通讯处理的功能。包括内部邮件的收取、发送、抄送、转发；内部邮件的新建、删除、修改、保存；用户邮箱设置；邮箱使用情况。

26）通用报表定义模块

此模块功能为通过 SQL 设计数据，定义好报表模板后设计报表，再进行打印输出。

(1) 编辑报表模板：可新建报表模板，如果不属于某个数据源，则连接数据库时用系统自身的连接取得数据，如果是属于某个数据源，则用此数据源的信息连接数据库取得数据；修改或设计报表及删除报表。

(2) 设计 SQL 语句：设计此报表所用的 SQL 语句，通过此 SQL 语句取得数据。

27）撤销转发模块

本模块主要完成在任务办理流程中，当前办理过程尚未开始办理之前，允许撤销当前办理过程的办理之中状态，将任务返回到上一级办理过程进行办理。

28）工作日计算模块

工作日计算可以定期计算处于办理之中的任务的已用时间和剩余时间。工作日计算程序首先取得目前处于办理之中的任务所覆盖的时间范围的系统日历，即办理之中的任务最早的开始时间到当前日期之间的系统日历，为了节省数据传输量，过滤出了节假日的数据；然后根据过程表中任务的开始时间，累计挂起时间的信息来计算任务的已用时间和剩余时间，并将其保存到数据库中。

29）数据结构与界面同定义模块

(1) 图形显示。根据事件ID查询出实际工作流数据，采用逐级递归的方法将实际工作流中各过程节点和节点之间的关系以图形方式显示出来。

(2) 数据更新。实际工作流程图中的每个节点和连接线都是一个对象，图中的每个节点代表一个过程(可关联一个过程ID)。在节点对象和连接线对象中加入有关工作流的逻辑，用户对工作流属性的每个更改都暂时存储到对象的字段中，等用户提交数据时统一对存储在每个对象中的数据进行提交。过程对象中有关工作流属性对应存放在数据库进程表中；过程关联对象中有关工作流属性对应存放在数据库进程关联表中。

当调整后的实际工作流程图数据保存到数据库时，先将过程对象和过程关联对象的工作流数据存入指定的客户端数据集控件中，再保存到相应的数据库表中。

4.9.4 数字规划数据层建设

采用当前国际上先进成熟的关系型数据库管理系统Oracle可以存储海量数据，实现对基础空间数据和所有业务数据的集中统一管理和分布式应用。采用ESRI的ArcGIS系列产品作为GIS平台，空间数据使用ArcSDE进行存储和管理，优化设计、优化配置、提高性能。通过多台Oracle服务器的RAC集群技术提高服务器性能；通过调整Oracle数据库服务器的内存、缓存、数据库服务器进程的优先级、磁盘I/O等措施来提高数据库的性能；通过空间索引、属性关键字索引来提高数据库访问的效率，空间数据库采用行政分区、街坊分区、1∶1万地图、1∶500地图、分幅索引等进行多级索引，实现地图显示的平滑过渡和逐步载入。

1. 数据流转方式

从应用系统的角度来看，每个系统分别调用不同类别、不同等级的数据库，形成不同应用系统对数据库的交叉调用关系。

从数据库的角度来看，不同类型的业务数据之间存在着引用、空间参照、更新、归档等联系，构成复杂的数据之间的关系(图4.37)。在图4.37中仅给出了数据的概要关系，在后续的应用系统设计中，对各系统的功能与数据库的联系分别进行了细化阐述。所有数据库逻辑结构需要在进行用户详细调查和需求分析之后，再完成各数据库结构的详细设计。

由于各业务系统之间在功能上采用组件设计和开发方式，在组件的粒度上又以具体的功能封装，因此不同应用系统间都可调用相同功能的组件。除此之外，各系统间主要通过一体化的集成数据库产生数据流转(图4.38)。对于具体用户来说，数字规划提供的是一个整体的、无缝的综合应用系统。

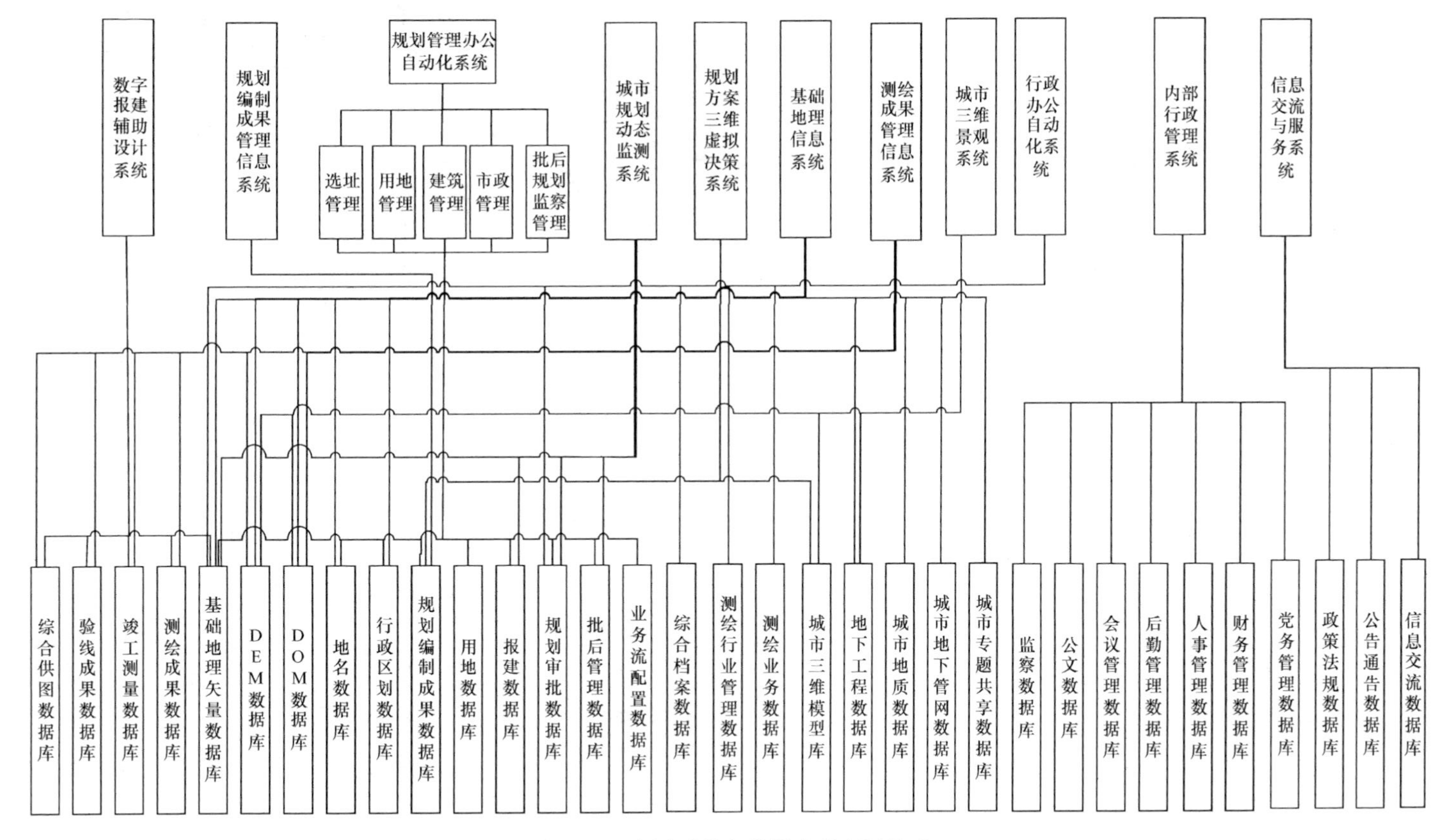

图 4.37　应用系统与数据库的配置关系

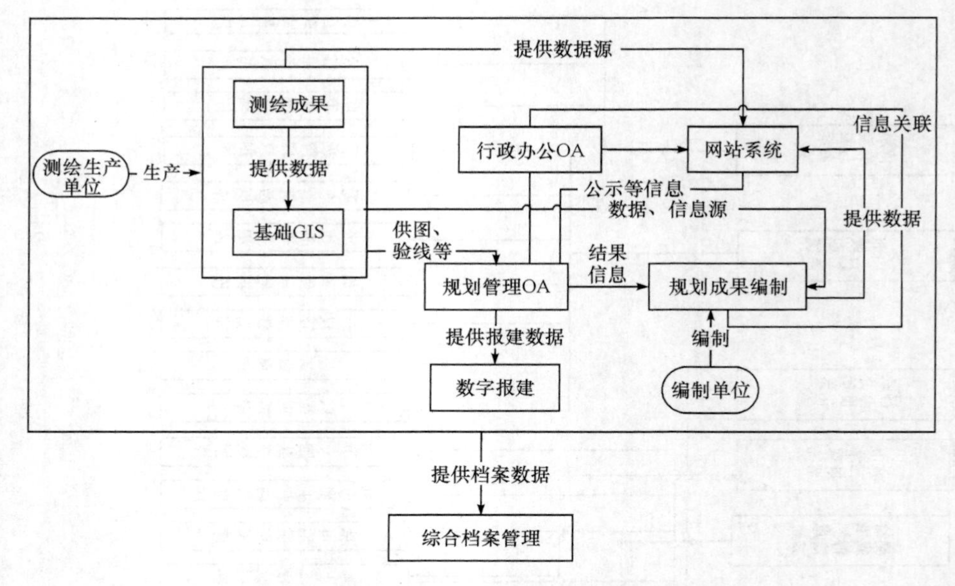

图 4.38　典型应用系统间的关系

2. 数字规划数据组织方式

规划数据从总体上来看是分布式的，各种规划数据资源分布在不同的空间范围内。数字规划要使数据发挥最大的使用效益，就必须合理地组织各种数据资源，因此从规划数据资源使用和管理的效益方面来考虑，规划数据必须采用集中的形式存放在规划局，包括元数据库、基础地理数据库和数据交换模型库，形成一个中心数据库。

基础地理数据库总体上应该是集中与分布相结合的，不仅提供了数字规划的基本空间背景数据，更重要的是作为基础地理数据。但目前只是具备图形数据，与图形相关的属性数据非常缺乏，这已经成为目前制约基础地理数据库作为数字城市支撑数据平台的关键问题。而这些与图形相关的属性数据则是其他行业具备的，但这些数据往往是独立于现有基础地理图形数据的，这些数据需要与图形数据关联，建立空间关系，同时基础地理数据也需要这些数据将其丰富起来。因此，采用集中与分布相结合的方式，中心数据库中的基础地理数据库为分布式提供图形数据，行业为图形增加数据，实现库之间的连动，也是地理信息公共服务平台建设的出发点。

元数据库存放描述规划数据的数据信息，是一种全局性的数据资源，规划各部门都要使用与本部门相关的元数据。从共享平台建设的角度来说，元数据是一种战略性的、关键性的数据资源，对共享平台的建设起着至关重要的作用。掌握了规

划元数据，就掌握了规划数据资源的全貌，要对规划整个数据资源进行规划和整合，就必须很好地利用元数据这一有力的武器。有了元数据库，规划数据的交换、更新、检索以及数据集成的效率就会大大提高。元数据存放于中心数据库，集中管理，统一使用。

3. 数据库设计

数字规划面对的是庞大的、各种类型的数据。为了便于建立一体化的集中、集成式数据库，需要将这些数据进行分类。分类的具体方法是按业务的具体类别以及待建设平台的系统划分，将这些数据在逻辑上划分为三级相对独立的数据库：第一级对应于业务领域，第二级对应于具体的业务，第三级对应于该业务涉及的不同数据(表 4.29)。对不同的数据库，在数据组织和存储时采用不同的策略。非空间数据、文档数据直接以表的形式存储到 Oracle 数据库中；空间数据及其对应的属性数据则利用 ARCSDE 存储到 Oracle 数据库中；影像数据则通过建立影像金字塔存储到 Oracle 数据库中。为了便于历史回溯和数据更新，对于空间数据，除建立现状库外，还建立相同数据结构的历史数据库和临时数据库，前者用于历史数据回溯，后者用于数据进入现状库前的检查、编辑和加工。

表 4.29 数字规划数据库分类表

数据库	一级子库	二级子库	数据形式
测绘管理数据库	行业管理数据库	测绘市场管理数据库	表数据(MIS)
		测绘资质管理数据库	表数据(MIS)
		测绘执法管理数据库	表数据(MIS)
	业务管理数据库	测绘项目管理数据库	空间数据＋属性数据
		测绘成果分发管理数据库	空间数据＋属性数据
		基础测绘规划数据库	空间数据＋属性数据
	综合供图数据库	无	1∶500DWG＋供图范围空间数据＋属性数据
	验线成果数据库	无	1∶500DWG ＋属性数据
	竣工测量数据库	无	1∶500DWG＋属性数据
	测绘成果数据库	控制测量成果库	空间数据＋属性数据
		地形图数据库	1∶500、1∶1000、1∶2000、1∶5000、1∶1万等多比例尺空间数据＋元数据
		栅格地图数据库	图像＋元数据
		专题地图数据库	依发行要求设计的专题图(矢量)

续表

数据库	一级子库	二级子库	数据形式
基础地理信息数据库	元数据库	无	与其他基础地理数据关联的表数据
	矢量要素数据库	无	按基础地理数据分层和分类编码的空间数据＋属性数据
	DEM 数据库	栅格 DEM 数据库	不同分辨率栅格数据
		TIN 数据库	按矢量形式组织
	DOM 数据库	无	不同分辨率航天、航空影像
	地名数据库	无	具有地址或空间位置的表数据
	行政区划数据库	无	市、县(区)、镇(街道)、村(社区)界线空间数据＋属性数据
规划管理数据库	规划编制成果数据库	总体规划成果数据库	空间数据＋属性数据
		分区规划成果数据库	空间数据＋属性数据
		控制性详细规划成果数据库	空间数据＋属性数据
		市政规划成果数据库	空间数据＋属性数据
		专项规划成果数据库	空间数据＋属性数据
	土地数据库	土地招、拍、挂管理数据库	空间数据＋属性数据
	报建数据库	总平面图	CAD 图形＋文档
		指标计算图	CAD 图形＋文档
		建筑单体图	CAD 图形＋文档
		申报及方案说明	文档、图像、多媒体材料
	规划审批数据库	规划控制线数据库	空间数据＋属性数据
		外部条件审批数据库	空间数据＋属性数据
		选址意见书审批数据库	空间数据＋属性数据
		用地许可证审批数据库	空间数据＋属性数据
		规划要点审批数据库	空间数据＋属性数据
		规划方案/许可证审批数据库	空间数据＋属性数据
	批后管理数据库	验线管理数据库	空间数据＋属性数据
		规划验收数据库	空间数据＋属性数据
		规划监察数据库	空间数据＋属性数据
业务流配置数据库	无	无	各种业务流程定制数据，表数据(MIS)

续表

数据库	一级子库	二级子库	数据形式
城市三维景观数据库	地物三维模型库	重要区域三维模型数据库	其他三维建模软件建立的典型地物模型
		三维点符号模型数据库	点状要素三维显示模型
		三维线符号模型数据库	线状要素三维显示模型
		纹理数据库	三维模型纹理影射图像
	规划方案辅助审查分析模型库	无	数学、物理、经验模型,文档
城市地下工程数据库	隧道数据库	无	纵、横断面,空间数据+属性数据
	地铁数据库	无	纵、横断面,空间数据+属性数据
	人防工程数据库	无	纵、横断面,空间数据+属性数据
城市地质数据库	水文地质数据库	无	空间数据+属性数据
	工程地质数据库	无	空间数据+属性数据
	地震地质数据库	无	空间数据+属性数据
	地质灾害数据库	无	空间数据+属性数据
	第四纪地质数据库	无	空间数据+属性数据
城市地下管网数据库	给水管网数据库	无	空间数据+属性数据
	排水管网数据库	无	空间数据+属性数据
	电力管网数据库	无	空间数据+属性数据
	燃气管网数据库	无	空间数据+属性数据
	有线电视管网数据库	无	空间数据+属性数据
	有线通信管网数据库	无	空间数据+属性数据
综合档案数据库	实物档案数据库	无	业务归档后对实物档案的管理,表数据(MIS)
	业务流转档案数据库	无	记录随业务流转过程的各种办案结果,表数据(MIS)
城市专题共享信息数据库	社会经济数据库	无	表数据(MIS)
	人口数据库	无	表数据(MIS)
	企事业单位数据库	无	表数据(MIS)
	邮政编码数据库	无	空间数据+属性数据
	教育设施数据库	无	空间数据+属性数据
	……	无	……

续表

数据库	一级子库	二级子库	数据形式
信息管理数据库	网络监控数据库	网络设备数据库	表数据(MIS)
		网络状态数据库	由网络管理软件自动维护
	权限数据库	无	角色、权限维护,表数据(MIS)
	新闻数据库	无	表数据(MIS)
	BBS论坛数据库	无	表数据(MIS)
	电子邮件数据库	无	表数据(MIS)
	网上通告数据库	无	表数据(MIS)
	网上公示数据库	无	表数据(MIS)

在上述数据库构成的划分中,为了减少数据冗余并维护数据的一致性,对不同领域或具体业务所涉及的相同数据,将其划分到相对重要的领域和业务中。例如,测绘成果管理本身也需要管理DEM、DOM等数据,而根据DEM和DOM数据应用的广泛性,将其划分到基础地理数据库中。在构建业务系统时,需要调用不同数据库中的数据。

思考题

(1) 数字规划总体框架设计的目标与原则有哪些?

(2) 总体框架数据库体系如何设计?

(3) 框架服务层包括哪些?

(4) 数字规划框架的子系统有哪些?并概述其中一个系统设计方案。

(5) 数字规划框架的安全设计包括哪些?

(6) 数字规划框架的界面怎么设计?

(7) 数字规划中的异构数据怎么进行整合与共享?

(8) 业务流模块设计的具体方法是什么?

(9) 数字规划数据库的分类体系有哪些?

(10) 数字规划门户网站的功能架构有哪些?

第 5 章　基础地理信息系统

基础地理信息系统(NBGIS)是数字规划系统的基础和支撑系统之一。随着GIS应用的深入和广泛,基础地理数据不仅是行业空间数据的来源,而且已成为各种信息集成的空间基础框架,是数字城市建设的基础,为城市各种信息提供统一、标准的地理空间数据平台,对于信息资源的整合和实现信息共享具有重要的基础性作用。以城市国民经济和社会发展及信息化需求为依据建设基础地理信息系统,具有十分重要的意义。基础地理信息系统包括城市基础数据管理系统、综合管线信息系统、城市三维景观系统和城市地质信息系统四个部分。

5.1　系统概述

基础地理信息系统是利用先进的计算机技术、网络技术、GIS技术,建设的全规划区范围内准确、动态、高效的共享型空间数据库。它是规划区内各级各类信息系统的空间定位基础,空间数据共享为规划、管理和社会各行业提供完善、优质和高效的地理空间数据服务;为规划区信息化建设,特别是与地理信息系统有关的综合应用提供良好的基础和支持。

系统以城市基础地理信息、综合管线信息、三维景观数据和地质数据为管理对象,综合运用GIS技术、CAD技术、数据库技术、网络技术、专题应用模型,实现对以上信息的采集、录入、处理、存储、查询、分析、显示、输出、信息更新并提供其他专题系统应用。系统采用组件技术开发,依照实用性、先进性、开放性、可扩展性和现势性的总体设计要求,以规划办公自动化系统的核心组件为基础构建而成。其主要界面也以控件的形式进行封装,以满足既能以C/S架构方式独立运行,又能嵌入到IE浏览器中以B/S方式运行的要求。采用数据层、逻辑层、应用层的多层体系结构方式进行系统的构建。基础数据管理系统与数字规划其他子系统统一身份认证。本系统主界面设计如图5.1～图5.4所示。

基础数据管理系统是数字规划的核心地理信息数据支撑系统之一,对应“一个平台、一张图、一套标准”的建设要求,能够完善已有的数据标准,对各类基础地理信息数据标准进行统一,为基础地理信息数据的生产、检查、入库与应用共享提供标准与依据。优化数据组织与结构,建立安全、高效的基础地理信息数据管理系统,提高基础地理信息的使用效率及系统性能,实现多源、多尺度海量空间数据的集成管理;与规划管理办公自动化系统紧密集成,为规划局的信息化提供全面的基

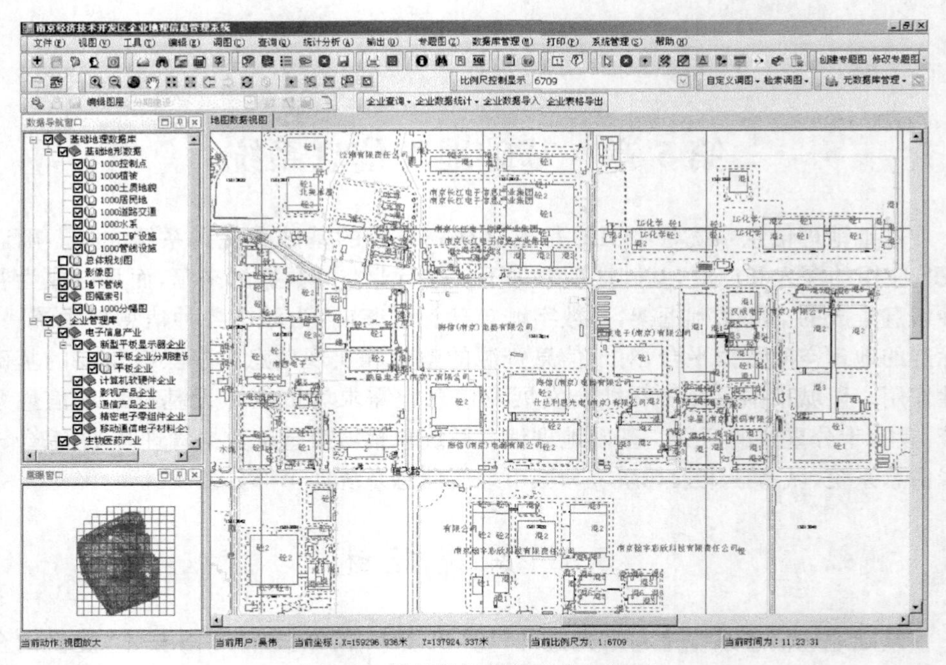

图 5.1　基础数据管理系统主界面

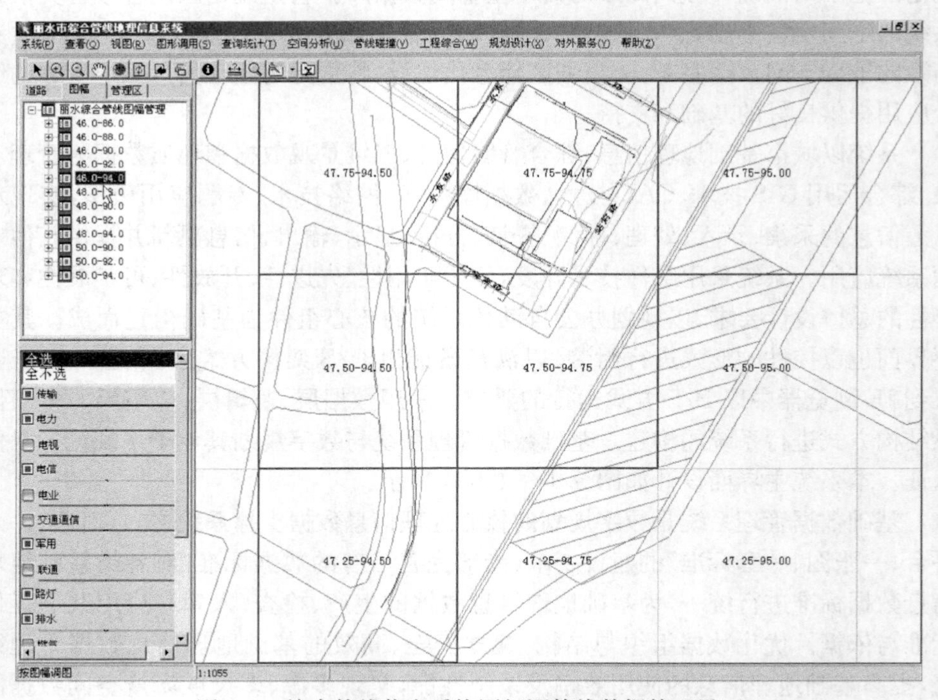

图 5.2　综合管线信息系统图幅调管线数据管理界面

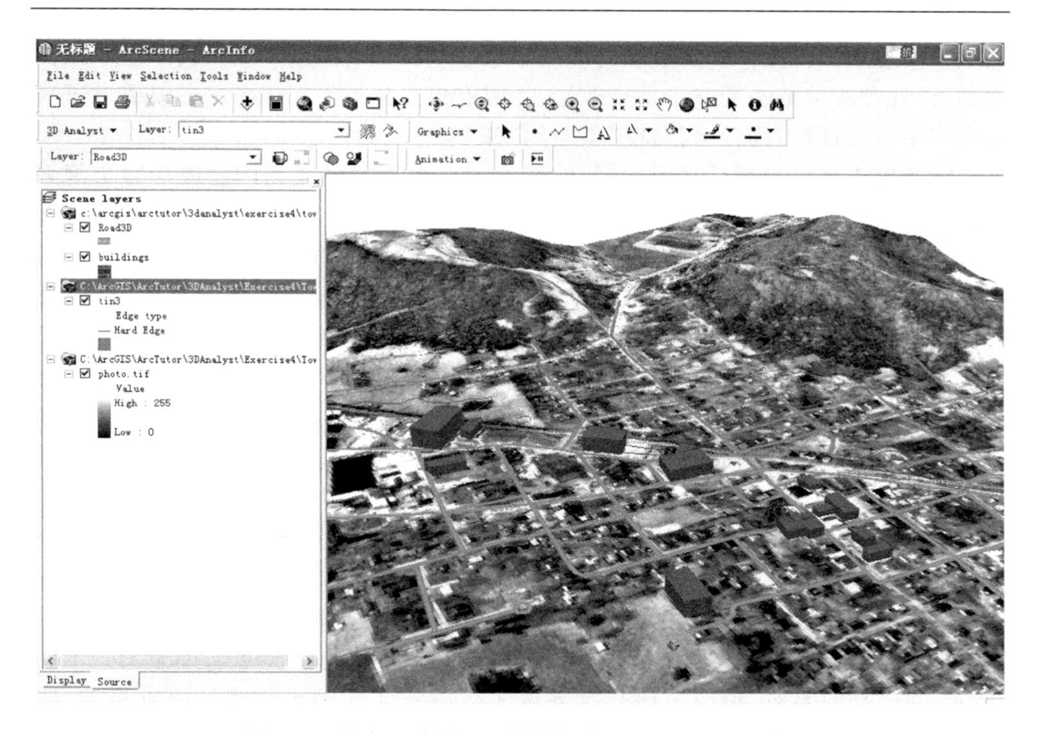

图 5.3　城市三维景观系统数据输入子系统界面示例

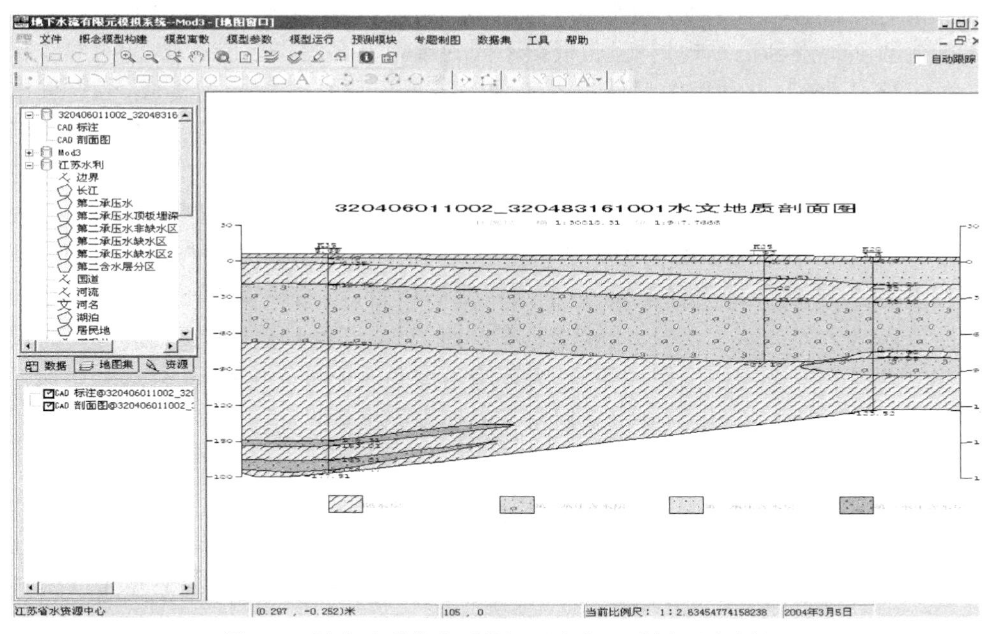

图 5.4　城市地质信息系统调用水文地质剖面图示例

础地理信息数据支撑。为各级政府部门和全规划区内的社会经济可持续发展提供规划、设计和决策的空间基础地理框架，为政府信息化建设提供统一的基础地理信息支撑平台和环境，为社会公众提供空间基础地理数据信息服务。

随着城市建设规模的迅速发展，地下及地上空间的开发利用已成为城市规划建设中的重要组成部分。因此，建立科学、完整、功能齐全，可迅速分析、查询管线信息的综合管线信息系统广泛受到各级领导的重视。在规划数据共享平台上，建立了综合管线数据库及信息系统，以实现规划区内综合管线的入库处理、数据质检、数据更新、查询检索、数据导出、历史库管理等功能，并最终服务于管线辅助设计。界面为综合管线地理信息系统。

城市三维景观系统是指能对城市区域内空间对象进行真三维描述和表现的GIS与虚拟现实技术集成的虚拟三维空间可视化系统。它通过构建城市地面景观(包括地形地貌与城市建筑)的三维数字模型，在地理空间框架上再现城市地面景观而产生逼真的虚拟场景。使用户在与场景交互的过程中，观察到的是真彩色时空三维立体景观，在视觉上产生一种身临其境的感觉。在城市规划中，城市三维景观系统提供比平面图更直观的效果，在很多场合更能说明问题，例如，建筑、文化设施的合理性以及各种周边综合环境的考虑等方面都比平面数据更有说服力。不同于城市三维仿真系统，城市三维景观系统不仅应能实现城市景观的逼真再现、漫游，还要与GIS数据结合，实现三维对象和属性的相互查询以及其他地理空间分析功能。在已有的城市地形DEM、DOM及GIS数据的基础上，利用虚拟现实技术融合真实地形和三维规划模型，根据不同的规划方案建立虚拟景观，同时建立相关的GIS数据库；并利用中间件技术实现VR系统和GIS的应用集成，建立城市规划GIS和虚拟现实环境合二为一的一体化系统，直接为政府和各职能部门服务。

城市地质信息系统是关于城市地下水资源开发利用现状、水土污染现状、工程地质环境现状等的三维城市地质信息系统。利用该系统分析地表与地下空间可利用程度、地质灾害与地壳稳定性、地下水资源与质量、生态环境、管线、历史文物和旅游资源等方面的基本状况，能够使地下空间规划、开发和建设趋利避害，并为城市规划建设和安全提供依据和保障，为环境治理和农业最优化布局、合理利用地下空间提供基础地质资料，为城市规划与工程建设提出意见和建议。

5.2 数据服务

基础地理信息系统在数字规划体系中涉及的主要数据流可归纳为以下4条。

1. 基础地理信息数据导入

测绘成果数据是基础地理信息数据库重要的初始数据来源及数据更新的数据源。主要包含以下数据流：利用测绘成果数据库中的 4D 数据库及元数据库更新基础地理信息数据库中的相应数据集；利用测绘成果数据库中的修测地形图更新基础地理信息数据库；利用测绘成果数据库中的竣工测量地形图更新基础地理信息数据库。

使用最新的测绘成果数据及时对基础地理信息数据库进行动态更新与补充，可以保证基础地理信息数据库中数据的现势性与完整性。

2. 基础地理信息数据导出

通过数据转出模块将指定范围与类型的数据从基础地理信息数据库中导出，导出时可以执行坐标转换、格式转换等数据处理操作，导出后使用离线的方式进行数据的分发与共享。

3. 在规划管理办公自动化系统使用基础地理信息数据

规划管理办公自动化系统是数字规划的核心应用系统，其他系统的建设均是以规划管理业务为主线展开的，各种数据库的建设也是以服务于规划管理业务为首要目标。规划管理办公自动化系统是基础地理信息数据库的重要使用者之一，规划管理办公自动化系统中各类业务的办理过程、各种职能的执行均需要频繁地调用基础地理信息数据作为参考或依据。

4. 在其他系统中使用基础地理信息数据库

其他系统，如行政办公、规划检查、批后管理、综合档案、信息发布、城市地质、综合管线、三维景观等也需要相应的基础地理信息数据的支持。

此外，各子系统在进行各种应用时也会和相应的数据库发生联系，图 5.5 显示了各个操作与数据库之间的关系。

5.2.1　基础数据管理系统

基础数据是描述地表形态及其附属的自然以及人文特征和属性的总称。它具有基础性、普遍适用性和使用频率高等特点。主要包括测量控制点、居民地、工业设施、管线垣栅、境界、交通、水系、地貌、植被和地名注记等基本要素信息。基础数据作为客观地理世界的事物、现象及其相互关系的数字化表达形式，是其他信息数据的载体和框架，能与各行各业、种类多样的专题数据相结合，为规划事业发展提供基础性信息。包括以下所述数据。

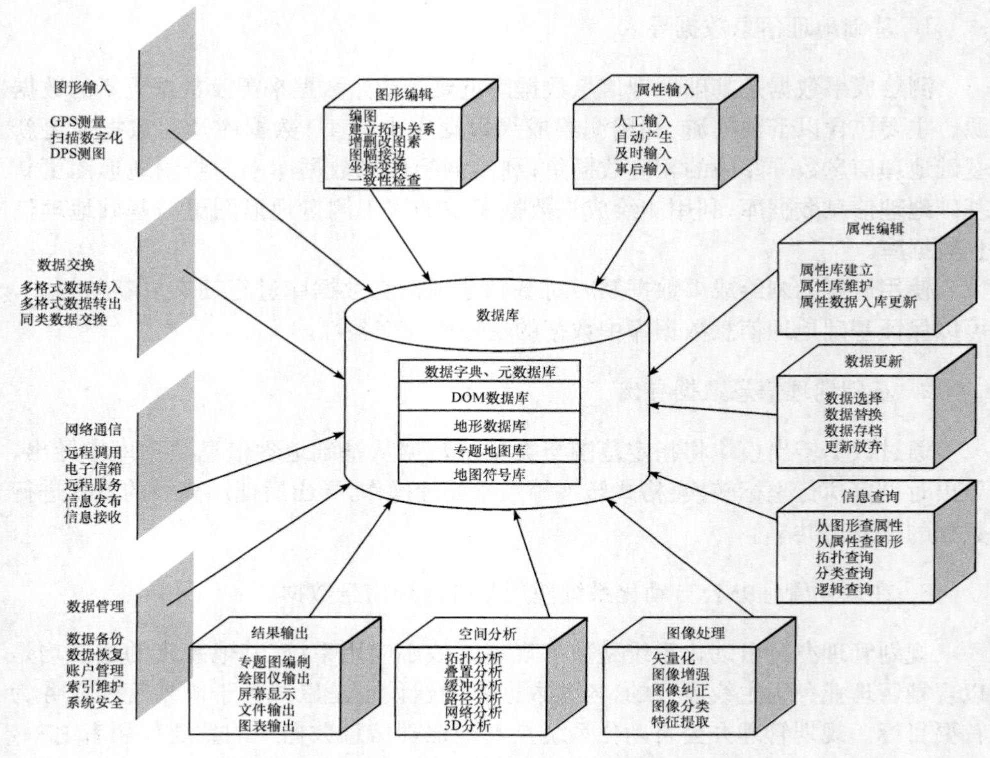

图 5.5　基础地理数据库功能与数据间的联系

1. 数字规划地图(DLG)

DLG 较全面地描述了地表目标，是城市基本图，含有测量控制点、居民地、工矿建筑、道路交通、管网、水系、境界、地貌和植被等内容，它既包括以矢量结构描述的带有拓扑关系的空间信息，又包括以关系结构描述的属性信息。利用数字地形数据可进行长度、面积量算和各种空间分析。广泛应用于城市规划、建设和管理中，可作为交通、市政、人口、资源、环境等各专业信息系统的空间地理基础。与其他数据结合可生成制作其他数字或模拟产品，如分层设色图、晕渲图等。

2. 数字正射影像(DOM)

DOM 是利用经扫描处理或直接以数字方式获取的数字航空像片或遥感像片，根据有关的参数与数字高程模型，利用数字微分纠正技术，改正原始影像的几何变形，得到的一幅符合某种地图投影或图形表达要求的图像。

DOM 与 DLG 一样具有相同的数学基础以及相同的地图整饰，地面分辨率是

其最基本特征，它表示DOM数据可分辨的最小地面目标的尺寸大小。以影像表示地形地物，具有更新迅速、现实性强、内容直观、易于理解、信息丰富等特点，并具有良好的可判读性。既可直接用于国民经济各行业，又可作为背景从中提取自然地理和社会经济信息，还可用于评价其他测绘数据的精度、现势性和完整性。结合其他数据可以制作多种数字或模拟正射影像图，可以作为有关数字或模拟测绘产品的影像背景。

3. 数字高程模型(DEM)

DEM是定义在X、Y域离散点(规则或不规则，即Grid和TIN)的以高程表达地面起伏形态的数据集合。它是描述地表起伏形态特征的空间数据，是地理信息系统中进行地形分析的核心数据。它提供三维城市模型的信息，可以同地形数据库中的有关内容结合生成分层设色图、晕渲图等复合数字或模拟的专题地图产品，也是生产DOM的先行数据。DEM数据库的建立为庞大的城市高程数据提供了管理、存储和维护的有效手段，将促进城市设施的数字化，为城市提供三维仿真模型。可以说，由DEM来建立具有真实感的建筑模型是建设数字城市不可缺少的。

4. 数字栅格地图(DRG)

数字栅格地图(digital raster graphic，DRG)是模拟地形图的数字表现形式。它是由现有纸图经扫描、几何纠正及色彩校正后，形成的在内容、几何精度和色彩等方面与地形图保持一致的栅格数据文件。它改变了传统纸质地形图的存储和印制方式，适用于基于扫描矢量化技术的数字线划图的数据采集，也可作为背景数据参照来评价、修测和更新其他与地理相关的信息，还可与数字正射影像图、数字高程模型等数据进行复合、派生和表现。

5. 地名地址

地名地址库是组成数字规划的一个重要部分。地名地址库是一个与空间区域要素、地物要素和人文要素相关联的数据库。地名地址库管理与应用系统统一规范管理自然地理名称、行政区名称、居民地名称及各专业部门使用的具有地名意义的台、站、港、场、大厦等名称，更好地满足社会各界对地名信息的需求。

地名地址数据库包括地名、汉语拼音、图号、地名位置(坐标)、类型、行政区划、经济信息等，地名地址数据基本源于地形数据库，在此基础上加以扩充。地名地址数据库可以直接应用和生成地名录，是DLG、DOM、DEM以及各种专题数据的地名注记基础。

6. 元数据

空间元数据就是对空间数据进行描述的数据，它通过对地理空间数据的内容、质量、条件和其他特征进行描述与说明，帮助和促进人们有效地定位、评价、比较、获取和使用地理相关数据。建立空间元数据是实现空间数据管理的有效方法，是使空间数据发挥作用的重要条件之一，也是实现空间数据共享的一个基本前提。

5.2.2 综合管线信息系统

城市管线虽然种类较多，但其空间结构基本一致。一般都由管线点、管线段及其附属设施构成，在 GIS 中均可用点和线进行描述。从几何角度看，这些对象可以分为点、线对象两大类；按空间维数分，则有零维对象（如三通、四通、阀门等）、一维对象（如污水管、排水管、自来水管等）。按照面向对象的观点，根据空间对象不同的几何特征（点、线），可以将上述实体分别设计成不同的对象类。

根据管线信息系统的系统功能要求，需要建立各类与之相适应的数据库。建立 5 类数据库：原始库、变更库、临时库、现状库、历史库。其中，原始库存储每次入库的管线成果表的数据，即为最原始的数据存档；变更库存储经过计算机监理校验后准确的数据；临时库记录最近一次修测的数据；现状库主要是由于现状数据使用频繁，为了方便现状数据的管理、查询统计、空间分析、工程综合等功能而建立的；历史库是每次修测后备份的历史数据，其目的是实现管线数据的历史回溯。时态空间数据和属性数据有机地结合是建立管线信息系统时空数据库的关键，其中每个库都结合了管线的空间数据和属性数据。为了实现 5 个数据库的关联，我们根据管线的具体情况，建立了修测工程表。由空间数据主键字段、属性数据主键字段以及时态数据主键字段组成了该表。管线数据模型如图 5.6 所示。

5.2.3 城市三维景观系统

城市三维景观对象可分为 4 种类型：第一种是地面起伏形态；第二种是地上的三维空间目标，如房屋、电力线、路灯、桥梁、树木等；第三种是分布在地表的实体，如道路（立交桥、隧道除外）、花园、草地、水体等；第四种是管网、地铁和隧道。考虑到城市规划中预期建设成果，将城市规划成果也作为城市三维景观对象。为了真实再现对象，除根据已有二维数据建立这些对象的三维模型外，还需要真实的纹理；另外，对于重要建筑物以及重要地区，需要利用其他建模工具建造更精细的模型。因此，城市三维景观系统是在这些数据的支持下运行的。为了有效地组织和管理这些数据，需要利用已有数据库，并设计专门的数据库。三维景观系统涉及的数据如表 5.1 所示。

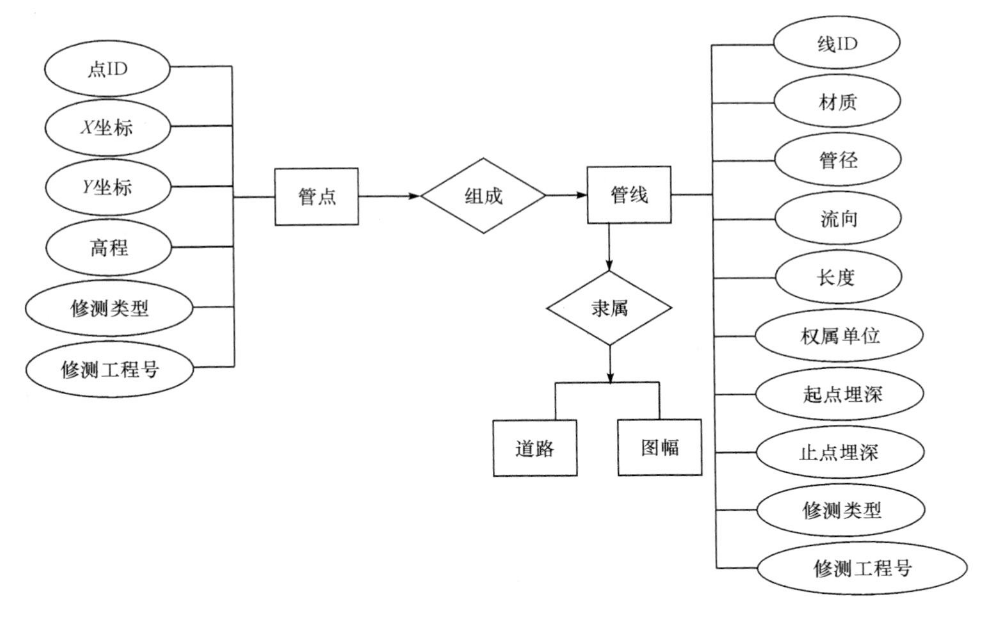

图 5.6 管线数据模型

表 5.1 城市三维景观系统数据库的构成

数据库名称	数据类型	数据描述	三维景观表现中的作用
基础地理信息数据库	矢量要素数据	比例尺 1∶500、1∶1000(根据需要局部建 1∶2000),按点、线、面类型及信息编码要求分层	用于地面对象三维建模,以及三维与二维的对应
	数字地面模型	格网 DEM 或 TIN,比例尺为 1∶2000数字高程模型、正射影像、卫星影像和其他扫描数据	表现地表地貌形态
	正射影像	高清晰 IKONOS、QuickBird、航空摄影影像	作为纹理影射到数字地面模型上,得到地表整体真实感
	属性数据	描述矢量要素的属性	对象拉伸高度、与地面高度差、三维双向查询
规划成果数据库	矢量数据	详细规划成果之大比例尺图形要素	用于规划对象的三维建模以及三维与二维的对应
	属性数据	详细规划成果之大比例尺图形要素对应的属性	对象拉伸高度、与地面高度差、三维双向查询

续表

数据库名称	数据类型	数据描述	三维景观表现中的作用
管网数据库	矢量要素数据	比例尺为1∶500、1∶1000，表达各种管线	用于管线对象三维建模以及三维与二维的对应
	属性数据	描述矢量要素的属性	对象拉伸高度、与地面高度差、三维双向查询
空间对象纹理库	数字图像	现场拍摄的典型建筑物侧面、顶面、道路、花园等数字图像	作为纹理影射到具有面特征(包括三维)空间对象的表面
三维点符号库	三维模型	具有三维形态并已进行纹理影射的独立模型	用于点状地物对象的快速模型化，如树木、路灯
三维模型库	三维模型	依据实际地物形态如建筑物，采用三维建模软件建造的具有纹理的真实模型	用于再现主要建筑物、重要地区的形态
三维线型符号库	三维模型	具有三维形态，并进行纹理影射的呈线形的符号	用于线状地物对象的快速模型化，电力线、地上及地下管线等

这些数据库中，基础地理数据、规划成果数据、管网数据都存储在原来的数据中，在需要表现三维景观时，从各数据库读取。三维点符号库、三维线型符号库、三维模型库、空间对象纹理库等三维景观特有的数据库，利用 Geodatabase 数据模型设置对应的 ID 号，通过 SDE 存放在 Oracle 数据库中。图 5.7 是三维管线展示图。

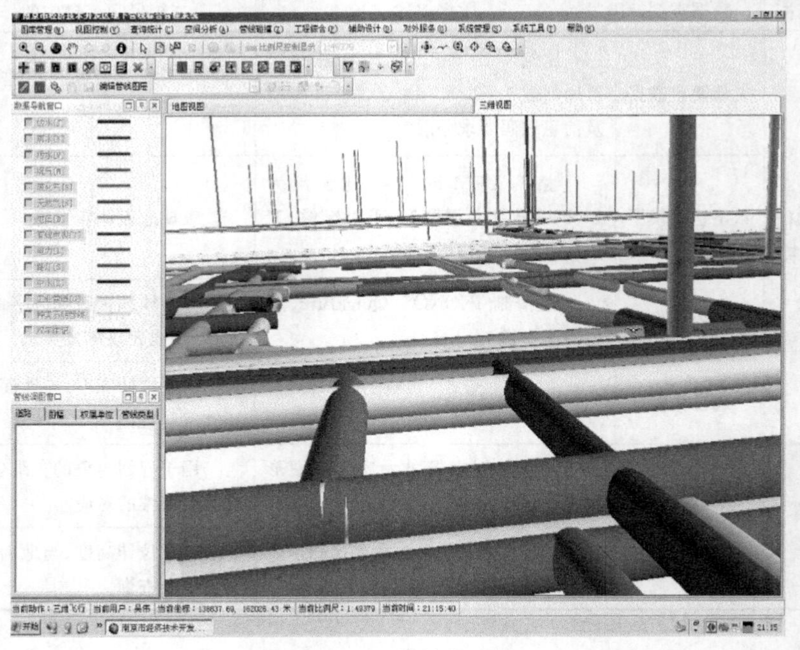

图 5.7　三维管线展示

5.2.4　城市地质信息系统

城市规划、建设与管理部门对城市地质信息有着广泛的需求，过去相关的地质资料和数据已经在城市规划、建设与管理中发挥了不小的作用，用于城市规划、地下空间规划、重大工程选址、环境评价等诸多工作。全面、综合、标准化集成的城市地质调查信息更具有广泛的应用基础，先进、实用的城市地质调查信息系统将具有良好的应用前景。城市地质数据作为城市空间数据基础的重要组成部分，是城市空间数据基础设施建设的必要内容和前提条件。从业务专题类型上看，城市地质数据主要由基础地理、影像数据、基础地质、地球物理、地球化学、工程地质、水文地质、地震地质、地质资源、环境地质及元数据库等多种数据组成(表 5.2)。

表 5.2　数据库系列表

数据库名称	属性表及图层
基础地理数据	水系、交通、居民地、境界、地貌、地层等属性数据和系列图件、相关遥感数据等
基础地质数据	基岩地质图、第四纪地质图、水文地质图、工程地质图等
城市水文地质数据	水文钻孔数据、钻孔抽水实验、钻孔水质分析等
城市工程地质数据	工程钻孔数据、场地工程实验数据等
城市地震地质数据	城市地震地质数据
城市地质灾害数据	活断层、滑坡、泥石流、洪水、地面沉降、水土流失等地质灾害数据
城市地质资源数据	地下水资源数据、旅游地质资源数据、矿产资源数据等
城市地质环境数据	水、土污染、垃圾填埋场、矿山环境等数据

5.3　功能服务

基础地理信息系统包括数字规划各子系统所共有的如下功能服务：数据交换服务、数据更新服务、元数据管理服务、版本查询服务、图形操作服务、查询服务、打印输出服务、图层控制服务、安全管理服务、调图服务、数据分析服务，还包括一些与基础地理信息有关的特有服务，如表 5.3 所示。

表 5.3　基础地理信息系统的功能服务

功能模块	功能服务	特有数据服务
数据更新服务	数据检查、数据入库、数据更新、数据接边、数据融合、数据编辑	①DLG DOM DRG DEM 数据管理、地名数据管理、控制测量成果管理、竣工测量成果数据管理、成果数据管理验线、各类专题数据管理；②图形数据在线编辑；③三维模型的裁减、删除、编辑功能

续表

功能模块	功能服务	特有数据服务
数据交换服务	数据上传、数据下载、数据抽取、数据转换	①坐标转换;②管线数据入库;③三维效果加载;④三维模型符号纹理数据加载
元数据管理服务	元数据录入、元数据编辑、元数据删除、元数据查询、元数据版本管理	①基础地理数据;②元数据管理;③元数据模板管理
版本查询服务	历史版本数据浏览,版本基本信息查看、删除,元数据版本管理与平台数据版本管理关联	①基础地理信息数据版本管理;②远程自动更新
调图服务	按选择区域调图、多边形调图、框选调图	②按道路调图、按图幅调图、按管理区调图
图形操作服务	放大、缩小、全图、平移、前一视图、后一视图、缩放到调图范围	①书签定位、图符号定位、地名定位、图名定位;②放大镜、书签管理、叠加现状库;③图形三维显示;④三位景观浏览
图层控制服务	打开、关闭、锁定、可见性控制、可编辑性控制	
数据分析服务	面积量算、长度量算、范围统计、长度统计、简单报表	①按行政区域统计、按任意区域统计、按类别统计、按图幅统计、按查询结果统计测绘成果;②断面分析、网络故障分析、管线碰撞分析;③景观协调性分析、日照和阴影遮挡分析;④三维量测、三维对象属性统计分析
查询服务	坐标查询、关键字查询、地名查询、街道查询、图形查询、空间查询、按元数据查询、SQL 语句查询	①控制测量成果查询、高程查询;②图元双线检索;③定制查询模板、查询结果表格输出可视化输出;④三维查询
打印输出服务	打印、页面设置、图廓整饰、效果设置	①矢量格式转出、栅格格式转出、专题输出;②地质专题地图制作;③三维景观输出
安全管理服务	添加用户、删除用户、用户权限设置、权限分配、日志管理	①②③日志管理
其他		①管线规划设计功能、工程综合、对外服务功能;②Web 发布功能、点图层生成功能、模型管理;③Web 发布功能、三维模型编辑、三维建模功能

注:①代表基础数据管理系统,②代表综合管线信息系统,③代表城市三维景观系统,④代表城市地质信息系统。

5.3.1　基础地理信息系统的功能服务模块

基础地理信息系统主要包括矢量数据管理、DOM/DRG 数据管理、DEM 数据管理、元数据管理等模块。

基础地理信息系统的功能逻辑结构如图 5.8 所示。

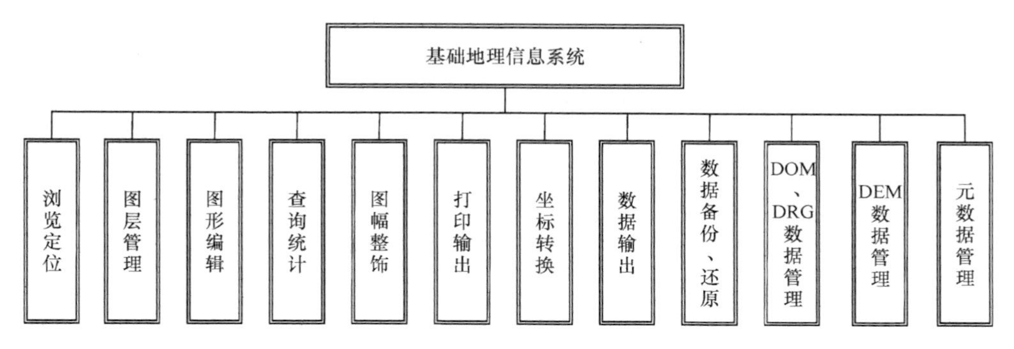

图 5.8　基础地理信息系统的功能逻辑结构

1. DOM、DRG、DEM 和 DLG 数据管理

各比例尺的 DLG(数字线划图)数据主要是 AutoCAD、Coverage、SHP 等格式,包括对数据精度、几何图形、拓扑关系、属性、分层等的检查,各种数据格式的批量矢量地形图数据的导入(图 5.9、图 5.10)。

各比例尺的 DOM(正射影像图)数据主要的格式一般为 GeoTiff,包括对配准情况、坐标参考、色调等的检查,GeoTiff 或 Tif 格式的 DOM 数据的导入。

对各比例尺的 DEM(数字高程模型)数据检查内容一般包括坐标参考、高程值等,ArcInfo 标准的 Grid、BIL 以及国家标准 DEM 交换格式的 DEM 数据的导入。

各比例尺的 DRG(数字栅格图)数据一般为单值或灰度,可自动检查其配准情况、坐标参考等。包括 GeoTiff 或 Tif 格式的 DRG 数据的导入,如图 5.11 所示。

2. 地名数据管理

输入各种来源、各种格式的地名数据,输入的内容包括地名属性信息和空间信息;将输入的数据按照一定的规则组织成数据库,对数据库进行管理、维护,并根据系统设计的功能模块,按照操作人员的各种命令,完成查询、检索、浏览、排序、统计、分析、制图等任务;根据用户的需要,将系统处理的结果以适当的形式交付给用户使用;根据自然地理学地域分布规律,以自然形态及地貌类型单元为主体,对自然地理实体进行分类,划分海域、陆地水文、丘陵山地和自然综合体等主要类型。

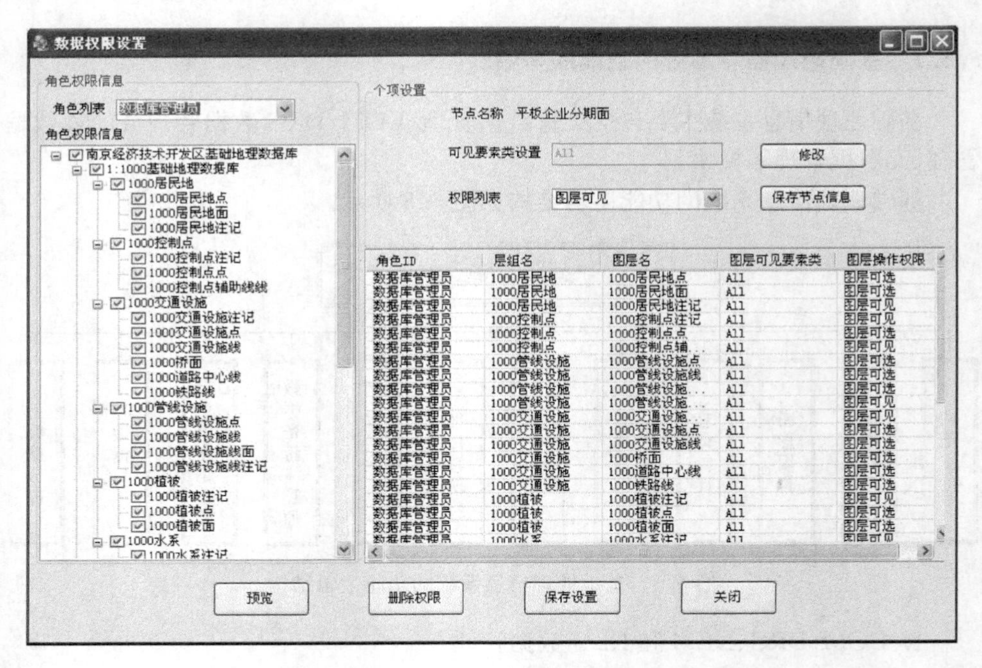

图 5.9 基础地理系统图形数据配置

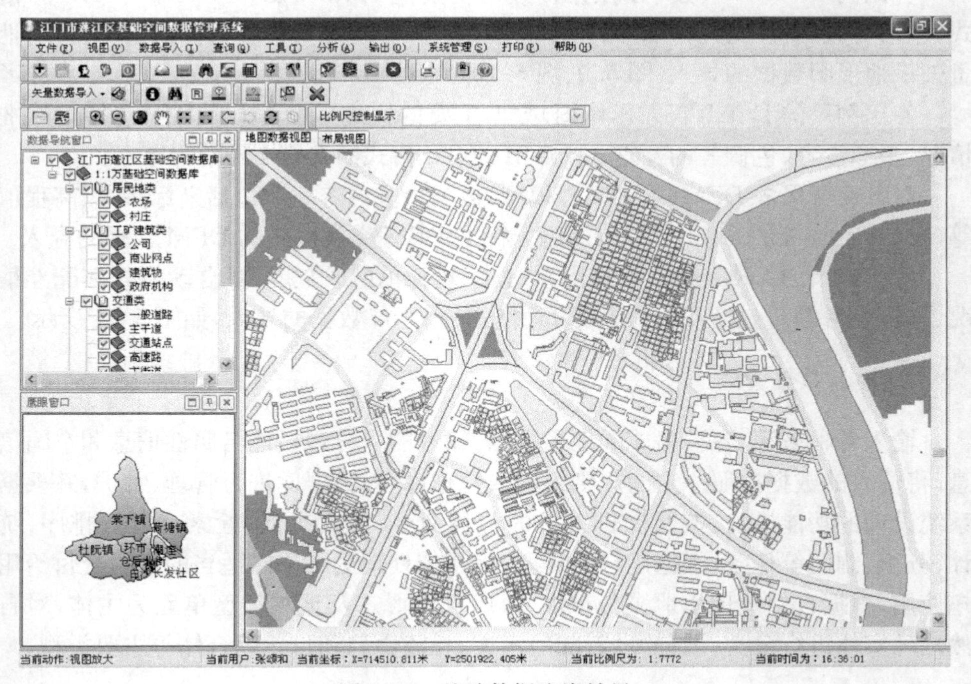

图 5.10 基础数据渲染效果

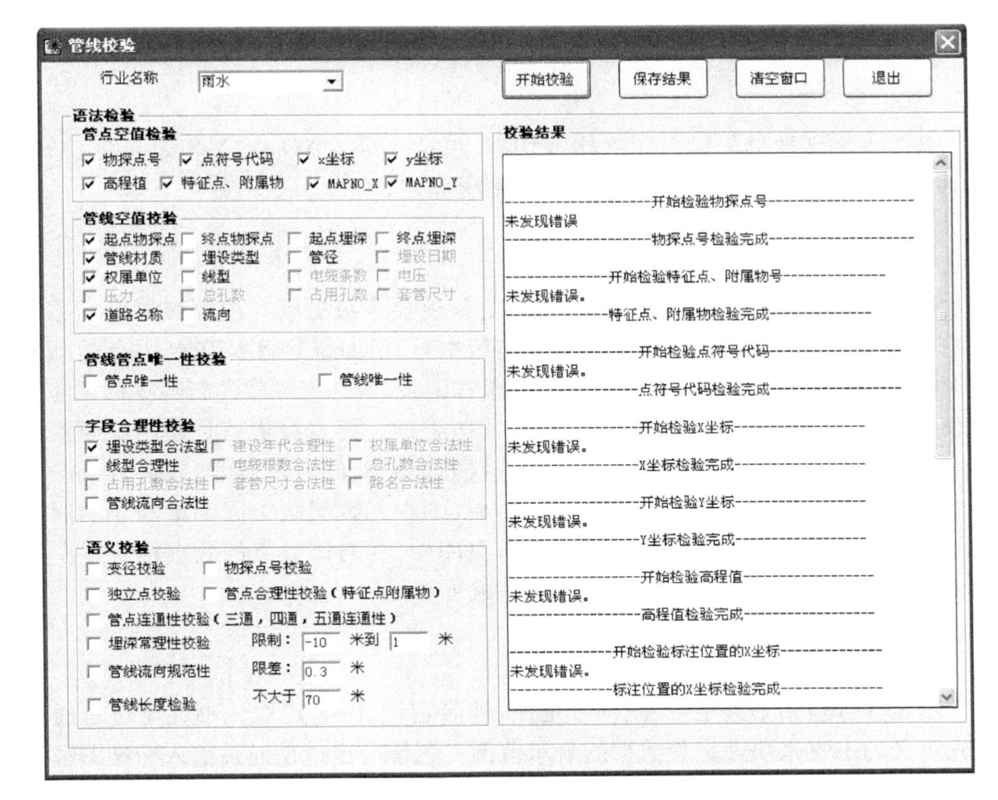

图 5.11　基础地理数据检测

3. 控制测量成果管理

可完成对控制测量成果数据精度、内容正确性、完整性的检查，包括文本格式、Access 格式及图片附件；录入更新控制点，叠加基础地理数据库中的基础地理图层、正射影像图层等，以反映出测量成果的相关地理背景；控制点统计和报表输出，输出点注记，输出选定范围的控制网图，输出坐标成果；制作点位略图，设计控制网等。

4. 竣工测量成果数据管理

竣工测量成果数据一般为 AutoCAD 格式和 Shapefile 格式，可完成数据精度、几何图形、拓扑关系、属性等的检查。

5. 验线成果数据管理验线

验线成果数据一般为 AutoCAD 格式和 Shapefile 格式，主要检查内容为数据

精度、几何图形、拓扑关系、属性等。

6. 各类专题数据管理

各类专题图数据矢量与栅格格式均有，包括 AutoCAD 格式、Shapefile 格式、Coverage、GeoTiff、Tif 格式等，依据实际情况而定。

7. 数据更新

数据更新可以按区域级更新、图幅级更新或要素级更新。图幅级更新是通过查找已存在的对应图幅范围数据的标识与版本号，增加新的版本记录，并创建新的数据标识，再在元数据版本库中增加新的版本记录，并与已创建的新数据标识建立关联，更新后进行图幅间的自动或半自动接边处理。要素级更新是使用该要素的要素数据标识在基础地理信息数据库中查找需要更新的目标要素，在要素级版本库中增加新的版本记录，版本号递增；如需要，则在元数据版本库中增加新的版本记录，版本号递增；将旧的数据移到要素历史库中，并与该要素的数据标识建立关联，将新的要素导入到相应的图层，最后完成更新。

8. 定位服务

定位服务包括书签定位、图幅号定位、地名定位、图名定位。书签定位是通过预先定义的书签来快速定位数据的显示范围。图幅号定位是通过输入标准图幅号(1∶25 万、1∶5 万、1∶1 万等)，系统将根据图幅号来计算图幅所在的坐标范围，浏览图幅范围的数据。地名定位是通过输入图上地名，系统将地图窗口中心移到选择的地名位置上。若浏览区域内的地图出现相同地名的情况，系统将提供相同地名的有关信息，经选择判定后，地图窗口显示该地名所在的地图。图名定位是通过输入标准图名(1∶25 万、1∶5 万、1∶1 万等)，系统将根据图名得到图幅号，再由图幅号来计算图幅所在的坐标范围，浏览图幅范围的数据。

9. 查询服务

基础数据管理系统中特有控制测量成果查询、高程查询。DEM 数据集中可进行高程查询，即通过鼠标在屏幕上移动或输入坐标点来查询 DEM 数据集中各像元的高程信息。控制测量成果查询是指由于控制测量成果坐标值的保密要求，对控制测量成果的查询应进行权限控制，一般情况下只能得到加入了随机误差的点坐标值，必须具有特定的权限才能进行准确点坐标的查询。

10. 统计服务

统计服务包括按行政区域统计、按任意区域统计、按类别统计、按图幅统计、按

查询结果统计测绘成果。按行政区域统计是指用户选择特定的行政区域，系统对该区域内的基础地理信息数据进行统计，并生成统计报表；按任意区域统计是用户选择一个任意的空间区域，系统对该区域内的基础地理信息数据进行统计，并生成统计报表；按类别统计是指用户选择一个数据类别，系统对该类别的基础地理信息数据进行统计，并生成统计报表；按图幅统计是指用户输入一个或多个图幅，系统对该图幅包含的基础地理信息数据进行统计，并生成统计报表；按查询结果统计测绘成果是指用户执行信息查询后，系统对查询的基础地理信息数据结果进行统计，并生成统计报表。

11. 基础地理数据元数据管理

元数据的管理基本按三个层次进行，分别为各比例尺数据库、图幅、实体要素。不同的数据类型，元数据的层次不同，4D 数据、地名、综合管线按比例尺图幅生产，按一级、二级元数据进行组织，三维景观、城市地质等专题信息可以根据实际需要增加第三级元数据。不同比例尺、不同图幅、不同数据种类应分别建立相应的元数据。一般按数据集系列元数据、数据集元数据、要素类型和要素实例元数据等几个层次加以描述。元数据合并与导入以及为网上发布提供元数据功能，应具备元数据库与空间数据库之间的链接功能与互操作功能。

12. 基础地理信息数据版本管理

版本管理包括元数据的版本管理及基础地理信息数据的版本管理两个部分。因对基础地理信息数据的版本管理操作会影响到相应版本的元数据，因此需建立两者关联。基础地理信息数据历史版本管理按三个层次进行，分别为各比例尺数据库、图幅、要素。

13. 坐标转换

坐标系的转换可分为动态投影与静态转换两种。动态投影是指系统在运行时，可以改变当前地图显示使用的空间参考，系统自动将不同坐标系统的数据投影到当前空间参考下。静态转换是读取原始数据的坐标，将每点的坐标转换到新的坐标系下，从而生成新的数据文件。

基础地理信息系统中的基础数据一般具有多种平面坐标系和高程系，系统在对多比例尺数据进行统一管理时，可能需要进行平面坐标系的转换和高程系的转换。系统提供国家、地方常用的坐标系统转换功能，自动变换图形数据。

14. 数据转出服务

有 3 种数据转出方式：矢量格式转出、栅格格式转出、专题输出。矢量格式数

据转出时可以按多种方式进行，如按图幅、按行政区划、按任意空间范围、按查询结果等，用户还可以选择转出的目标矢量格式，包括 Shapefile、CAD、MIF 等格式。栅格格式数据转出时也可以按多种方式进行，如按图幅、按行政区划、按任意空间范围等，用户可以选择转出的目标格式，包括 GeoTiff、Tif、Image、Grid、Bmp 等格式。这两种转出过程可以同时进行坐标系统的转换。基础地理信息系统数据格式转换的核心任务之一就是为各行业的专业地理信息系统提供基础空间信息。因此，能够从基础地理数据库中提取相应的专题信息，并进行数据格式转换，以满足不同平台（ArcGIS、AutoCAD、Microstation 等）的应用需求。

15. 日志管理

用户在操作系统的过程中自动产生相应的日志信息，包括操作者、机器 IP 地址、时间、操作内容与对象等信息。日志管理模块主要进行日志的记录、查看、保存等操作。

5.3.2 综合管线信息系统功能服务模块

综合管线信息系统的总体功能划分如图 5.12 所示，同时可以对功能模块进行配置(图 5.13)。

1. 图形数据在线编辑

在数字规划的内网中，根据相应权限可对管线的图形数据进行在线编辑，更新图形数据库。

2. 管线数据入库

管线数据入库指大规模普查的管线属性数据的入库、图形数据的生成。系统具有对普查所获得的数据进行预处理的能力，能够准确、快速地把普查获得的数据转换为系统所需要的数据格式，从而进入系统；图形库与属性数据库双向连动更新；数据库安全性控制，为保护系统数据的安全，不被随意修改或破坏，只有被授权的操作人员才能使用系统和修改数据。

3. 远程自动更新

内网中用户使用相应的权限对数据进行更新并上传入库，可更新相应的数据库。

4. 调图功能

系统提供按道路调图、按图幅调图、按管理区调图 3 种特殊的调图服务，同时

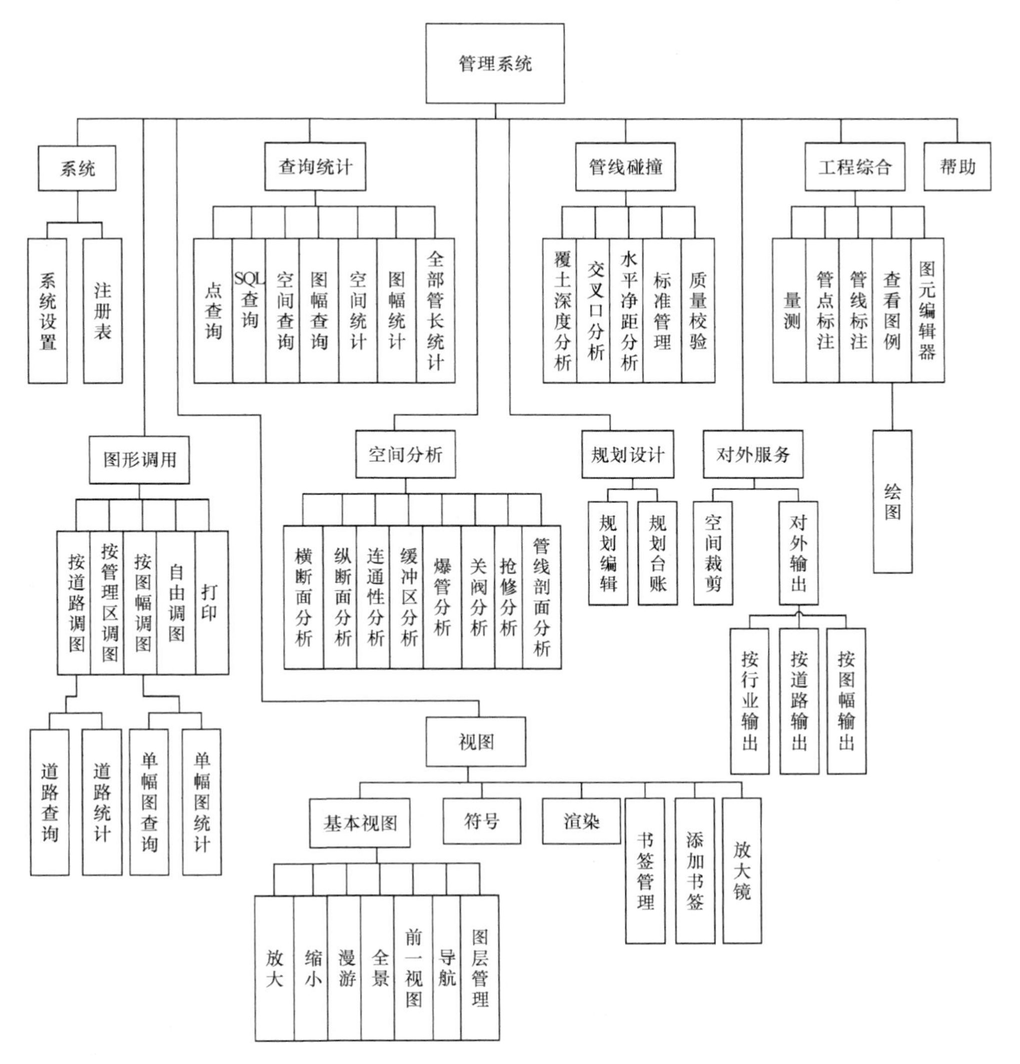

图5.12　综合管线信息系统的功能框架

支持多种方式联合调图。

5. 放大镜

可对用户指定区域进行鹰眼窗口的放大显示。

6. 叠加现状库

提供多边形和矩形裁剪功能，把某区域的图形数据以Shapefile或dwg/dxf格

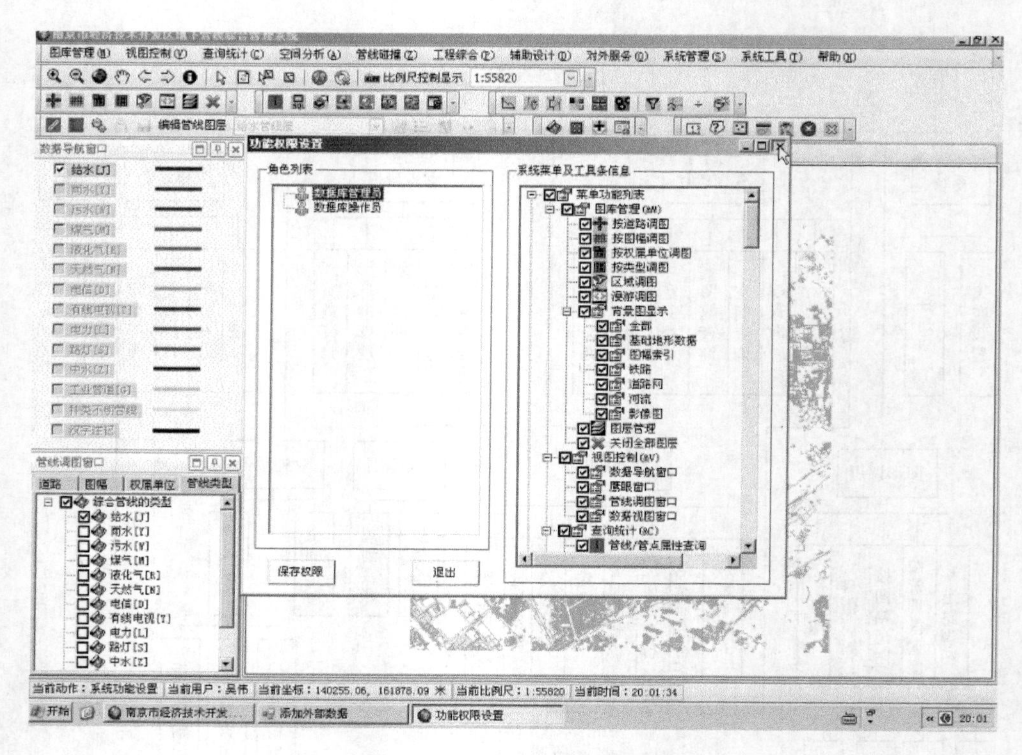

图 5.13　管线系统功能菜单配置

式输出到指定的路径；提供按行业、道路、图幅输出方式，把系统中所选数据以 Shapefile 或 dwg/dxf 格式输出到指定的路径。

7. 分析功能

系统特有断面分析、网络故障分析、管线碰撞分析等功能。提供任意横断面的生成与分析功能，提供连续管线纵断面的生成与分析功能，产生任意管线的纵剖面图和任意切面的横剖面图，便于用户进一步查看管线的情况，可以打印输出断面图；提供各行业所要求的网络分析功能，如连通性分析、道路网络的抢修分析、管线剖面分析等(图 5.14)；提供缓冲区分析、爆管分析、关阀分析等功能，分析各行业管线出现事故或故障(如漏水、漏气、通讯故障等)时，影响的区域范围，涉及哪些阀门或开关需要关闭维修等；按照国家有关管线工程的最小覆土深度、管线最小水平净距、管线交叉时的最小垂直净距等规范，提供各行业管线的分析功能，包括各行业管线之间水平间距或与建筑物之间水平间距的判断与分析、各行业管线覆土深度的判断与分析、各行业管线交叉时的垂直净距的判断与分析。

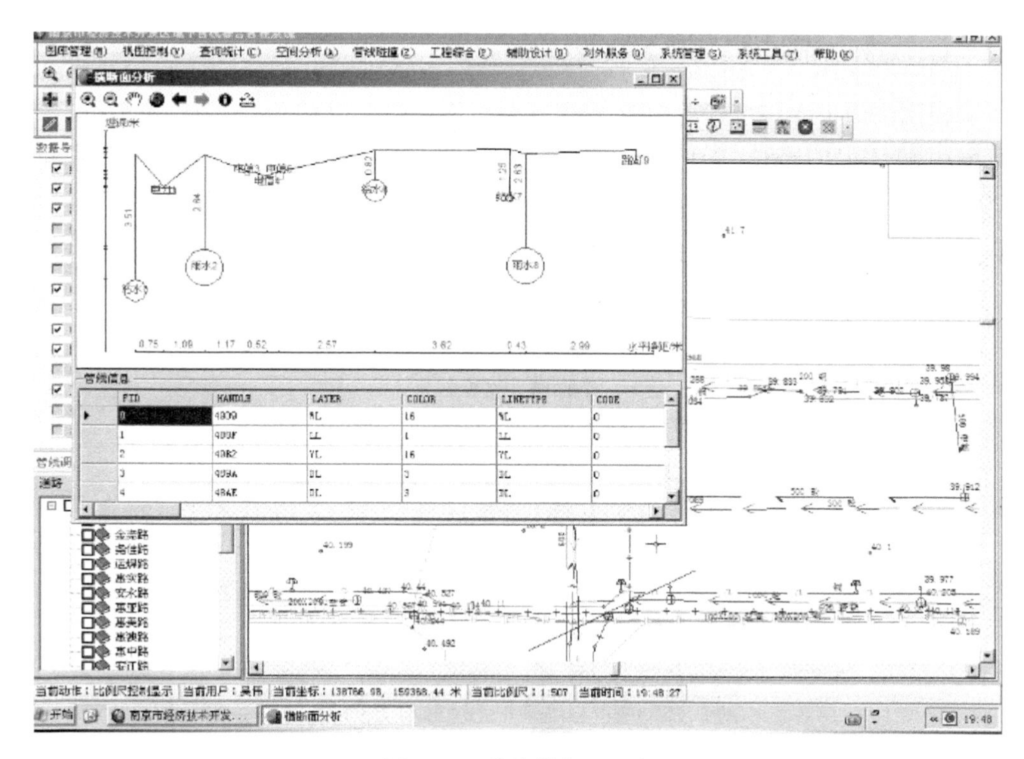

图 5.14　管线横断面生成

8. 图元双线检索

系统具备图元的双向检索功能，用户可以方便地了解图形与属性库的相关信息；对任意指定范围，可对任意一个或几个行业，一个或几个属性字段进行单一和组合查询；了解各种统计功能，报表和专题地图的生成功能。

9. 管线规划设计功能

提供方便、专业化的管线图形建立、编辑计算工具；按照国家有关管线工程的最小覆土深度、管线最小水平净距、管线交叉时的最小垂直净距等规范，对设计管线进行分析比较，实现管线工程规划设计。

10. 工程综合

提供对任意管点、管线可选内容的标注；提供各种量测功能；提供图例查看和图元编辑功能。

11. 对外服务功能

提供多边形和矩形裁剪功能，把某区域的图形数据以 Shapefile 或 dwg/dxf 格式输出到指定的路径；提供按行业、道路、图幅输出方式，把系统中所选数据以 Shapefile 或 dwg/dxf 格式输出到指定的路径。

5.3.3 城市三维景观系统功能服务模块

城市三维景观系统的总体功能划分如图 5.15 所示。

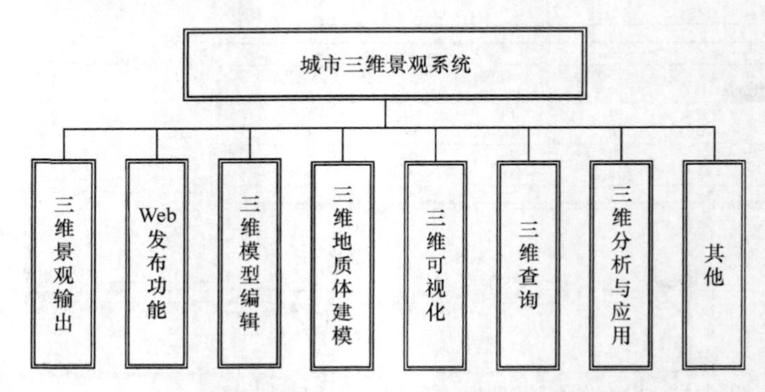

图 5.15 城市三维景观系统的功能模块图

1. 三维模型符号纹理数据加载

从空间数据库中加载表达城市三维场景必需的基础地理数据(矢量、DEM、DOM 影像)、规划成果数据、管网数据等；导入外部三维模型(AutoCAD DXF、3DS MAX、OpenFlight 建模数据格式)；加载建立场景需要的纹理、三维点符号、三维线符号。空间对象加载后以工程为单位分层组织。

2. 三维景观浏览

系统的三维场景显示支持两种方式：立体显示(红绿立体眼镜或液晶闪闭立体眼镜)和三维透视显示。在两种显示方式下均可进行场景的缩放、平移、旋转操作，并可根据需要任意选择旋转中心，可以某个地物为中心，也可以观察者为中心。漫游方式可以设计路线漫游，也可按已记录的漫游轨迹漫游，支持飞行、驾车、步行、按路径行走以及用户自定义方式等场景浏览方式，可以设置视角、视距、飞行速度、平移步距等各种浏览参数；支持鹰眼导航，可增加云、雾、能见度、下雨、下雪、太阳、月亮、声音等多种环境效果。

3. 三维量测

系统实现了常用的三维空间量算功能，包括实时显示鼠标所在位置的三维坐标以及空间两点距离、地物高度、指定区域的面积、体积量算；支持基于 DEM 的空间分析如坡度、坡向、挖填方量计算等；实现任意方向的垂直剖面图的自动生成；可以进行三维缓冲区分析等。

4. 三维对象属性统计分析

用户可根据需要对全部或部分三维对象进行单个或多个属性的分析，也可通过单个或多个属性对相应的三维对象进行选择。

5. 三维效果加载

根据决策模型的选择，提交各种分析效果，提交效果图和分析结果；直观形象地对模拟分析结果进行图形表示，叠加在城市三维景观之上，做出规划效果预测。

6. 三维查询

三维场景查询分析系统可进行对三维场景中空间对象的实时查询，包括各种空间查询属性及根据属性查询其所在的地理位置；进行查询对象的属性统计分析。

7. 三维景观输出

可将建立好的三维场景以工程方式存储于数据库中，以便以后调用；可将场景输出为其他三维仿真系统可直接读取的数据格式，如 3DS 接受的 MAX 格式、Vega可接受的 OpenFlight 格式、Web 网页可浏览的 VRML 格式等；可根据预定的浏览路线浏览整个场景，并将浏览过程以视频方式记录，输出 AVI 等视频文件；支持三维场景的绘图输出。

8. 三维分析

日照和阴影遮挡分析，依据太阳高度角随日期和每天时间的变化设计建筑物的高度，计算阴影长度，并进行三维显示，由此可分析该建筑对其他建筑物的阴影遮挡情况。

规划方案的景观协调性分析，分别将不同规划方案的三维模型加载到城市三维场景中，对比各方案的景观协调性。

9. Web 发布功能

Web 三维场景发布子系统面向社会公众，利用 Java 小程序，可直接在典型的

Web 浏览器上观察三维场景,支持场景放大、缩小、任意改变视点等操作,可进行简单的查询。

10. 三维模型编辑

可对三维建模子系统建立的立体模型进行修改、编辑。改变建模对象的高度、纹理样式,调整立体符号等;系统提供三维模型选取、复制、三维移动、三维旋转、三维拉伸、三维缩放、纹理链接、分割、合并、存储、在三维物体表面进行纹理粘贴等实时编辑功能。

11. 三维建模功能

支持批量地对已转入的 GIS 矢量数据、地形数据、影像数据进行建模。将真实建筑物模型链接野外纹理数据;将地形数据与 DOM 影像数据进行坐标匹配并生成地表场景;根据地理可见要素的类型(来自于属性表)确定三维符号类型,并自动符号化(如道路、水体、植被、路灯等);应用三维模型显示子系统得到城市初步的三维景观模型。

5.3.4 城市地质信息系统功能服务模块

城市地质信息系统的总体功能划分如图 5.16 所示。

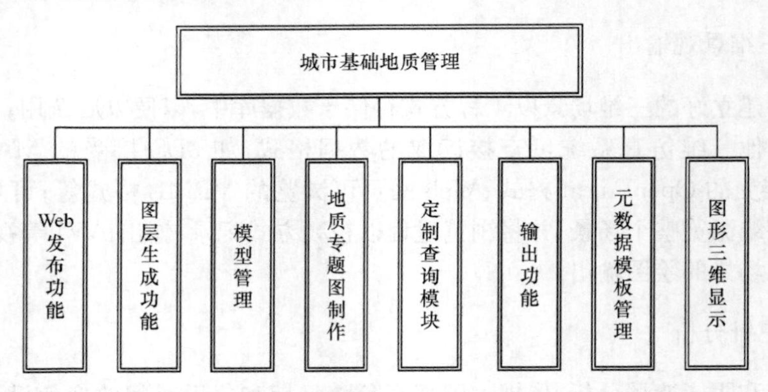

图 5.16 城市地质信息系统的功能结构图

1. Web 发布功能

用于在城市规划外网上发布面向公众的城市地质基础数据及城市地质业务应用与分析成果。

2. 图层生成功能

点要素图层生成时，为实现属性数据与空间数据的动态关联，需要进行要素的统一编码。通过从数据库中获取各类点对象的空间数据与属性数据，生成各点状对象图层。

通过直接读取各线状对象、面状对象的图形文件，直接生成各个图层，并从数据库中获取其属性数据。

3. 模型管理

根据水文钻孔数据进行三维地质建模，能够对模型进行旋转视图、切割和切挖操作，能够显示模型内部结构的构造信息，并能实现模型离散、模型参数赋值、模型运行及结果、模型评价。

4. 地质专题地图制作

可制作各种所需的单值专题图、标签专题图、范围分段专题图、等级符号专题图、统计专题图、点密度专题图、灾害分级图、城市土地利用现状图、城市土地利用规划图等专题地图，能够根据具体的专题数据绘制各种柱状图、剖面图、流场图、等值线等。

5. 定制查询模板

在通用的查询界面下，可将当前查询设置存储为查询模板，以备用户选择使用。

6. 输出功能

应支持对统计查询结果的表格输出(重点是统计报表与一览表)和可视化输出(如柱状图、曲线图等)。

7. 元数据模板管理

元数据模板管理模块主要用于实现元数据标准模板或自定义标准的导入、导出、添加、删除及维护管理功能。这样设计主要基于两方面的原因：一是元数据标准难于固定，需经常进行维护或扩展；二是元数据标准多样，需在系统中支持多种元数据标准，以供用户选择使用。

8. 图形三维显示

实现了虚拟城市的飞行与任意角度的旋转演示以及三维地表景观与城市地下

空间的可视化。

思　考　题

(1) 基于共享平台的数字规划系统中涉及的主要数据流可归纳为哪些?
(2) 基础数据管理系统数据服务包括哪些?
(3) 综合管线信息系统数据服务包括哪些?
(4) 城市三维景观系统数据服务包括哪些?
(5) 城市地质信息系统数据服务包括哪些?
(6) 试述基础数据管理系统功能服务。
(7) 试述综合管线信息系统功能服务。
(8) 试述城市三维景观系统功能服务。
(9) 试述城市地质信息系统功能服务。

第6章　规划编制管理系统

规划编制管理系统主要包括规划编制业务管理、规划编制成果管理两部分。

6.1　系统概述

规划编制业务管理包括年度规划编制计划制定、规划编制项目的组织管理、规划编制技术要求审批、规划调整、规划编制成果验收入库、外部条件和规划控制线入库、规划编制单位信息管理等业务；规划编制成果管理包括规划编制数据管理、规划编制数字档案管理和规划控制线审定成果、外部条件数据管理等几部分。

规划编制数据主要涉及以下几方面的内容：区域环境、历史文化环境、自然环境、社会环境、经济环境、市政公用工程系统（给水、排水、供热、供电、燃气、环卫、通信设施和管网）、城市土地使用等。

规划编制数据主要管理控制性详细规划和其他规划（城市总体战略研究、城市各区域土地利用规划、大交通设施规划、城市绿地系统规划、城市公共设施（包括商贸、医疗等）规划、城市市政设施规划、历史文化名城、城市特色地区的规划设计、风景旅游规划、其他规划）。

规划编制数字档案管理的对象包括项目的组织管理过程档案、成果数据档案（中间成果、验收成果）。

城市规划编制管理系统的目标是实现信息系统和数据资源的整合，实现规划编制单位与局内、外各部门间的信息共享、数据交换和系统互操作，并为规划审批提供规划支撑、依据和参考，从而提高办文、办案、办事效率。遵循数字规划的“一个平台、一套图、一套标准”的建设要求，具体目标包括：

(1) 参考城市规划及信息化建设的相关标准、规范，建立一套有弹性并适用于城市规划编制成果数据入库的城市规划编制成果数据入库标准，为测绘数据的生产、检查、入库与应用共享提供标准与依据；

(2) 执行对各类规划编制成果数据的检查、验收、入库及统一管理；

(3) 与规划管理办公自动化系统紧密集成，为规划编制成果档案管理与建库、规划编制成果GIS数据建库、规划审批管理及其智能检测服务提供数据与功能支撑；

(4) 为规划审批提供规划支撑和依据，并为网站更新等其他系统提供数据源。

规划编制管理系统集成于数字规划的整体框架及用户界面之下，统一身份认

证，用户不必离开整个系统平台的首页窗口即可切换到规划编制管理系统。规划编制管理系统的主界面设计如图 6.1 所示。

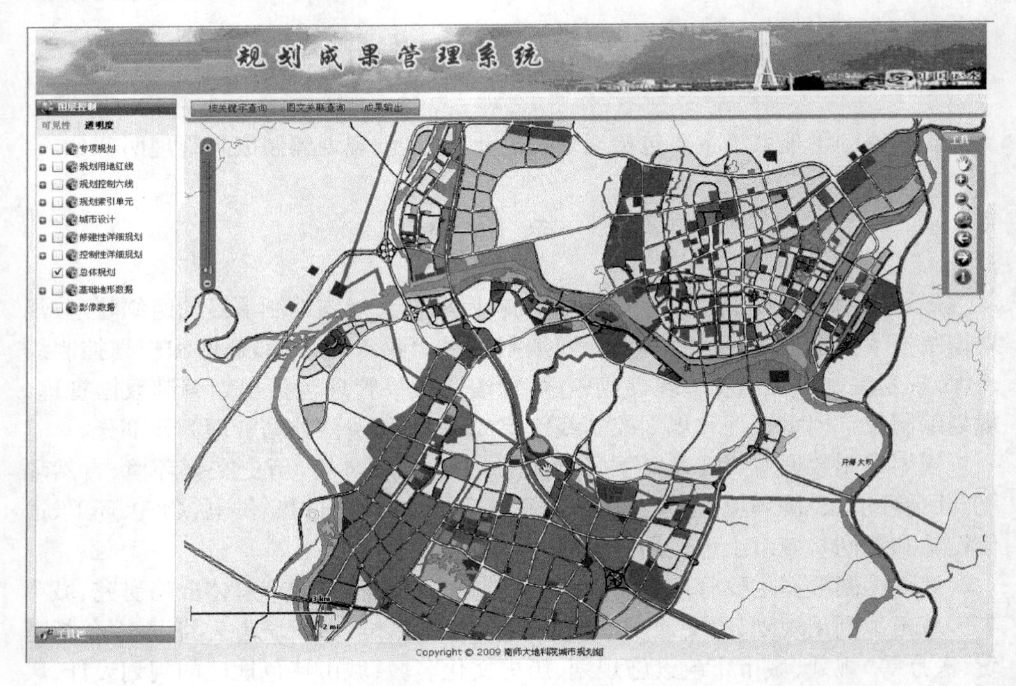

图 6.1 规划编制管理系统界面

6.2 规划编制组织管理系统

6.2.1 年度规划编制计划制定

1. 业务综述

业务综述是根据社会经济发展的要求和城市建设的需要，在征求并协调有关区县、政府部门的规划编制需求的基础上，局年度规划编制计划由分局、市政处和规划处提出并报局讨论通过，作为年度规划编制项目组织的依据。

2. 业务工作流程

业务工作流程有以下 4 个步骤。

(1) 计划建议提出。规划处、市政处、各分局在上一年第四季度研究的基础上，以立项建议书的形式提出相关范围内年度规划编制需求。

(2) 计划建议汇总。规划处汇总各责任部门建议，并提交局长办公会确定编

制经费总额度和各部门规划经费额度。

(3) 计划建议修订。规划处、市政处、各分局根据局长办公会确定的经费额度分别修订年度编制项目计划(立项建议书)。

(4) 年度计划确定及发布。规划处汇总修订后的规划编制计划,形成全局规划编制项目计划,报局审定后发布实施(图 6.2)。

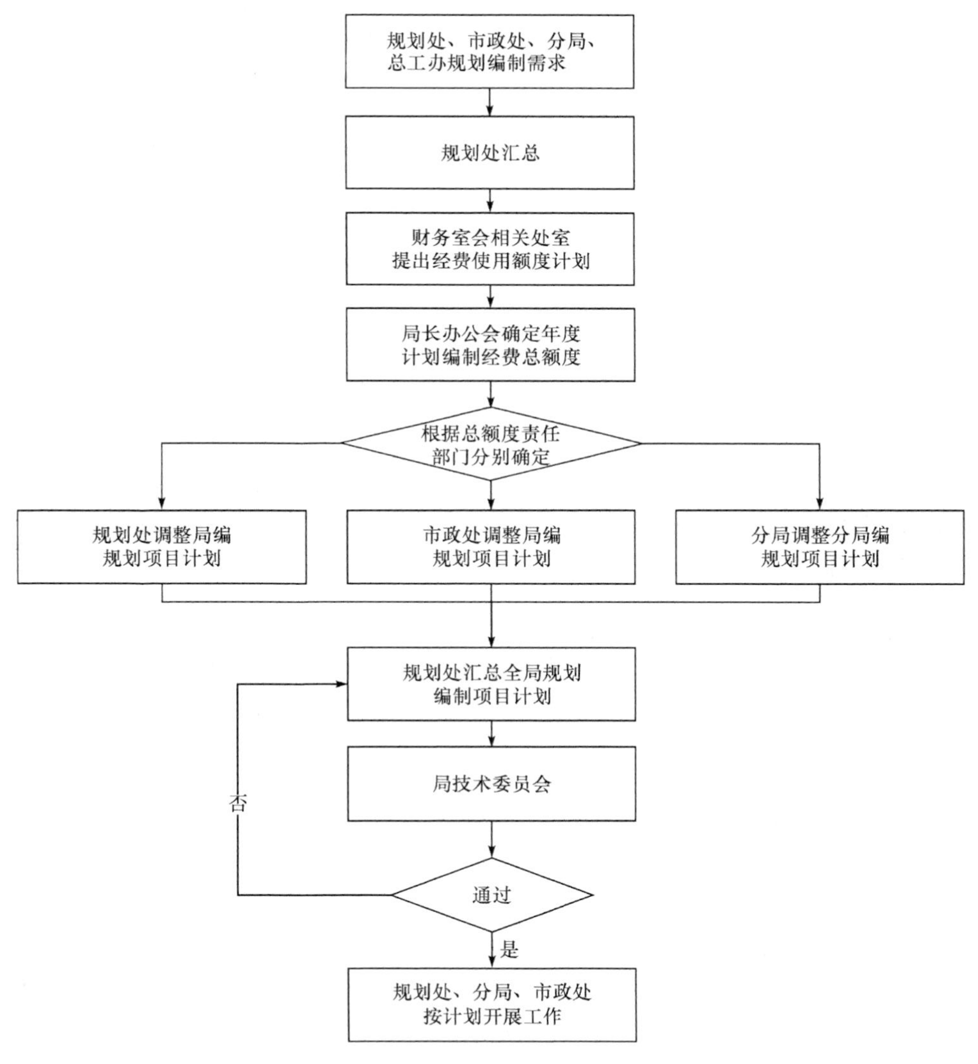

图 6.2　年度计划确定流程

3. 与其他业务之间的交叉关系

年度规划编制计划的制定和其他业务有一定的交叉关系，详细情况见表6.1。

表6.1　年度规划编制计划制定与其他业务关系表

序号	相关业务	与其他业务之间的交叉关系说明
1	行政办公系统	发送填写年度规划编制项目计划建议的通知 发送年度规划编制计划经费额度的通知 发送执行年度规划编制计划的通知 年度规划编制计划确定的项目成为项目组织管理的对象
2	规划编制项目组织管理	项目组织管理中会提出年度规划编制计划调整的申请，报请批准后形成对年度规划编制计划的调整 项目组织管理的进展汇总成为年度规划编制计划执行情况
3	城建奋斗目标管理	部分纳入城建奋斗目标的项目应在计划中标记
4	测绘管理	把年度规划编制计划转到测绘处，作为制定测绘计划的依据

4. 年度规划编制项目计划表

年度规划编制项目计划表的主要内容有序号、项目编号、类别、项目名称、面积规模、经费预算(万元)、组织方式(征集、直接委托)、进度安排、责任部门、计划年度、备注，见表6.2。

表6.2　年度规划编制项目计划表

序号	项目编号	项目类别	项目名称	面积规模	经费预算	组织方式	进度安排	责任部门	备注

6.2.2　规划编制项目的组织管理

1. 业务综述

规划处、市政处、分局根据局审定的编制项目计划开展规划编制组织工作。责任部门应根据局内工作流程(图6.3)的规定，组织各环节(立项、制定工作计划、提出编制技术要求、征集单位、签订合同、项目编制、专家评审、技术委员会审查、公示、验收归档、数据入库、上报审批、批复存档、经费支付)的工作，其中几个关键节点(计划项目的调整，工作计划的认定，征集单位材料的发出，合同拟定，经费支付，申请进行专家评审、技术委员会审查，公示，验收归档等)需要报相关领导审批，扎口部门对项目进展情况进行总体把握。

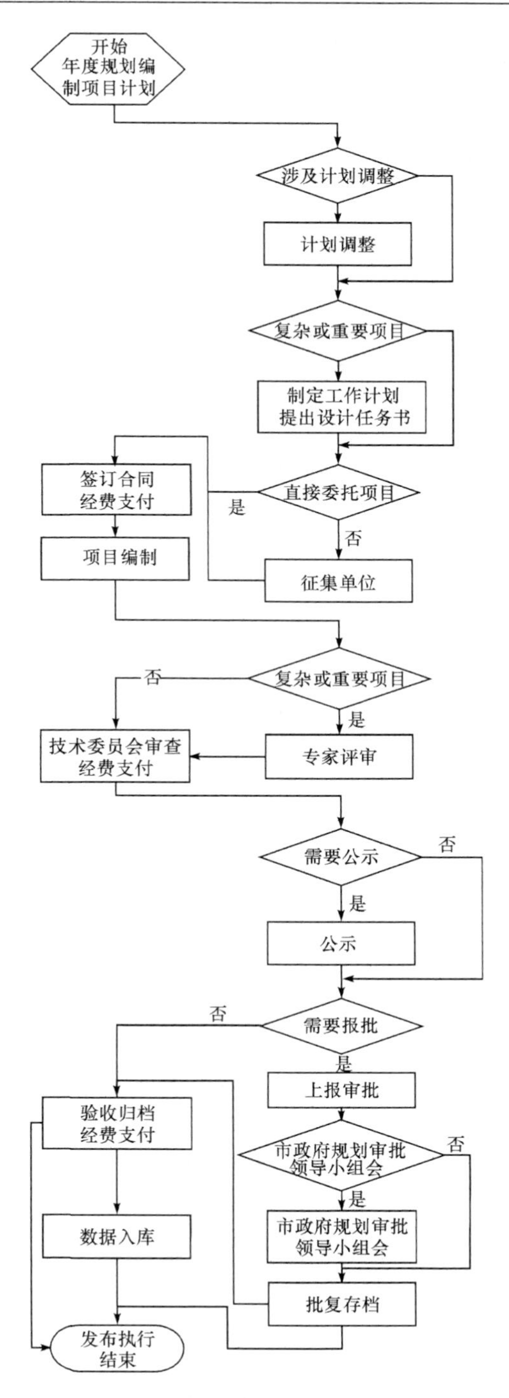

图 6.3　规划编制项目组织管理

2. 业务工作流程

整个编制组织管理包括项目立项、制定工作计划、提出编制技术要求、征集单位、签订合同、项目编制、专家评审、技术委员会审查、公示、验收归档、数据入库、上报审批、批复存档、经费支付等环节。根据项目类型及复杂程度的不同,有些环节可直接跳过,但是签订合同、技术委员会审查、验收归档、数据入库和经费支付为必经环节(表 6.3)。

表 6.3 规划编制项目组织管理流程表

环节	序号	处室	职责分工	备注
涉及调整的项目的认定	1	规划处、市政处、各分局	提出调整编制项目(新增、取消、分局总额度超计划、未按计划征集单位等情况)的申请	涉及调整年度编制计划安排的需经此环节
	2	分管局长	审核调整申请	
	3	局长	审定新增项目的调整申请	
计划的认定及设计任务书的准备	1	规划处、市政处、各分局	工作计划的认定及设计任务书的准备	一般较为复杂或重要的项目(如重要地区规划、国际方案征集等)需经此环节,简单项目可直接进入征集单位或拟定合同阶段
	2	分管局长(必要时可增加规划或市政分管局长)	审定工作计划和设计任务书	
征集单位		参照《征集单位操作规程》执行		确定直接委托的项目可跳过此环节
签订合同	1	规划处、市政处、各分局	拟定合同草稿	此环节为必经环节,且一般在此环节付首期合同款
	2	分管局长	审定合同并签署	
	3	规划处、市政处、各分局	根据合同,通知编制单位开具首付款发票,并找相关领导签字	
	4	财务室	登记并付款	
项目编制协调	1	规划处、市政处、各分局	记录编制过程中具体工作及组织协调的时间、内容	此环节可由责任部门经办人员自主填写记录,如提供基础资料、答疑、部门协调等,并应记录轮次审查意见

续表

环节	序号	处室	职责分工	备注
专家评审	1	规划处、市政处、各分局(必要时可增加规划或市政的相关人员)	拟定专家评审会计划	重要项目应经此环节,根据分工安排明确责任部门和配合部门;需明确在此环节前是否仍执行责任部门和相关部门及分管领导组织的初审
	2	分管局长	审定评审计划	
	3	规划处、市政处、各分局(必要时可增加规划或市政的相关人员)	组织评审会,记录会议纪要,并将会议纪要交规委办	
	4	规划委员办公室	发出会议纪要	
	5	规划处、市政处、各分局	将会议纪要存档,并反馈给编制单位	
局技术委员会审查	1	规划处、市政处、各分局	提出上会申请单	此环节为必经环节,并作为项目技术方案完成的标志,一般在此环节付第二期合同款
	2	分管局长	签字	
	3	总工办	组织技术委员会,形成会议纪要	
	4	规划处、市政处、各分局	将会议纪要存档,并反馈给编制单位	
	5	规划处、市政处、各分局	根据合同,通知编制单位开具第二期款发票,并找相关领导签字	
	6	财务室	登记并付款	
公示	1	规划处、市政处、各分局	提出公示的计划,准备公示的材料	重要项目应经此环节,公示材料应由编制单位提供,但需责任部门审定
	2	分管局长	审定公示计划和材料	
	3	综合处	组织公示,并汇总公示意见和建议	
	4	规划处、市政处、各分局	将公示情况存档,并反馈给编制单位	
验收归档	1	见《验收、归档操作规程》		一般在此环节完成后付清合同款
	2	规划处、市政处、各分局	根据合同,通知编制单位开具尾款发票,并找相关领导签字	
	3	财务室	登记并付款	

续表

<table>
<tr><th>环节</th><th>序号</th><th>处室</th><th>职责分工</th><th>备注</th></tr>
<tr><td rowspan="3">数据入库</td><td>1</td><td>规划处、市政处、各分局</td><td>将正式数据提交编研中心</td><td rowspan="10"></td></tr>
<tr><td>2</td><td>编研中心(责任部门配合)</td><td>入库</td></tr>
<tr><td>3</td><td>规划处、市政处、各分局</td><td>记录并发布已入库通知</td></tr>
<tr><td rowspan="7">上报审批及批复存档</td><td>1</td><td>规划处</td><td>拟上报文件</td></tr>
<tr><td>2</td><td>分管局长</td><td>审定上报文件,并签发</td></tr>
<tr><td>3</td><td>局长</td><td>签发规划批复,然后转到办公室(局批项目)</td></tr>
<tr><td>4</td><td>规划处、市政处、各分局</td><td>准备向市规划审批领导小组汇报材料</td></tr>
<tr><td>5</td><td>总工办</td><td>组织项目向市规划审批领导小组汇报</td></tr>
<tr><td>6</td><td>办公室</td><td>接收批复文件,纳入办文系统,转发给规划处和相关责任部门</td></tr>
<tr><td>7</td><td>规划处、市政处、各分局</td><td>批复文件存档,纳入成果文本;记录并发布批复信息</td></tr>
</table>

3. 与其他业务之间的交叉关系

规划编制项目的组织管理和其他业务有一定的交叉关系,详细情况见表 6.4。

表 6.4　规划编制项目的组织管理与其他业务关系表

序号	相关业务	与其他业务之间的交叉关系说明
1	规划编制年度计划制定	计划项目调整 年度计划执行情况的检查
2	测绘管理	提出基础地理信息地形图调用需求 提供基础地理信息地形图
3	规划审批	提供规划审批信息
4	综合业务	城建奋斗目标项目进度统计、报出 规划成果公示

续表

序号	相关业务	与其他业务之间的交叉关系说明
5	行政办公系统	规划编制项目成果上会（专家评审会、技术委员会、市政府规划审批领导小组会） 发出规划编制项目的专家评审会、技术委员会会议纪要 发出会议通知 发出规划编制成果报审的请示（附批复代拟稿） 发出局批项目的批复
6	财务管理	支付经费并记录
7	规划成果管理	数据验收、入库 提供已有的规划成果
8	成果数字档案管理	项目组织管理信息记录
9	规划编制单位信息管理	提供并记录编制单位信用情况
10	数字城市	提供社会经济、人口、文物、绿化等城市专题数据
11	规划网站	发布成果公示、公布信息 收集征求意见
12	规划年报、总结	提供统计分析图表

6.2.3　规划编制技术要求审批

1. 业务综述

业务综述是根据《市城市规划编制管理有关规定》，社会组织的规划编制项目需要向规划局来文申请规划编制技术要求，责任部门受理并拟定编制技术要求草稿，按程序审批后发出，作为社会单位组织规划编制项目编制的依据，其业务流程如图 6.4 所示。

2. 业务工作流程

业务工作流程有以下 4 个步骤。

(1) 提出申请。由编制组织方以来文形式向规划局提出书面申请，组织主体要符合《市城市规划编制管理有关规定》。一般除市级指挥部外，应以区政府名义申请或区政府鉴章，以便区里工作统一扎口。

(2) 分配办理。办公室分配办文，责任部门牵头提出规划编制技术要求，内容包括编制单元范围、编制重点、工作要求、技术依据等。注意编制单元应与局控制性详细规划编制单元协调。

(3) 规划编制技术要求审定发出。规划编制技术要求经相关部门会签、规划

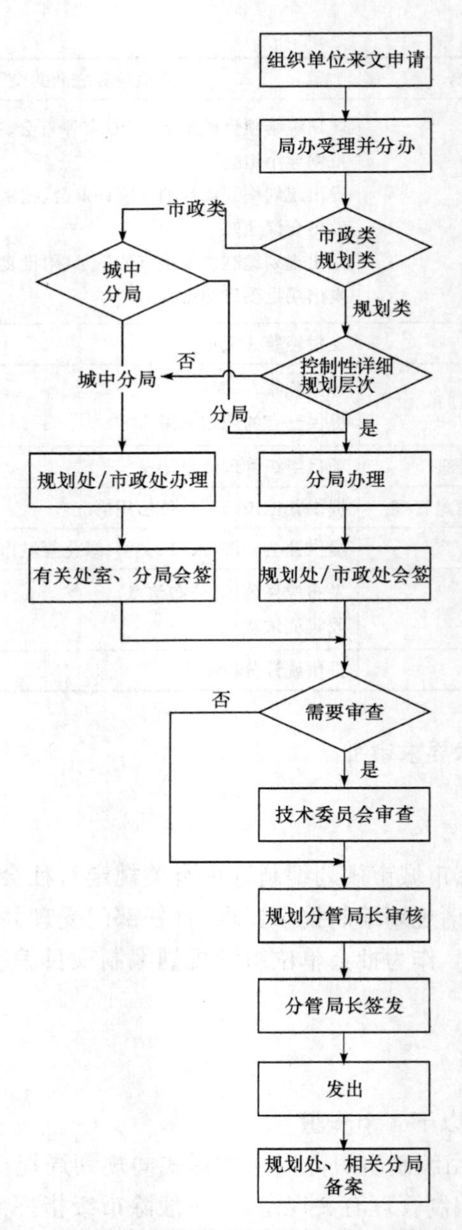

图 6.4　社会性规划编制项目编制技术要求审批流程

分管局长审核、分管局长审定后发出。

（4）有关规划资料提供。将有关规划资料提供给编制组织方，以便地区规划与城市规划的协调。

3. 规划编制技术要求审批表

规划编制技术要求有一些审批结果表，见表 6.5。

表 6.5　规划编制技术要求审批表

项目名称			
申请单位		申请日期	
经办人办理	规划设计要点： (规划范围、规划内容、规划重点) (可另附纸)		
	规划编制要求： (编制周期、汇报要求、成果形式及归档要求、规划设计单位资质) (可另附纸)		
	规划前提条件： (相关规划、相关政策、领导批示、部门意见、市政设施及五线外部条件) (可另附纸)		
	附图： (图件名称) 签名：　时间：　年　月　日		
主办部门意见	签名：　时间：　年　月　日		
会办部门意见	签名：　时间：　年　月　日		
规划分管局长签发	签名：　时间：　年　月　日		

6.3　规划编制成果管理系统

根据实际工作的需要，从有效管理规划编制成果、疏通编制与管理沟通渠道的角度出发，面向规划编制管理和建设管理的实际需要，以应用新技术提高规划管理的效率和质量、改善服务水平为目标，实现面向规划编制管理、面向规划建设管理、面向规划编制管理与规划建设管理的一体化衔接，在规划管理办公自动化系统图文一体化的整体框架下，建立专门的规划编制成果管理系统。

6.3.1 规划编制成果验收入库

以下按业务综述、业务工作流程和交叉关系阐述规划编制成果验收入库过程。

1. 业务综述

经过专家评审、局技术委员会审查、公示、审批等环节的规划编制成果，由责任部门、相关部门、领导进行技术内容的审查，由信息中心进行数据内容的审查。完成上述技术鉴定的项目后，由责任部门组织、相关部门配合，提交编研中心进行成果入库。

2. 业务工作流程

参考规划编制项目组织管理验收归档流程。采用图形和文字两种方式具体描述业务的流转全过程。

(1) 质量检查验收。首先进行技术内容审查，分别由责任部门、规划处(市政项目为市政处)、责任部门分管局长、规划处(市政项目为市政处)分管局长审定；由局技术委员会主持人确认；提交信息中心进行数据验收，并签字确认。

(2) 成果归档。由责任部门安排编制单位到规划处归档。

(3) 成果入库。将经鉴定的成果直接入库。

3. 与其他业务之间的交叉关系

规划编制成果验收入库和其他业务有一定的交叉关系，详细情况见表 6.6。

表 6.6 规划编制成果验收入库与其他业务关系表

序号	相关业务	与其他业务之间的交叉关系说明
1	规划编制计划管理	计划项目完成
2	局技术委员会	技术内容的审定
3	行政办公	验收通过的通知 组织数据入库的通知 同意数据入库方案的通知
4	规划编制成果数据管理	入库

4. 规划编制成果归档登记表

规划编制成果归档登记表是成果入库的依据，具体内容见表 6.7。

表 6.7　规划编制成果归档登记表

<table>
<tr><td>成果名称</td><td colspan="5"></td></tr>
<tr><td rowspan="2">规划编制组织单位</td><td colspan="5"></td></tr>
<tr><td colspan="2">联系人</td><td></td><td>联系电话</td><td></td></tr>
<tr><td>编制单位</td><td colspan="5"></td></tr>
<tr><td>规划范围</td><td colspan="5"></td></tr>
<tr><td>规划内容简述</td><td colspan="5"></td></tr>
<tr><td>成果类型</td><td colspan="5">新区总体规划 □　镇区总体规划 □　镇域城镇体系规划 □
分区规划 □　控制性详细规划 □　修建性详细规划 □
专项规划 □　专业规划 □　研究类规划 □</td></tr>
<tr><td rowspan="2">执行级别</td><td colspan="5">遵照执行 □　参照执行 □　参　考 □</td></tr>
<tr><td colspan="2">规划批复文号</td><td colspan="3"></td></tr>
<tr><td rowspan="3">成果内容
及数量</td><td colspan="5">文　本 □　说明书 □　附　件 □　图　纸 □</td></tr>
<tr><td rowspan="2">文档</td><td rowspan="2">成果套数：
每套包括：
文本　本　图纸　张
说明书　本
附件　本</td><td rowspan="2">电子文件</td><td>光盘</td><td>张</td></tr>
<tr><td>文件格式</td><td></td></tr>
</table>

6.3.2　规划编制成果归档

城市规划编制成果主要涉及以下几个方面的内容：区域环境、历史文化环境、自然环境、社会环境、经济环境、市政公用工程系统（给水、排水、供热、供电、燃气、环卫、通信设施和管网）、城市土地利用等。

规划编制成果目前主要包括控制性详细规划、其他规划（城市总体战略研究、城市各区域土地利用规划、交通设施规划、城市绿地系统规划、城市公共设施规划、城市市政设施规划、历史文化名城、城市特色地区的规划设计、风景旅游规划等），见表 6.8。

表 6.8　规划编制成果管理的数据库内容结构表

数据分类	数据	数据形式说明
城市总体规划(总体规划、专项规划、主城规划、研究)	总体规划	矢量数据、图片数据等
	区域规划	矢量数据、图片数据等
	专项规划	矢量数据、图片数据等工业产业布局规划、土地储备规划、历史文化名城保护规划、主城绿地系统规划、大型公交场站规划、城市轨道交通线网规划调整、长江岸线资源利用规划、城市消防总体规划、人防工程与地下空间利用总体规划、商业网点规划、城市社区卫生服务机构设置规划、四线规划
	战略研究类规划	矢量数据、图片数据等
地区规划(含风景区规划、历史文化保护区规划)	次区域总体规划	包括新城区、新市区、新城等;目前是图片数据,矢量数据
	地区控制性详细规划	矢量数据
	地区城市设计	矢量数据、图片数据
	风景区、旅游度假区、公园规划	矢量数据、图片数据
	历史文化风貌区规划	矢量数据
	地区其他规划	矢量和图片数据
县镇建设发展规划	战略类规划	图片数据
	县、镇总体规划	矢量数据
	县、镇详细规划	矢量数据
	其他规划	图片和矢量数据
建设实施类规划	环境整治类规划	图片数据
	市政交通类规划	矢量数据
	单体设计类方案	预留将来建库(矢量数据)
	修建性详细规划	预留将来建库 (矢量数据)
	其他规划图片和矢量数据	图片和矢量数据如果不能纠正叠加,那么作为多媒体数据挂接在某个定位范围数据线上,数据来源是各种规划的范围线

其中部分规划成果的图形数据内容及需要入库的内容(下划线的数据内容)见表 6.9。

表 6.9　规划成果数据分类表

成果分类	图形数据内容	文本数据内容
总体规划	现状数据:区位、土地利用现状 规划数据:土地利用规划、近期建设 分析数据:用地潜力分析、用地评定分析 专业规划:道路系统规划、绿地系统规划、给排水、供邮电、供热、燃气、环保环卫、综合防灾 公用图饰数据:图框、图例、图名、比例、指北针及其他图饰要素(可由系统功能根据制作专题图的需要统一提供) 图片数据:照片、效果图	文本、说明及其他文字基础资料、备注等
分区规划	现状数据:区位、土地利用现状 规划数据:土地利用规划、容量控制规划、空间结构规划、绿化系统规划、公共设施规划 专业规划:道路规划、给水、排水、供电、邮电、供热、燃气工程规划 公用图饰数据:图框、图例、图名、比例、指北针及其他图饰要素(可由系统功能根据制作专题图的需要统一提供) 图片数据:照片、效果图	文本、说明及其他文字基础资料、备注等
控制性详细规划	现状数据:区位、土地利用现状、现状建筑分类、建筑质量、年代等综合评价 规划数据:“6211”等重要强制性内容规划图 专业规划:给水、排水、供电、邮电、供热、燃气等工程规划 公用图饰数据:图框、图例、图名、比例、指北针及其他图饰要素(可由系统功能根据制作专题图的需要统一提供) 图片数据:照片、效果图	文本、说明及其他文字基础资料、备注等
规划控制六线	紫线规划数据:文物本体、保护范围、建设控制地带 绿线规划数据:公园、街头绿地、生产绿地、防护绿地 红线规划数据:道路中心线、道路红线 蓝线规划数据:蓝线系统现状/规划、蓝线规划(河道中心线、水体上口线、泵站) 黑线规划数据 橙线规划数据:中心线、控制线、架空线、地下线	文本、说明及其他文字基础资料、备注等

1. 规划编制成果数据库

控制性详细规划需要建库,主要包括(表 6.10)以下数据内容。

表 6.10 控制性详细规划入库数据图层表

专项图名称	图层名称	GIS 中对应
土地利用现状图	所有面状地块要素	土地利用现状面
	公共、基础服务设施	点
土地利用规划图	所有面状地块要素	地块
	公共、基础服务设施	点
建筑高度控制图	19H12m 以下	面
	19H24m	面
	19H35m	面
	19H50m	面
	19H100m	面
	19H100m 以上	面
特色意图区划分图	20SP 自然山水	面
	20SP 历史文化	面
	20SP 现代风貌	面
	20SP 景观视廊	面
	20SP 特色敏感	面
道路红线控制图	06S1 道路	线
	06S1 中心线	线
	06S1 立交线	线
	06S1 设施线	线
	06S 标注	标注
	06S 路名	注记
绿地绿线控制图	08G 绿地	面
	08G 单位绿地线	面
	08G 标注	注记
文物保护紫线和城市紫线图	02C7 文物实体线	线
	02C7 文物保护线	线
	02C7 控制范围线	线
河道保护蓝线图	08G22 防护	线
	11E1 水域	线
	11E1 中心线	线

续表

专项图名称	图层名称	GIS 中对应
高压走廊黑线图	07U12 架空	线
	07U12 地下	线
	07U12 保护线	线
	07U12 供电设施	线
	07U12 标注	标注
轨道交通橙线图	07U2a 轨道交通线	线
	07U2a 轨道保护	线
	07U2a 轨道控制	线
	07U2a 轨道	线
	07U2a 标注	标注
图则单元编码图	12Y 用地编码	注记
	12Y 用地类别	注记

土地利用现状图：导入 GIS 库，按照点、线、面形成入库，需调查用地性质等属性信息；数据检查工具需要检查用地类型与注记和地块的关系。

六线控制图：分每个专项图入库，包括六线的属性信息，如文物紫线规划图、道路红线规划图、地铁橙线规划图等。六线中绿线、蓝线按照面要求入库。

土地利用规划图：所有用地范围（需要和分图则中的地块编号叠加完成属性的挂接）、公共服务设施和基础设施点符号、相应的注记。

特色意图区划分图：特色意图区范围、名称、类别、控制引导要求。

建筑高度控制图：高度控制区域范围、控高范围。

图则单元编码图：图则单元的范围、图则单元属性。其中，各图则单元分图则图纸需要作为属性信息挂接到图则单元范围上（跟图片等多媒体数据管理相同）。

其他公共服务设施规划图、市政共用设施规划图等不需要单独入库。

2. 规划编制影像数据库

主要用来保存规划编制成果分类数据中存在的大范围的可拼接、可配准的图片数据，如总体规划、次区域总体规划、战略研究类规划、环境整治类规划等。

3. 规划编制项目数据库

主要管理规划项目信息及其元数据（表 6.11）。

表 6.11　编制项目基本属性表

基本属性	详细说明
项目编码	编号应具有唯一性，反映成果的基本属性。每个号包括规划分类、开始编织时间、编制号、编制处室
项目名称	即成果名称
成果类别	即成果的类型，试将成果分类如下：编制成果数据分类，编目表中分类
空间类别(管理)	城市整体层面(规划处负责的一些规划)、各规划管理区域及县域等
空间类别(城镇体系)	市域、都市发展区、主城、老城、河西新城区、新市区、新城、县城、重点镇、一般镇等
组织单位	即规划编制的组织单位，可以有一家或多家单位
编制单位	即承担规划编制的设计单位，可以有一家或多家单位
任务编号	即任务单编号或委托合同号，社会委托的编制项目此项空缺
技术要求	包括规划编制技术要求的编号和内容
编制时间	即规划编制经历的时间，记录起止两个节点时间，以任务单下达或委托合同签订时间为起始时间，以报批成果送达时间为终止时间
专家评审	包括专家评审的时间和评审意见
社会公示	包括成果公示的起止时间和公示意见汇总等
批准情况	包括编制成果批准的时间、部门和批文内容
规划范围	包括规划编制的四至范围和面积，根据项目可能分研究范围和规划范围两个层次
执行级别	即编制成果执行时的级别，试将级别分三类：遵照执行、参照执行、参考执行
联系人	即该项目编制时局内的跟踪联系人
修改记录	即编制成果历次修改的时间和简要情况
中间规划成果方案	已经通过局技术委员会的项目，无必要列出中间成果，该目录指正在组织编制的一些项目
备注	即其他需要说明的情况

4. 规划编制成果符号库

规划编制成果符号库主要存储城市规划编制中使用的根据建设部有关规定、规划部门约定制作的规划图符号。

5. 规划编制成果元数据库

保存控制性详细规划和其他规划数据的元数据信息。

6.3.3 规划编制成果入库

规划编制成果入库的流程如图 6.5 所示。

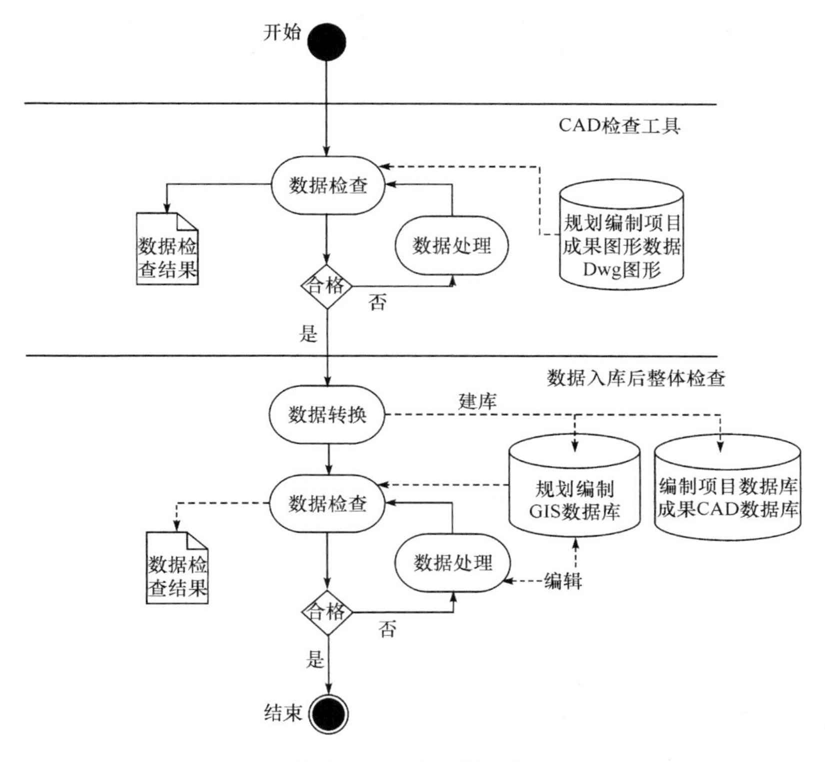

图 6.5 成果入库归档

(1) 规划编制成果数据提交后,首先利用 CAD 检查工具检查,检查内容包括数据完整性、拓扑关系、属性完整等内容,检查结果可以输出为文本格式的检查结果记录文件。系统提供数据检查工具,但不提供数据处理工具。

(2) 检查合格的规划编制成果图形数据通过转换工具导入规划编制 GIS 数据,同时保存规划编制原始 CAD 成果数据。

(3) 入库后的规划编制 GIS 数据,可以通过 GIS 检查工具做进一步的数据核实检查。

6.4 规划成果调整

规划成果调整实际是一种特殊形式的规划成果的编制,需要遵守严格的程序。主要分为两类规划成果调整:一类是按法定程序进行规划调整的组织管理;另一类

是按数据标准对调整后的规划成果进行数据更新。

1. 业务综述

对于规划管理以及通过其他方式产生的规划调整动议，依程序对调整的方案进行论证和审查，依权限审批，调整方案通过后，修改相应的已有规划编制成果并记录，其流程如图 6.6 所示。

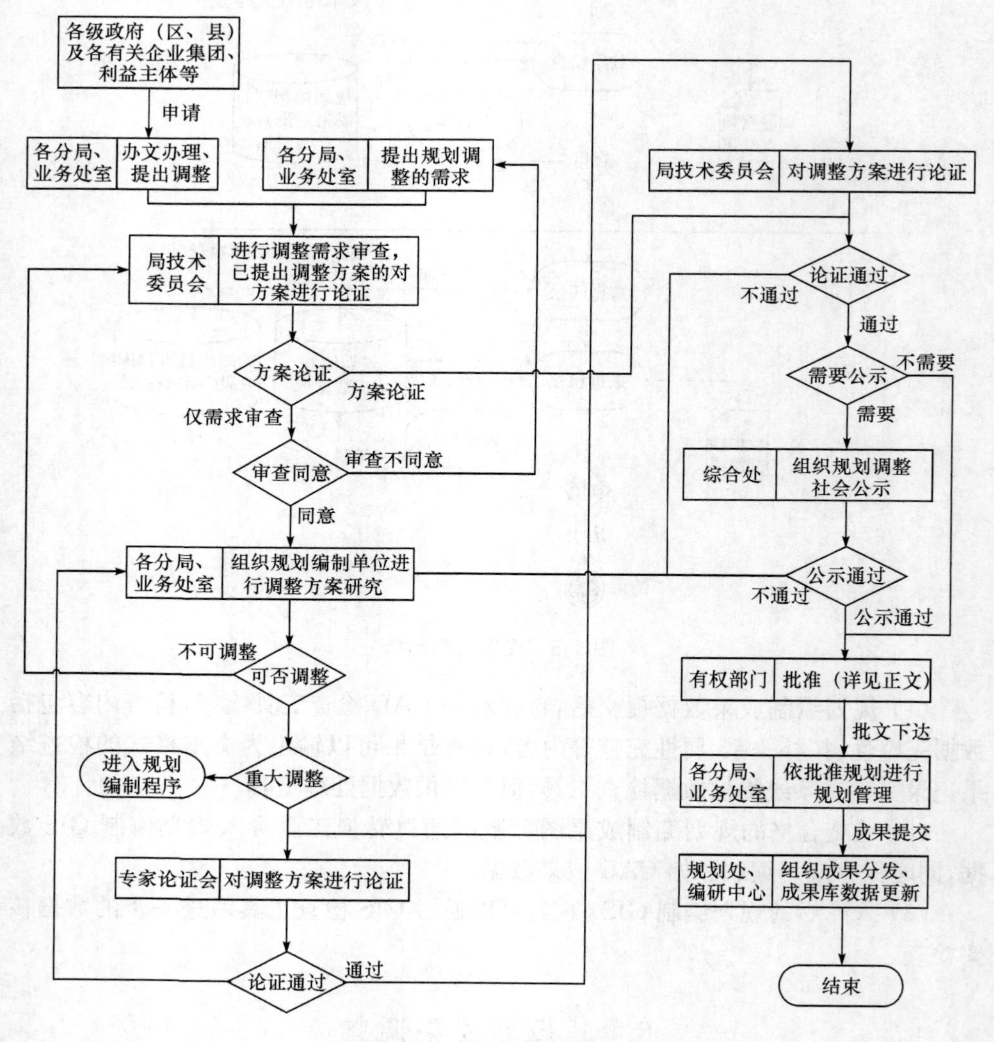

图 6.6　规划调整流程图

2. 业务工作流程

业务工作流程有以下 6 个步骤。

(1) 提出调整。社会提出规划调整申请后,局办公室按办文有关要求分配至经办处室或分局办理。各分局、经办处室也可结合各自规划管理、规划编制工作的实际,提出控制性规划调整的建议。经办处室或分局负责将上述两类规划调整建议提请局技术委员会审查。

(2) 调整需求审查。局技术委员会召集规划调整涉及的有关处室、分局,对规划调整的申请进行审查,形成审查意见。已提出调整方案的,对方案进行审定,直接进入"规划调整的执行"环节。审查意见由总工办根据局技术委员会讨论形成纪要,经办处室、分局根据纪要拟定通知并发送到局内各有关处室、分局及局外申请单位。

(3) 拟定调整方案。根据局技术委员会审查意见,由经办处室、分局或委托有关规划编制单位进行调整方案编制。规划编制单位研究认为可以调整的,则提出调整方案;不可以调整的,由经办处室或分局将意见报局技术委员会论证审查。

(4) 调整方案的论证。调整方案编制完成后,由经办处室、分局报总工办提交局技术委员会论证。经局技术委员会论证通过的,进入调整方案的审批阶段;未通过的,则由经办处室或分局根据局技术委员会论证意见,组织进行调整方案的修改完善。在此阶段,视情况需要应组织专家论证和社会公示。经专家论证和社会公示通过的,则允许进入调整方案的审批阶段;未通过的,则由经办处室或分局根据公示意见,组织进行调整方案的进一步修改完善。

(5) 调整方案的审批。原规划由规划局批准实施的,调整方案由市规划局审批,由总工办(或规划处)拟文批复。原规划由市人民政府批准实施的,由市规划局经办处室、分局将局技术委员会审查论证意见(经专家论证和社会公示的,应包括专家论证意见、社会公示结果)一并报请市人民政府审查批准。

(6) 规划调整的执行。正式的调整批准文件(含认可的调整方案)下达后,经办处室、分局即可依据批准后的调整规划进行规划管理,指导具体建设行为。

3. 与其他业务之间的交叉关系

规划成果调整和其他业务有一定的交叉关系,详细情况见表 6.12。

表 6.12 规划成果调整与其他业务关系表

序号	相关业务	与其他业务之间的交叉关系说明
1	行政办公	接收社会调整的来文,转入相关业务部门 相关部门在办文系统中可以启动规划调整申请 发文报请批准 调整结果发布(局内各有关处室、分局及局外申请单位) 技术委员会审查 发出会议纪要 组织专家评审会
2	综合业务	配合公示工作
3	规划编制成果数据管理	验收入库
4	规划审批	局部地块用地性质等引发调整 规划审批的结果成为规划调整的结果

4. 规划调整的方式及对象

规划调整的方式及对象主要分为两类。一类是整体(编制项目重新入库)对规划编制成果的更新,主要是对编制单元、图则单元内修编过的规划成果及时做整体更新;另一类是局部更新。

1) *整体更新*

整体更新对象为编制单元、图则单元,调整的数据从一张图上整体卸除,重新入库,其他数据内容不变。

2) *局部更新*

局部更新对象为六线、地块。除调整的数据从一张图上整体卸除重新入库外,库里相邻的编制单元、图则或地块的范围边界也做相应调整,同时修改指标信息。系统内部直接完成对六线、地块等要素的图形和属性的调整。调整的内容分为六线、用地(属性和边界)。规划审批过程中用地性质或指标与控制性详细规划不同造成的更新,规划审批的信息保存在审批历史库中,此类更新定期批量更新。在更新前的这段时间内,经办人在使用系统审批数据时,需在打开控制性详细规划成果库的同时,叠加审批的历史记录。

日常的规划审批行为产生大量的规划调整的需求,对想要实时维护较为准确的控制性详细规划库提出更高的要求。建议局部更新的对象为六线、用地性质,指标不作要求。

5. 规划实体要素

如果按照实体要素更新,则需要用户选择需要更新的已经变化的实体。同时

考虑对上一级数据的影响，如图则单元的指标信息更改。

6. 图则单元

图则单元的调整版本和元数据的调整。

1）整体作一个版本

整体更新图则单元中的地块信息，同时记录元数据信息，将元数据编号挂接到更新的地块属性上。

2）检查更新变化的实体

编制单元与图则单元相似。

7. 元数据

控制性详细规划规划元数据管理按照四个层次进行，分别是各类规划编制成果数据库、编制单元、图则单元、地块。提供对各类规划编制成果元数据的录入、编辑、删除等操作。

其他规划成果都有各自确定的规划范围线，元数据、多媒体数据都挂接在对应的规划范围线上。

规划编制成果数据库元数据是数据库的描述信息，它不同于编制单元、图则单元、地块的元数据信息，后者是要素级的元数据，元数据信息可以作为属性同实体关联。

6.5　功能与应用

6.5.1　年度规划编制计划制定功能

制定功能包括以下8个方面。

(1) 新建。新建项目立项建议书(各责任部门使用)。

(2) 查询。按照年度、项目名称、责任部门、项目类型等查询立项建议书、项目范围图(各责任部门使用)。

(3) 修改。修改立项建议书(各责任部门使用)。

(4) 制定计划。将已审核的立项建议书转为规划编制年度项目计划(各责任部门使用)。

(5) 统计。按照责任部门、计划年度、类别、组织方式等各项属性统计年度规划编制计划，按照责任部门经费安排额度表。

(6) 分析。规划编制计划项目空间分布分析。根据统计结果分析年度计划项目的构成情况、经费分布等。根据项目管理的进度，分析年度规划编制计划的推进情况。

(7) 专题图。规划编制计划项目空间分布专题地图。根据各类属性统计分析制作饼状图、柱状图等。

(8) 输出报表。输出以上统计内容到 Excel 表格。

6.5.2　规划编制项目的组织管理

规划编制项目的组织管理涉及以下 8 个方面。

1. 增加项目

如果需要增加项目时,项目基本内容为空白,需要经办人填写,调整类型只能为增加项目。

2. 取消项目

如果已经纳入计划的项目要取消,需要选择已有项目后,执行项目取消功能,自动填写项目基本信息,调整类型只能选择项目取消选项。

3. 内容调整

如果已经纳入计划的项目要调整,需要选择已有项目后,执行项目调整功能,自动填写项目基本信息,调整类型不能选择项目增加选项。

4. 调整版本管理

调整一旦确认,相关调整的信息需要返回到计划中调整相应内容,按照调整内容执行,并且保留原有版本。

5. 编制工作日志管理

在规划编制过程中根据需要记录项目工作日志,内容包括时间、地点、人物、事件。

6. 添加多媒体资料

在规划编制项目组织管理的各个阶段,可以添加相应的多媒体资料。

7. 审批流程

完成计划项目调整、工作计划认定、征集单位材料的发出、合同拟定、经费支付后,申请进行专家评审、技术委员会审查、公示,验收归档技术要求审批流程。

8. 链接功能

可以将规划编制项目与公文、会议纪要、项目审批的案件号链接。

6.5.3　规划编制单位信息管理

规划编制单位信息管理有以下两项功能。

(1) 以表单的形式为规划编制单位提供信息录入、查询和删除功能。

(2) 可查询规划编制单位基本信息和信用状况,并可实现链接到征集单位的相关工作中。

6.5.4　规划编制数据管理

规划编制数据管理由以下 11 项功能组成。

1. 浏览功能

(1) 图层界面默认按照各种专题的方式调入图形,如土地利用规划图、规划控制线图、土地利用现状图。

(2) 任意组合要素浏览:可以选择规划控制线中的道路红线层和土地利用规划图中的居住用地层组合显示。

(3) 选取相似属性(如大类、中类)的地块层显示或者不显示功能。

(4) 根据用地属性条件查询显示。

(5) 可以设定自己感兴趣的要素图层组合显示。

2. 数据检查

数据检查工具主要完成按照《规划制图规范及成果归档数据标准》制作的规划编制项目数据,提供对各种规划编制成果数据进行检查的功能。在数据进入规划编制成果数据库前,均需调用此服务的相应功能对数据进行前期检查,搜索可能隐藏的错误与数据缺陷,并形成检查报告。

检查的数据类型、格式与内容如下所述。

1) 各比例尺的 DLG(数字线划图)数据

主要检查内容为数据精度、几何图形、拓扑关系、属性等。DLG 数据的检查也可以引入更为专业的软件工具来完成。

2) 各类专题图数据

矢量与栅格均有,需根据实际情况而定。

3) 元数据

外部批量导入时,一般为文本或 Access 格式,需要对其内容的正确性、完整性

进行检查。

不同检查软件检查的内容有所不同。具体内容见表 6.13。

表 6.13 数据检查类型、格式与内容

检查类型	数据检查内容
数据完整性	制图精度、坐标系
	文件目录结构等
	文件命名格式
	图层的正确性，是否存在多余或错误名称图层
	属性表格跟分图则图形中地块的对应
	土地利用规划图图层名、用地性质注记及分图则上的用地性质的一致性
	规划控制线规划控制图与规划控制线各专题图的一致性
	图形填充面上标注的类别代码是否与图层名对应
	有配套设施的图面标注的图例是否符合图例标注的类别
	图形是否完整，有无缺漏
拓扑关系	构面线是否闭合，有无重叠、自相交
	线状要素是否连续，线结点是否交叉或相离
	图层及各要素间的相互关系是否正确
属性完整	属性是否完整，有无空缺
	主要参数计算是否正确

3. 数据入库

对各类经过检查的规划编制成果数据，满足入库的数据标准后，执行入库操作。

入库时，应同时在规划编制成果元数据库中添加相关的元数据条目，如规划名称、规划类别、组织单位、编制单位、批准单位、批准情况、规划覆盖情况等条目，并在版本记录中进行注册，同时写入操作日志。

入库操作一般针对完全新增的数据进行，对同类同区域数据进行更新入库操作时，需调用数据更新服务，进行更多的关联处理操作。

4. 数据转换

不同文件格式、不同数据库来源或者不同分类代码数据之间的转换工具。

5. 数据更新

当对同类同一区域不同时间的规划编制成果数据进行入库操作时，即要进行

数据更新的操作。

（1）规划编制成果数据库的更新采用四种方式进行，各类规划编制成果数据库、编制单元、图则单元（单元的合并、拆分、调整等）、规划实体要素（如道路、地块等）。根据以上内容的变化，进行数据的导入更新与版本管理。

（2）在数据更新的过程中，需进行一系列的关联处理，以满足规划编制成果数据库的版本管理与元数据管理要求，更新过程中需要进行的处理流程及相关的关联操作简述如下：①查找规划编制成果数据库中已存在的对应数据的数据标识与版本号；②在成果版本库中增加新的版本记录，版本号递增，并创建新的数据标识；③在元数据版本库中增加新的版本记录，版本号递增，并与已创建的新数据标识建立关联；④为数据源分配存储命名空间，并与已创建的新数据标识建立关联；⑤将元数据导入数据库；⑥将成果数据导入到规划编制成果数据库的指定位置；⑦设定更新成功标志。

6. 信息查询

信息查询服务主要可分为元数据信息查询、坐标查询、关键字查询、地名查询、注记查询、图形查询等。

1）元数据信息查询

元数据不仅是最为详细的数据目录清单，而且包含丰富、完整的数据描述信息，是用户了解规划编制成果数据库的内容，在系统中快速查找、定位需要的规划编制成果数据的重要途径。用户可以使用不同的组合条件在元数据库中进行检索，并可以单击检索结果定位到对应成果的空间范围，并调出该成果进行进一步查看。

2）坐标查询

用户可以直接输入坐标值进行定位，然后查看当前窗口范围内的规划编制成果数据。坐标查询包括输入单点坐标、坐标范围定位两种方式。

3）关键字查询

可以通过输入规划编制成果数据在规划编制成果数据库中登记的基本信息的关键字进行条件查询，可进行查询的关键字类型一般有规划名称、规划类别等。

4）地名查询

可以叠加基础数据中的地名库，利用地名查询定位空间范围，然后可进一步查看该范围的规划编制成果数据情况。

5）注记查询

可以叠加基础数据中的注记信息，利用注记查询定位空间范围，然后可进一步查看该范围的规划编制成果数据情况。

6）图形查询

用户可以点击或者选择当前窗口范围内的测绘成果数据，根据图形进一步查看其相应的属性信息、元数据信息等。

7. 统计分析

系统提供对各类规划编制成果数据的统计分析功能，包括按时期统计规划编制成果、按规划类别统计规划编制成果、按组织单位统计规划编制成果、按编制单位统计规划编制成果、按图幅统计规划编制成果、按版本统计规划编制成果、按项目统计测绘成果、按查询结果统计测绘成果。

8. 元数据管理服务

（1）元数据管理服务提供各类规划编制成果元数据的录入、编辑、删除等操作。

（2）规划编制成果的元数据管理按四个层次进行，分别为各类规划编制成果数据库、编制项目、编制单元、图则单元。

（3）元数据管理还应包含规划编制成果元数据的版本管理功能，包括版本的查看、编辑、删除等。

9. 版本管理

（1）版本管理包括元数据的版本管理及规划编制成果数据的版本管理两部分。规划编制成果数据的更新、版本管理应与元数据的版本管理操作进行关联，对规划编制成果数据的版本管理操作会影响相应版本的元数据。

（2）规划编制成果的版本管理按五个层次进行，分别为各类规划编制成果数据库、编制项目、编制单元、图则单元、规划实体要素（如道路、地块等）。

（3）规划编制成果版本管理包括版本的基本信息查看、成果数据浏览、删除等功能。

10. 数据输出

可以按照各种专项导出 DWG 等格式数据，数据图层的标准和控详标准一致。按照编制单元导出图形，为规划编制成果数据的分发与共享提供工具与手段。绘图输出服务主要实现以下几个功能：

（1）指定矢量格式数据输出。规划编制成果的矢量数据可以按多种方式输出，如按图幅、按行政区划、按任意空间范围、按成果类别、按项目、按查询结果等固定绘图区域输出，亦可按照固定比例尺输出和非固定比例尺输出。

（2）转为栅格格式数据输出。规划编制成果的栅格数据主要是 GeoTiff 或

Tif格式,转出时也可以按多种方式进行,如按图幅、按行政区划、按任意空间范围、按成果类别、按项目、按查询结果等。

(3) 输出到打印机。

(4) 绘图仪输出:绘图预览、绘图仪设置。

11. 可视化符号定制/配置服务

规划编制成果符号应根据建设部有关规定、规划部门的约定及各级规划图的特殊表示等因素生成相应的符号库。该服务主要包括以下功能:符号制作、符号编辑、符号保存、符号添加/删除、符号交互式配置、根据规划要素设置相应的符号组、进行多个符号组的配置。

6.5.5 规划编制数字档案管理

规划编制数字档案管理服务可以进行对各种规划编制成果档案资料的建档、归档、查询、档案维护等操作,主要功能有新建案卷、封闭案卷、销毁案卷、类目管理、案卷借阅管理、档案信息查询。

数字档案管理的对象包括项目的组织管理过程档案、成果数据档案(中间成果、验收成果)和管理规划编制项目产生的图形数据。规划编制项目形成报审成果并经局技术委员会通过、修改完善后进行成果的验收,通过验收的成果图形数据,主要包括现状图则、规划文本图则、规划技术图则等。

数字档案管理的内容包括建立档案库(编号、填写著录单、产生借阅登记表)、借阅管理、档案入库及销毁、档案的移交(移交编研中心、档案馆)、增补档案材料。

思 考 题

(1) 规划编制组织管理系统包括哪些?

(2) 规划编制项目的组织管理工作流程是什么?

(3) 规划编制成果管理系统包括哪些?

(4) 规划编制成果数据库有哪些?

(5) 什么是规划成果调整?

(6) 试述规划编制组织管理功能应用。

(7) 规划编制数据管理的功能应用主要体现在哪些方面?

第7章 规划实施管理系统

7.1 系统概述

规划实施管理的基本内容主要是围绕核发“一书三证”(建设项目选址意见书、建设用地规划许可证、建设工程规划许可证、乡村建设规划许可证)进行的，包括“一书三证”管理、批后管理、数字报建等内容，其相互关系如图7.1所示。

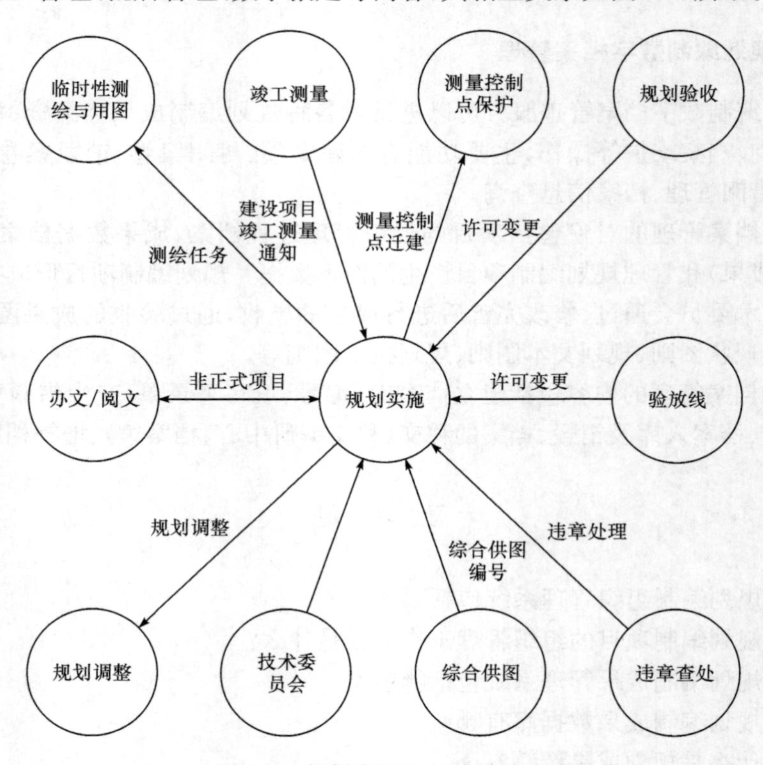

图7.1 规划实施业务关系概图

规划实施管理系统是“数字规划”最核心的子系统，包含“一书三证”规划审批和批后管理等业务内容。系统的建立要基于各子系统和资源之间的相互关联，体现人性化及可扩展性等特点，重视系统响应速度快捷的要求。其具体目标如下所述。

(1) 在充分考虑信息技术对业务过程变革需求的辅助支撑和新的规划管理改

革举措的前提下，以核心业务“一书三证”为主线，优化现行业务流程，研发一套简洁、方便、稳定、高效的规划管理业务应用系统，研发包含“一书三证”规划审批、批后管理以及审批结果的延期、变更等在内的规划实施管理系统，建立规划审批数据库、批后管理数据库和规划监察数据库。

(2) 考虑好分局、区县以及开发区等分区管理模式下联网办公的系统架构和资源共享方式；考虑好与规划监察大队、档案馆联网办公的系统架构和资源共享方式；考虑好与城建政务大厅之间的网上信息交换共享方式；考虑好与部委办局间的网上并联审批方式；考虑好与内、外网城市规划网站信息发布的信息交换共享模式和内容；考虑好与城建档案馆档案信息系统之间的信息共享与交换方式。

(3) 该系统建立在测绘成果数据库、基础地理信息数据库、规划编制成果数据库、规划编制成果 GIS 数据库等基础之上。

(4) 完成批后管理各项业务管理功能，主要包括：验线(开工前核验和建至±0复验，验线可能分多次进行)、规划验收(建筑、市政)。

7.2 规划审批流程

规划审批业务主要分9个阶段进行：核发建设项目选址意见书、核发建设用地规划许可证、提出建设工程(建筑类)规划设计要点、审批建设工程(建筑类)规划设计方案、核发建设工程(建筑类)规划许可证、提出建设工程(市政类)规划设计要点、审批建设工程(市政类)规划设计方案、核发建设工程(市政类)规划许可证、核发乡村建设规划许可证。

规划审批基本业务主要是“一书三证”的审批，其审批流程如图 7.2 所示。

7.3 数据服务

规划实施管理系统的数据服务分别从基础地理信息数据库、规划成果数据库、规划建设用地数据库、建设工程数据库、市政工程数据库、规划审批数据库、批后管理数据库中获取，如图 7.3 所示。

7.4 规划实施管理系统功能服务

规划编制管理系统也包含数字规划各子系统共有的一些功能服务，除了这些共有服务外，还需要开发一些满足特定规划需要的特有的功能服务，系统特有服务主要包括综合供图服务、数字报建服务、业务审批服务、图形审批服务、批后管理服务、网上服务。功能服务划分如图 7.4 所示。

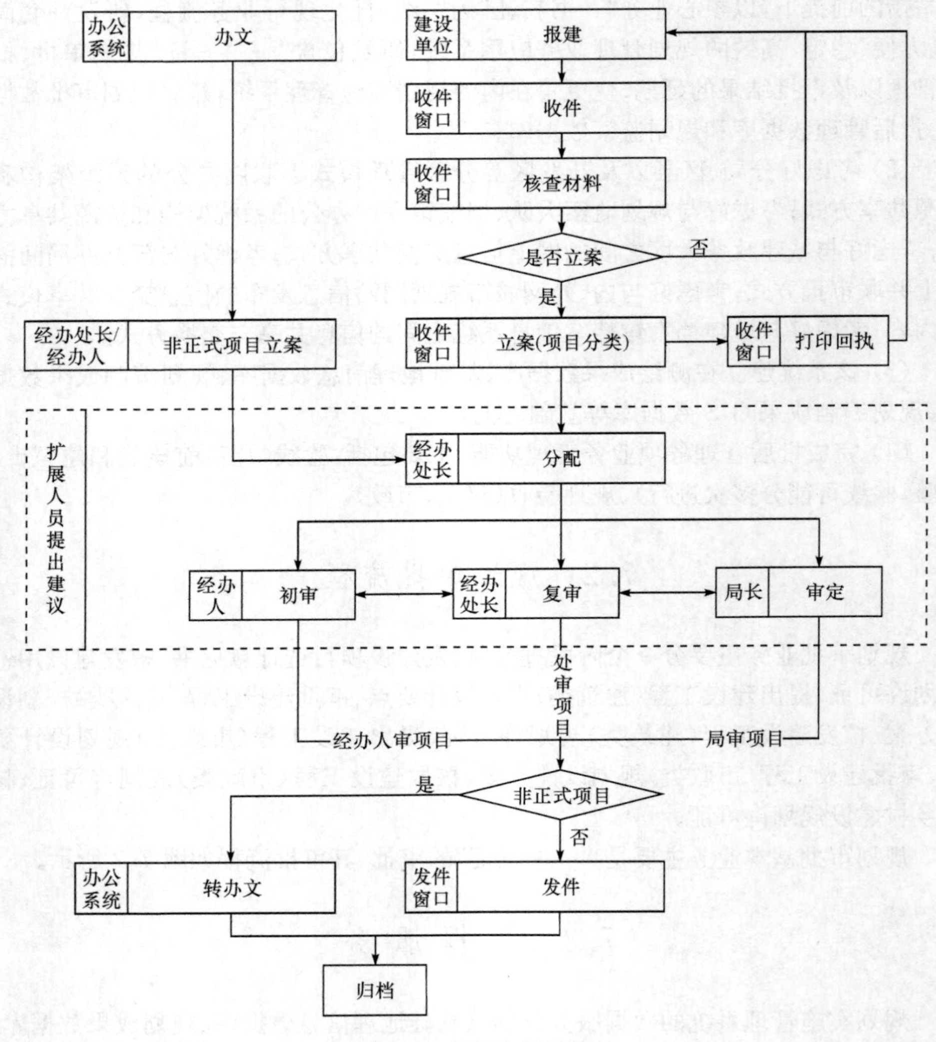

图 7.2　规划审批流程

7.4.1　综合供图服务

建设单位在申请建设项目审批时，需购买建设项目范围内及周边的现势性地形图、外部规划条件及图件，这些图件由报建窗口按建设单位申请要求提供。提供过程申供图申请和综合供图两个环节组成。

1. 供图登记

实现对每次供图结果进行登记，提供唯一的综合供图编号，查询、统计供图面

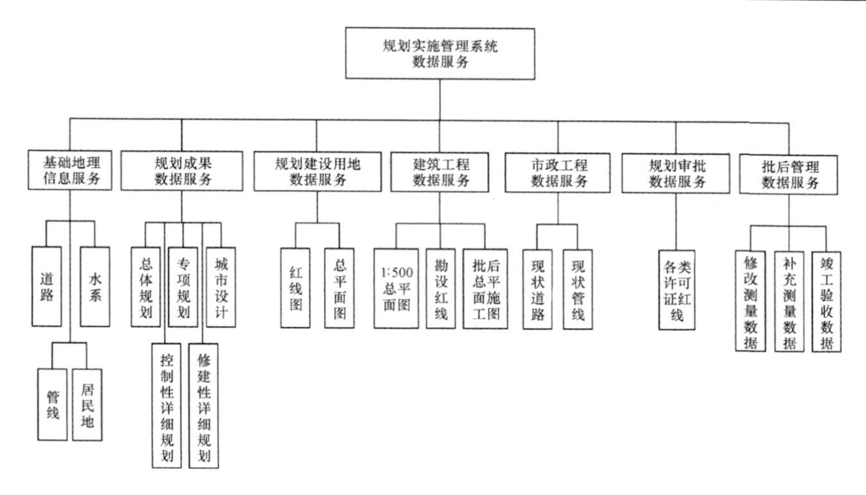

图7.3　规划实施管理系统数据服务

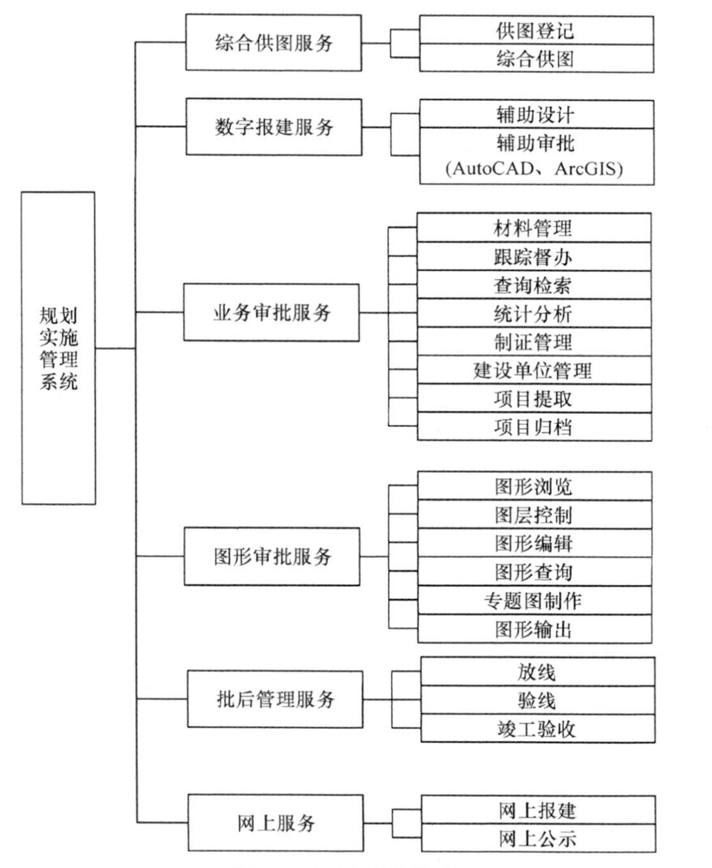

图7.4　系统功能模块

积及收取费用等信息，打印供图申请回执单。

2. 综合供图

对外提供综合图件（地形图、外部条件、要点红线、影像、审批结果等），提供方便地指定供图范围的功能（公里格网、缓冲区等），并裁剪输出成 DWG 格式或打印绘图，在供图数据库中对供图范围要有状态标志（已申请、已更新）。

7.4.2 数字报建服务

数字报建是项目报建各阶段将低质成果转为数字成果提交规划管理部门进行审查、存档，是通过统一的图形规范、属性标准，实现指标的自动计算和统计。

1. 辅助设计

辅助设计模块是提供给设计单位的辅助设计工具，解决由于不同设计人员工作习惯差异造成的没有经过统一标准的规划草图问题。辅助设计的主要内容是根据一定的规则对草图进行技术处理，将不同标准的图纸统一成信息规范的成果图。

辅助设计主要提供度量单位设置、创建新层、图层归并、转换多义线、属性输入、对象拷贝、多义线检测、属性检测、图形检测、建筑明细表、获取最大轮廓线、释放重叠标准层等功能。

2. 辅助审批（AutoCAD、ArcGIS）

辅助审批主要用于规划审批单位计算和审核综合技术经济指标。通过一套完善的图形检测和经济指标计算体系，能够自动检测出图形的错误和计算要求的经济指标，并能自动生成文本输出。为保证指标计算的准确性，绝大多数规定图层的设计数据都要求通过属性输入功能输入属性。辅助审批将规划属性信息与图形结合在一起，一方面保证计算的准确性，另一方面，数据随图层的方式保证了管理与设计两个阶段数据的一致性。经济指标计算系统根据图形及其属性自动计算各项规划设计方案的综合技术经济指标，自动生成文本成果输出，快捷、准确，降低设计人员的工作强度，同时保证了工作质量。

7.4.3 业务审批服务

业务审批服务主要是为“一书三证”审批过程中提供数据及查询、分析等服务功能。

1. 材料管理

系统集成文件扫描，多页自动组合成 PDF 格式的功能。

提供“数字报建”辅助设计及审查系统间的数据接口，报建材料、案件相关材料等以多种数据文件格式（Word、Excel、3DMax、Photoshop、CorelDraw、JPEG、BMP、Tif、PDF、DWG、MP3、Wav、MPEG、rm、rmvb、wma 等）进行管理、入库操作，并能够方便查阅、核对。

支持 AutoCAD DWG（R14-2006 各版本）图形数据（设计平、立、剖面图）的集成浏览、编辑、修改、保存、复制、导入、导出等功能。案件审批界面如图 7.5 所示。

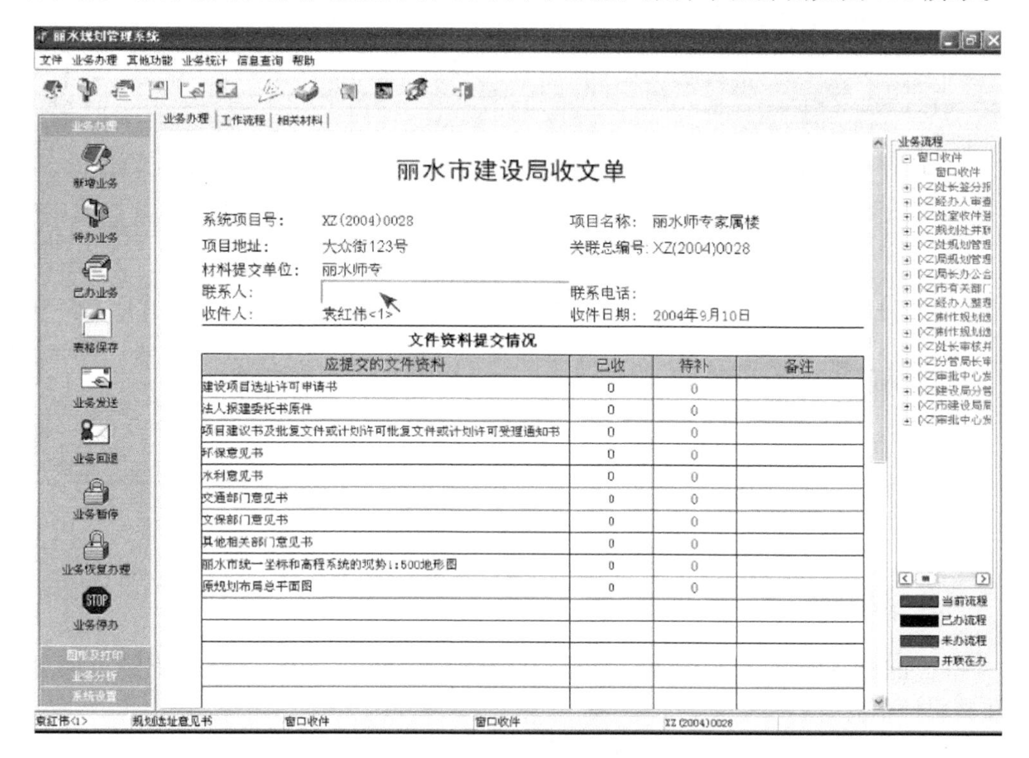

图 7.5　规划管理系统的项目申报界面

2. 跟踪督办

提供案件办理周期提醒功能，以不同颜色表示案卷办理的周期：红色表示超期；黄色表示警告、快超期；黑色表示正常办理。

提供跟踪督办功能，例如，局长、书记等有权随时督察全局任何案件，监察室、总工办、综合处可查看全局任何案件，规划处可查看全局用地案件，市政处可查看全局市政相关案件。

提供可视化案件运转运行流程状态查看功能，如图 7.6 所示。

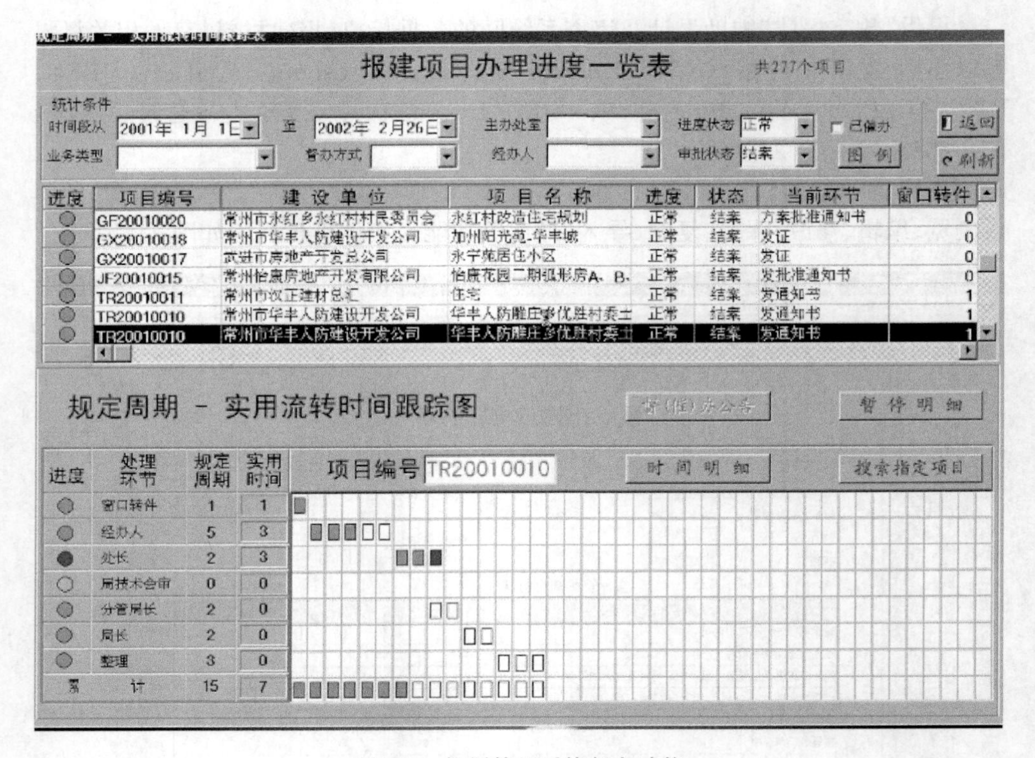

图 7.6　规划管理系统督办功能

3. 查询检索

属性查询:提供点、矩形、线、面等几何查询和缓冲区查询方式,查询图形信息及其属性信息。

图文互查:能够通过案件的某一属性数据查询到该案件的详细信息,也能够在图形上通过空间查询,查询到某一案件的详细信息。

案件查询:对案卷(正常在办、延期在办、正常结办和延期结办的案卷)的基本情况进行查询,了解案件基本信息、相关信息、办案记录、审批意见及图形信息。

在办案件查询:在图形数据中查看在办案件的图形数据,并可以调出其详细属性数据。审批办理人员由此可以查看自己正在办理的案件周围其他正在办理的案件信息,这样可以有效避免案件审批过程中出现错误。

历史案件查询:在图形数据中查看历史案件的图形数据,并可以调出其详细属性数据。审批办理人员由此可以查看自己正在办理的案件周围其他已经办理过的案件信息,这样可以有效避免案件审批过程中出现错误。

违章查询:违章的建设单位及违章内容在规划审批中可查询和关联。如果该

单位有违章，在建设单位栏目中涉及该单位所有在办项目的审批表中自动标示类似“违章单位”的字样，并且可以查询违章的具体信息。

4. 统计分析

统计分析包括效能的统计、分析及清单，信息自动来源于各相关系统。借助统计分析纪检监察部门可以建立对于审批过程的监督，会同总工办、规划处等部门建立起对全局审批管理的监管分析；局长、书记等有权随时督察全局任何案件；监察室、总工办、综合处可查看全局任何案件；规划处可查看全局用地案件；市政处可查看全局市政相关案件。

5. 制证管理

规划业务的许可证有建设项目选址意见书、建设用地规划许可证、建设工程规划许可证、乡村建设规划许可证，即“一书三证”。每个许可证都有唯一的许可证编号，许可证编号来自案件编号。系统提供可视化打印制证、证号管理功能。

6. 项目提取

能够重新由系统恢复“数字报建”当前及以往各阶段的申报和审批结果的“数字报建”光盘。

单个项目审批的全过程内容可单独下载并装入计算机中，以便局外汇报、技术研究等。

7. 项目归档

完整档案的整理(审定时本项目的地形图、规划信息、审批过程、审批结果等历史现实)和形成(图形包括 AutoCAD DWG 格式、GIS 格式两套)，并列出项目报建和审批过程(如何时申报、何时出要点、何时审批方案等)的清单以及案件办理过程中所有相关的会议纪要、文件、指示等，系统中未及时关联的办案记录，可人工补充；该部分的信息还要和档案管理子系统关联，数据自动归入档案管理子系统。完整档案应该包含：总档案内容列表清单、项目基本信息、申报和审批过程、申报材料(申请、证书、批文纪要、图件)、审批结果(要点、审查意见、图件、许可证书电子版)、批示、办案记录、照片、录音、录像等。

违章查处、信访接待、延期、变更的信息要和相应的审批管理信息一起归入档案管理信息。

7.4.4　图形审批服务

规划报建项目审批过程中，除需要处理申报材料、填写表单等外，还涉及图形

的操作与审批。

1. 图形浏览

系统对各种比例尺的地形图、所有规划编制成果、其他专项 GIS 数据以不同颜色进行显示，提供中心放大、中心缩小、拉框放大、拉框缩小、漫游等基本视图浏览功能，还提供快速索引定位(包含主要路网、水系、山体、地名注记等定位要素)、坐标定位、注记定位、图幅号定位等视图定位方式；允许用户自定义图层显示颜色、显示比例尺等。

打开单项案件办理时，自动定位到该案件项目的地理位置，并快速缺省显示规划路网图(该地块有外部条件，则显外部条件；否则，显示来源于控制性详细规划的规划路网)、最新大比例尺地形图、“数字报建”设计方案总平面图等，并且调出规划审批核心图形信息、所有数据资源信息，分开列表显示。核心图形信息如下所述。

1) 测绘成果图

(1) 最新的 1∶500、1∶1000 地形图；

(2) 最新的高分辨率影像；

(3) 验线数据；

(4) 竣工测量数据。

2) 作为审批依据的规划信息图——规划编制成果

(1) 控制性详细规划的核心成果——应用图则部分；

(2) 规划控制线数据库。

3) 作为审批辅助依据的规划信息图——规划过程成果

(1) 基本农田图；

(2) 特定意图区分布图；

(3) 建筑高度分布图；

(4) 最新的尚未纳入控制性详细规划的成果(消防、绿化等)。

4) 项目周边的办结、在办案件的最新审批成果图

依据时间段、经办处室、经办人、名称、办案阶段(要点、选址、用地、方案、许可证等)、办理状态(待办、在办、办结)等不同条件组合，自动显示各类案件的分布图，也可以按各分局只显示自己管辖范围的图。案件办理界面可以从项目列表清单选择单项案件进入，也可以直接在图形界面状态中选择特定位置上的案件进入办理或查阅状态(视个人不同权限而定)。按显示比例尺从小到大，从全局到局部，从不同颜色、形状的点状符号、出现建设单位、项目名称、时间、申报阶段、项目轮廓到项目主要图形逐步显示细节。

违章案件查处、信访、复议、应诉等的办理可以从违章案件列表清单选择单项案件进入，也可以直接在图形状态界面中选择特定位置上的案件进入办理或查阅

状态(视个人不同权限而定)。按比例尺从小到大,从全局到局部,从不同颜色、形状的点状符号、出现案件单位、项目名称、处理状态、时间、项目轮廓到项目主要图形逐步显示细节。

公文、纪要办理可以从列表清单选择单项记录进入,也可以直接在图形状态界面中选择特定位置上的公文、纪要进入办理或阅览状态(视个人不同权限而定)。按比例尺从小到大,从全局到局部,从不同颜色、形状的点状符号、出现公文、纪要的名称、日期、密级到来文单位等逐步显示细节。

2. 图层控制

用户在进行图形编辑操作时,为了易于操作,需要对图形数据加载和显示进行控制。

在图形审批状态下,图层的设置除规定的缺省图层一致外,允许用户自定义添加图层,并随时可以调整、删除自定义的图层,自定义图层仅对该用户有效,且对该用户的任何审批项目、阶段、环节均有效。系统启用后,对各类已有缺省审批图层设置,包括用户自定义图层设置的修改、调整以及删除等,不应该影响到当时使用该图层原设置进行审批形成的审批结果的表现形式(但也允许用户选择按照最新缺省审批图层以及用户设置图层的设置统一进行图形表达)。也就是说,审批图层的设置也需要进行历史版本管理和回溯。

系统支持在审批界面中自动叠加“数字报建”的总平面图和指标计算图(DWG格式)到地形图上的操作。

3. 图形编辑

系统提供以下两套图形编辑方式。

第一种编辑方式:系统提供B/S或者C/S架构在线图形编辑方式,类似AutoCAD部分功能及操作形式。退让控制线自动生成:根据规划道路红线、文物紫线、河道蓝线、绿化绿线、电力黑线、轨道交通橙线等规划控制数据及其属性信息,按照对应的规划法律、条例、细则、文件、纪要的有关控制参数规定,用户通过选择相应规划数据,将对应的控制退让指标作为参数自动生成退让控制范围线(平行线)。

第二种编辑方式:考虑规划人员的传统习惯,采用AutoCAD作为辅助前端数据的在线编辑和审批环境,后端采用空间数据引擎作为数据的存储管理引擎,充分利用GIS的数据管理功能。前端的AutoCAD环境连接空间数据引擎,显示背景图(地形图、规划图等),直接使用测绘成果数据库和规划编制成果数据库的原始DWG格式数据,新增和修改过的内容要自动上传至规划审批数据库。

4. 图形查询

空间位置查询是通过空间位置的定位来浏览显示各类数据,使用户能够快速地找到自己感兴趣的区域。

属性信息查询用于查询显示各类数据的属性信息。由于数据种类较多,数据格式复杂,因此,在属性查询时,将按数据集分类和按数据层分类分别进行查询,并进行相应的属性显示。

5. 专题图制作

专题图模块为用户提供一个可以扩展的、功能完备的图形显示功能。符号是用来解决如何绘制单个地物的模块,专题图是用来解决如何渲染一个地物层的模块。用户对绘制的需求是千变万化的,系统可以实现如下几种基本的专题绘制功能,基于它们可制作各种应用专题图。

普通符号化:用户设定用来做渲染的符号,然后用这个对象渲染该图层的每一个对象。

质地填充:根据对象不同的属性值为其设定不同的表现方式。

分级颜色:根据对象属性的不同将对象分级,分级的方式不定。然后按照不同等级使用不同的颜色进行绘制。

分级符号:根据对象属性的不同将对象分级,分级的方式不定。然后按照不同等级使用不同的符号进行绘制。

点数法图:在一个区域内用点的密度表示一个对象各种参数的多少。

分区统计图:包括饼图和柱图以及专题符号组件。这些组件的目的是使用户可以更加方便地使用专题符号来表现数据。

在数据库建库完成后,由于数据类型多样、用户需求多样,需要根据不同的应用制作相应的应用专题图形,使用者可以根据自己应用的不同,在空间数据库中增加自己的专题要素,如植被专题图、水系专题图等。专题图制作过程如下所述。

制图模板的定义、选择:制图模板是按照专题图制图的类别来分类的,系统预设了常用的几类专题制图,用户可以按照自己的专题图类别来选择模板进行制图,也可以自己定义模板来制图。

制图范围的选择:用户可以通过输入矩形的四个角点坐标、在屏幕上拉框、输入标准图号等方式来定义范围。

制图要素的选择:用户可以决定哪些数据在专题图中出现,用户可以选择数据的类别(如 DLG 数据、DEM 数据、DOM 数据、地名数据等),同时支持对 DLG 数据集中各层数据、地名数据进行 SQL 选择,对 DEM 数据进行晕渲设色等操作。

专题图的制作:经过模板选择、制图范围定义、要素选择等操作,进行专题图的

制作。

专题图的输出:通过外设设备可以把专题图打印输出,或者把专题图输出为BMP、Tif 等格式的图像文件。

6. 图形输出

对生成的报表、专题图以及对应的分布图,能够打印输出和数据导出。

基于图形数据及审批信息的专题信息查询、统计、分析及其专题成果的显示、输出和打印。

数据库的输出功能是数据库的重要功能之一,用于用户对数据库内的数据进行提取。数据的提取将按照数据的类别分别进行。数据提取时需要定义提取范围,根据各种数据的特性,有不同的范围定义方法,以尽量保证满足数据提取的需要。数据可按标准图幅、行政区划、任意区域输出交换格式数据及打印图形输出;可输出带有图廓整饰的标准图幅的 DWG 格式的基础地形数据;可输出 DXF、DWG、Coverage、Mif、国家标准交换格式 VCT 等矢量格式数据;可输出 Tif、GeoTiff、BMP、JPG、ECW、MrSID 等影像格式数据;可输出打印各种专题图。

7.4.5 批后管理服务

为了保证城市规划的实施,城市规划行政主管部门核发建设用地规划许可证和建设工程规划许可证后,还必须对建设用地和建设工程实行批后管理。一是对建设用地征用定桩的复验;二是对建设工程的放线、验线;三是对建设工程的竣工验收。批后管理业务关系如图 7.7 所示。这是城市规划实施监督检查管理的重要内容。《城市规划法》对此也作了明确的规定,例如,第三十七条规定:"城市规划行政主管部门有权对城市规划区内的建设工程是否符合规划要求进行检查";第三十八条规定:"城市规划行政主管部门可以参加城市规划区内重要建设工程的竣工验收。"

建设单位申请规划验收的已竣工的建设工程,包括建筑类建设工程和市政类建设工程,凡经批准并已办理的"一书三证"中所确定的建设项目的地点、使用性质、建筑高度和层数、建筑密度、容积率、绿地率、退线要求,停车场(库)等规划管理技术控制指标和时限要求,都属于批后管理的内容和范围。

1. 放线

建设工程经规划、报建批准后,为了保证建设按规划确定红线进行,必须进行放线。

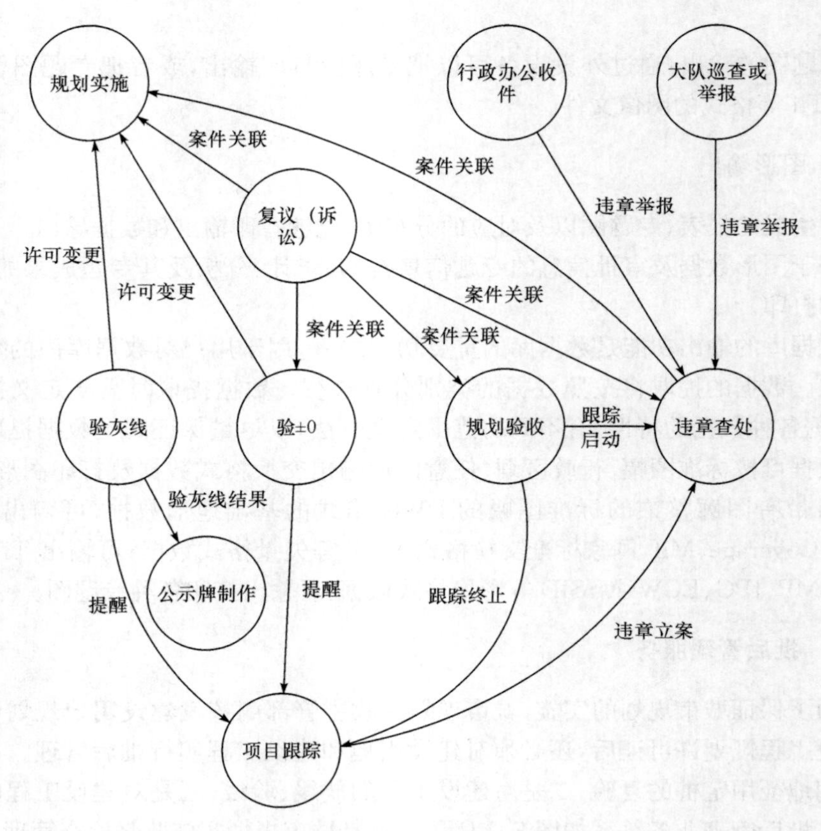

图 7.7　批后管理业务关系概图

2. 验线

建设工程经放线后，在运土施工之前，必须检验校核放线结果即验线，确保放线正确无误。

1）验线申请

建设单位到窗口申请验线，提交放线成果数据等资料。

2）验收受理

窗口核查材料，符合相关规定的，给验线申请编号，打印建设工程验放线收件单，取出定位红线图和外部条件图放到验线档案袋中，交给验线组。同时，系统需要查询是否存在放线成果图，如果不存在，则要求建设单位提供放线成果图，同时检查工程规划许可证是否过期。

3）验线实施

验线经办人根据窗口或系统提供的放线成果图和总平面定位图等资料到现场

完成验线工作，完成后直接将验线成果图和处理意见添加到规划局验线成果库中。

3. 竣工验收

竣工验收是对建筑物竣工后的验收工作。

7.4.6 网上服务

网上服务是规划管理部门以网站为载体，推进政务公开，打造“阳光规划”的有效方式，内容主要包括网上报建和网上公示。

1. 网上报建

在网上设置审批业务栏。所有规划审批事项均可通过该栏目进行网上报建。

2. 网上公示

在网上设置各类公示栏。公示的内容包括所有建设项目的审批状态、审批结果、违章处理信息、项目批前公示、批后公示等。所有项目在办结后，信息自动转到网上的公示栏中。

7.5 规划审批数字报建辅助设计与审查系统

数字报建工作是一项牵涉规划管理部门、建设单位、设计单位、其他相关管理部门的技术性复杂的工作。数字报建是指为规划设计部门和审批部门提供统一的图形规范标准和指标审核体系，同时，通过一套通用的属性指标体系，实现综合技术经济指标的自动计算和统计。可以极大地促进规划信息的规范化，使得规划信息动态入库、及时更新，为数字规划提供数据基础，为统计研究提供信息支撑，辅助决策。

辅助设计软件和审查软件的主要功能包括规范总平面图、建筑单体标准层、剖面图的图层、属性；建立总平面图、建筑单体和剖面图的相互关联；图形拓扑检查、属性完整性规范性检查；规划控制条件检测；技术经济指标制动计算；报建指标明细和汇总等。

根据数字报建图层标准、附加属性标准，可以设计出符合规范的数字报建图形成果，如图 7.8 和图 7.9 所示。

系统需要实现总平面图与建筑单体的整合数字报建，实现总图设计与单体设计关联，总平面图上的标准层等来源于单体设计，要实现自动提取，确保一致性。单体在总图上的位置、角度、大小发生变化，内容的完整性等要能够自动检测，如图 7.10 所示。

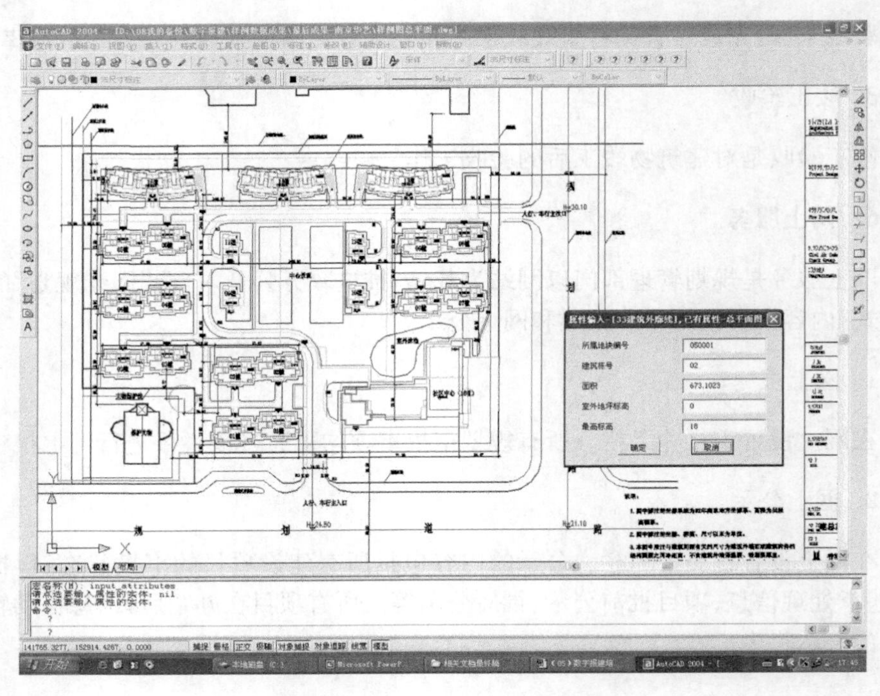

图 7.8　总平面图示例

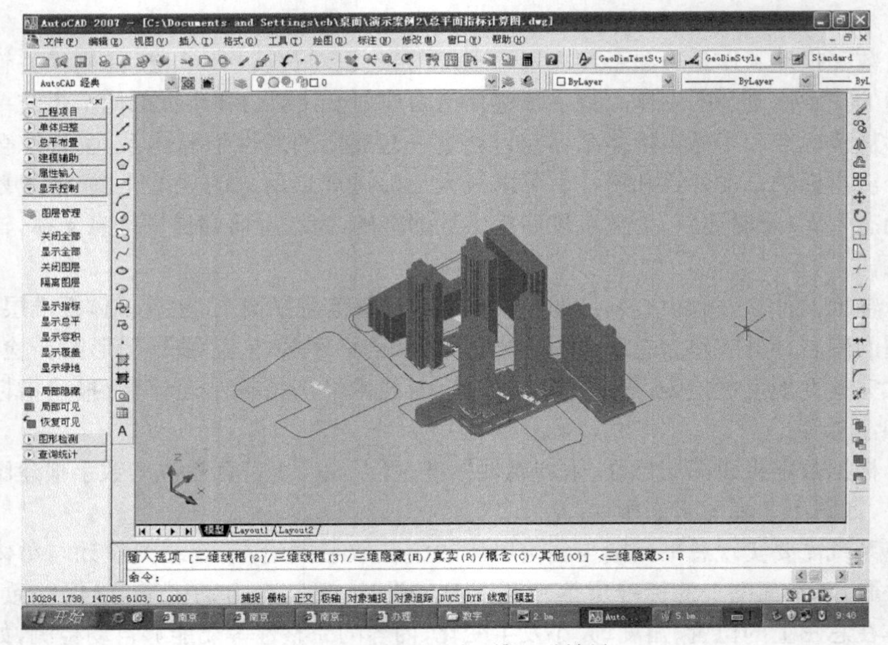

图 7.9　总平面图三维显示效果

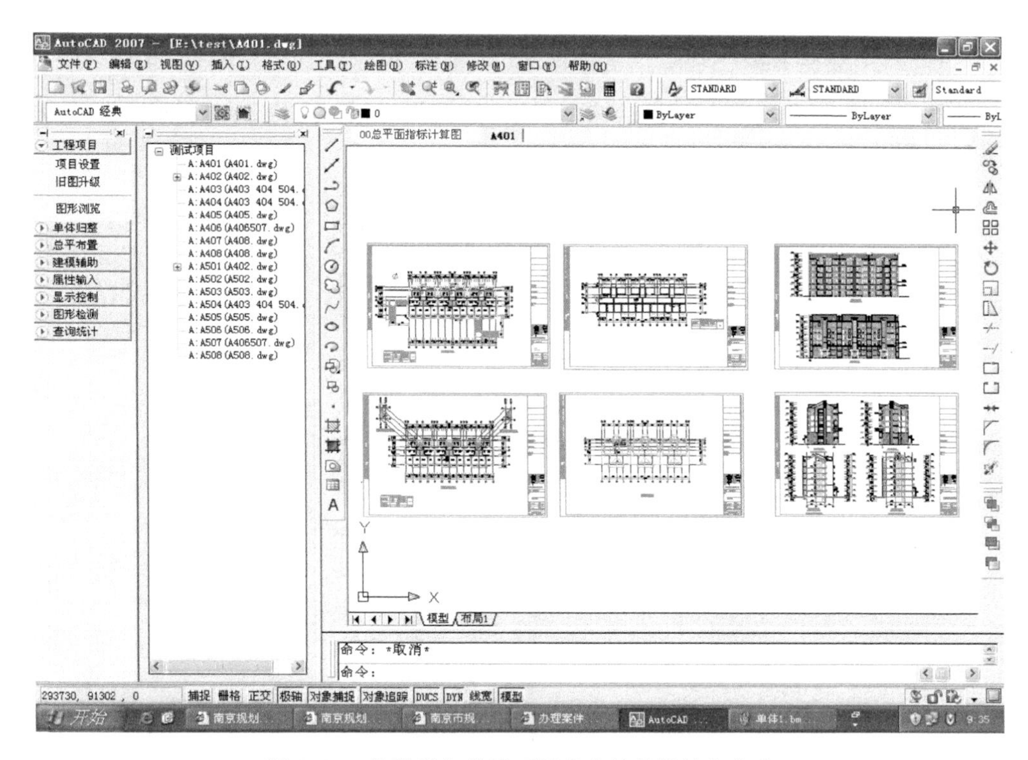

图 7.10　单体图与总平面图整合关联设计和审查

系统主要通过一套通用的属性指标体系来实现综合技术经济指标的自动计算和统计，从而实现规划审批部门的指标审核自动化，为规划成果信息动态入库、实时更新的实现提供关键性数据，为设计单位和审核单位提供完整解决方案。

规划局根据实际报建的需要，制作了一张装有准确相对坐标、尺寸的数字成果可写光盘。光盘中规定了数据的存放格式和位置，该光盘只能继续往里添加写入，不能擦除，后续写入内容不会压盖原有内容，可作档案保存。而且，这种光盘的刻写设备非常便宜、普及，适合于推广应用。

建设单位在报建时要求提供传统纸质材料，同时提供对应的数字产品。数据包括地形图、规划控制、外部条件、总平面图、平面图、立面图、剖面图、要点、方案、施工图等。建设单位在提供纸质材料和对应数字产品时，要求保证数据的一致性，否则，由于数据不一致引起的一切问题由建设单位承担。

另外，为了保证数据的安全性，要求建设单位提供的数字产品添加建设单位的电子签名，并且规划局审批完成后的成果图发出时也要添加规划局的电子签名，用来约束双方的法律责任。

7.5.1 数字报建业务流程

数字报建业务流程主要包括综合供图、建筑设计、数字报建和规划审批，具体流程如图 7.11 所示。

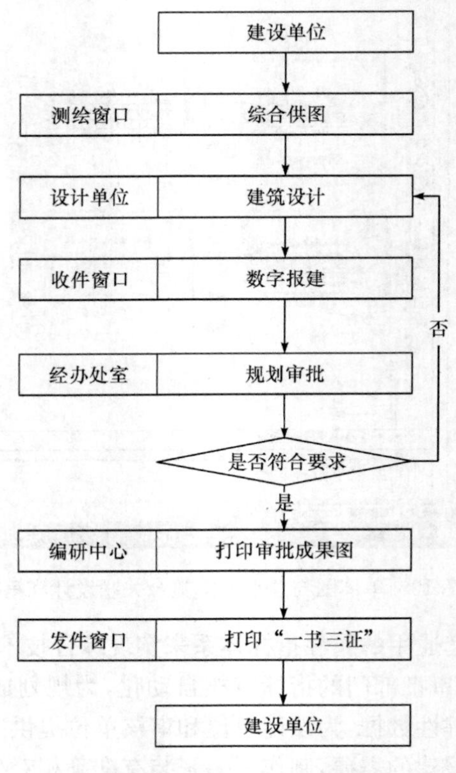

图 7.11 数字报建流程图

1）综合供图

建设单位在测绘窗口购买建设项目所需的现势性数字地形图。

2）建筑设计

建设单位委托设计单位在所购买的数字地形图上进行项目设计。

3）数字报建

报建大厅/窗口按数字报建要求进行项目规划报建录入工作。

4）规划审批

规划管理数字审批(图文一体化审批)。

5）打印审批成果图

审批结果出图和刻盘。

6）打印“一书三证”

发件窗口将证书或审批意见、图纸和光盘给建设单位，即完成该阶段的审批工作。

7.5.2 各阶段报建流程详解

规划项目报建主要分为选址、用地、外部条件、要点设计、审查与领证和阶段合并 6 个申报阶段。

1．选址阶段

1）建设单位购买现势性数字地形图

建设单位可以到测绘院或其他满足测绘资质要求的单位购买建设项目所需的现势性数字地形图。

2）建设单位准备数字报建材料

建设单位将各种报建材料（批文、申请、证照等）按照数字报建规定进行扫描，并存储在光盘相应的目录下，向报建大厅/窗口进行数字报建，并提供综合供图编号。

3）报建大厅/窗口按数字报建要求进行项目规划报建录入工作

窗口收件人员按报建阶段的要求录入光盘目录中的所有多媒体文件，同时输入综合供图编号，系统在检查材料完整后，准予立案并打印回执。

4）规划管理数字审批

首次进入某案件的图形审批界面时，系统将按照图层要求自动生成审批图层。规划局办案人员在规划管理办公自动化系统的支撑下完成图文审批工作。案卷审定后，由经办人在整理环节进行图形整饰，经办人可自己直接绘图，也可将整饰后的图形发送给编研中心，由编研中心完成绘图、刻盘工作。

5）编研中心出图和刻盘

编研中心将需要出图的项目，按出图比例和张数进行出图；利用转换程序处理后，将审批结果导出成一个 AutoCAD 的 DWG 文件，文件名为“案卷编号. dwg”（如城中 20030088XZ01. dwg），并刻制在光盘选址目录中（\02 选址\02 审批结果\案卷编号. dwg）；将成果交经办人员。“案卷编号. dwg”中的规定图层包括地形图层、选址阶段各图层。

6）成果入库

经办人员完成审批成果入库后将案件发送到发件窗口。

7）发件窗口发件

发件窗口将盖好核准章的图纸、选址意见书和光盘给建设单位，即完成该阶段的审批工作。

8）建设单位报建

建设单位利用此光盘可以进行下一阶段的后续设计和报建工作。

2. 用地阶段(同选址)

报建流程与选址阶段相同，审批结果文件“案卷编号.dwg”刻制在光盘相应的用地目录(\03 申请用地\02 审批结果)下，图层包括地形图层、用地阶段各图层。

3. 外部条件申报(单独申报)

外部条件是规划项目审批的重要内容和参考依据，主要包括“六线”，即道路红线、河道蓝线、电力黑线、文物紫线、绿化绿线和轨道交通橙线。

1）建设单位购图

建设单位购买现势性数字地形图(同选址阶段)。

2）建设单位准备数字报建材料

建设单位将各种报建材料(批文、申请、证照等)按照数字报建规定进行扫描，并存储在光盘相应的外部条件目录(\04 外部条件\01 申报文件资料)下，向报建大厅/窗口进行数字报建，并提供综合供图编号。

3）报建大厅/窗口按数字报建要求进行项目规划报建录入工作

窗口收件人员按外部条件阶段的要求录入光盘“\04 外部条件\01 申报文件资料”目录中的所有多媒体文件，同时输入综合供图编号，系统在检查材料完整后，准予立案并打印回执。

4）规划局直接提供的外部条件

规划局办案人员在规划管理办公自动化系统的支撑下完成外部条件的审批工作。案卷经过领导审定后，完成绘图、刻盘和审批成果入库，审批结果的文件“案卷编号.dwg”刻制在光盘外部条件目录(\04 外部条件\02 规划外部条件)下，“案卷编号.dwg”中的规定图层包括地形图层、外部条件阶段各图层。案卷发送到发件窗口(同选址阶段)。

5）规划局委托做外部条件

规划局将建设单位报建的光盘提供给设计单位，委托其进行项目外部条件设计。

设计单位将光盘中供图编号.dwg 拷贝成一个新文件，按数字报批图层规定的要求生成相应的图层并进行外部条件的设计工作。

设计成果导入：外部条件设计经审查后，由经办人员将外部条件数据导入到系统中，完成外部条件的审批工作。

6）发件窗口发件

发件窗口将盖好核准章的图纸、审批意见和光盘给建设单位，即完成该阶段的

审批工作。

7）建设单位报建

建设单位利用此光盘可以进行下一阶段的后续设计和报建工作。

4. 要点设计阶段

报建流程与选址阶段相同，审批结果文件“案卷编号.dwg”刻制在光盘相应的建筑要点目录(\05设计要点\02规划设计要点)下，图层包括地形图层、要点阶段各图层。

5. 审查及领证阶段

1）规划方案报建文件准备

建设单位委托设计单位利用编研中心提供的“数字报建辅助设计及综合技术经济指标核算系统”进行项目的规划方案报建图设计。

该工作也可以在各种设计完成后，利用“数字报建辅助设计及综合技术经济指标核算系统”进行数字报建所规定的各种规范图层要素的归并、整理、属性录入、图形、属性检测、综合技术经济指标预算等工作，形成数字报建所需的规划方案报建文件。

2）制作数字报建光盘

建设单位将设计成果连同其他多媒体数据(扫描的批文、证照等以及项目的其他相关材料，包括各种平、立、剖面图等)存储在光盘的相应目录(首轮报建为\06方案报审01轮，第二轮为\06方案报审02轮，依此类推)下，进行数字报建。

3）报建大厅/窗口按要求进行方案的检查和录入工作

报建大厅/窗口工作人员利用“数字报建辅助设计及综合技术经济指标核算系统”进行规划方案报建文件的图层、图形和属性的自动检测，判断设计是否符合规范，对符合条件的进行立案，否则，退回材料，不予立案。

4）规划局审查

规划局对建筑工程设计方案提出审查意见。

5）审批结果刻盘

对审定的方案，利用转换程序将方案的审批结果转换为AutoCAD格式的“案卷编号.dwg”文件，然后刻制在光盘目录“\06方案报审01轮\03方案审批意见”下。

对于未审定方案(修改意见、否定)的审批结果文件“案卷编号.dwg”，仅整理后入库，不刻制光盘。

“案卷编号.dwg”中的层包括地形图层、建筑方案审查阶段各层以及下一阶段的各层。

6）发件窗口发件

发件窗口将盖好核准章的图纸、许可证(副本)和光盘给建设单位,即完成该阶段的审批工作。

6. 阶段合并报建

各阶段可以合并报建,申报材料和审批结果也相应合并。

7.5.3 框架与模块

因为最终用户群的不同,数字报建系统被划分为辅助设计和报建审批两个模块,如图 7.12 所示。

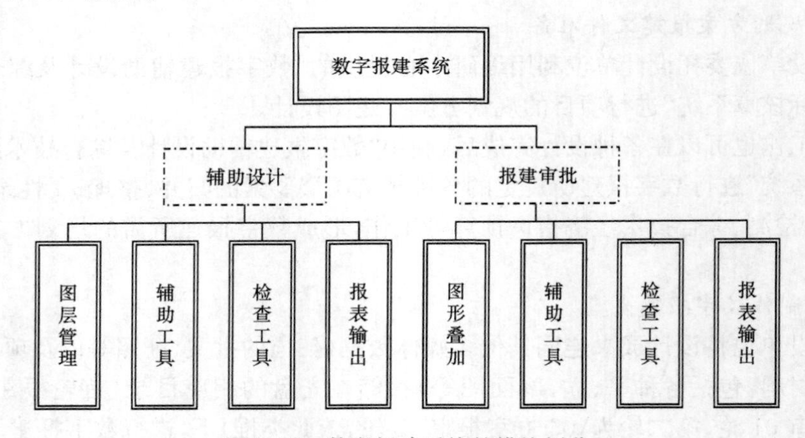

图 7.12 数字报建系统的模块划分

1. 辅助设计

辅助设计主要提供度量单位设置、创建新层、图层归并、转换多义线、属性输入、对象拷贝、多义线检测、属性检测、图形检测、制作建筑明细表、获取最大轮廓线、释放重叠标准层等功能。

2. 报建审批

报建审批主要用于规划审批单位计算和审核综合技术经济指标。通过一套完善的图形检测和经济指标计算体系,能够自动检测出图形的错误和计算要求的经济指标,并能自动生成文本输出。

7.5.4 功能服务

在更多地考虑设计人员的工作习惯后,提供每一个操作的简短命令,类似

CAD开发的功能,便于设计操作。

1. 图层管理服务

主要功能服务有创建图层、图层归并、特定图层开关功能(提供总平面、指标计算、绿地率、建筑密度、覆盖密度、覆盖率等图层按钮)。

2. 图形叠加服务

图形叠加服务主要为以下四个服务。

1) 图形插入

通过绘制单体图各标准层,将单体图复制到总平面图,在单体图上定一个控制点(尽量各标准层使用同一个点,但要做到重合,用十字叉表示)。第一次复制移动某个标准层后,记录下旋转角和坐标变换公式,其他标准层依次变换过去。单体与总平面图之间通过楼号相关联,而且总平面图上的单体属性(除地块号以外)不得更改,如图7.13所示。

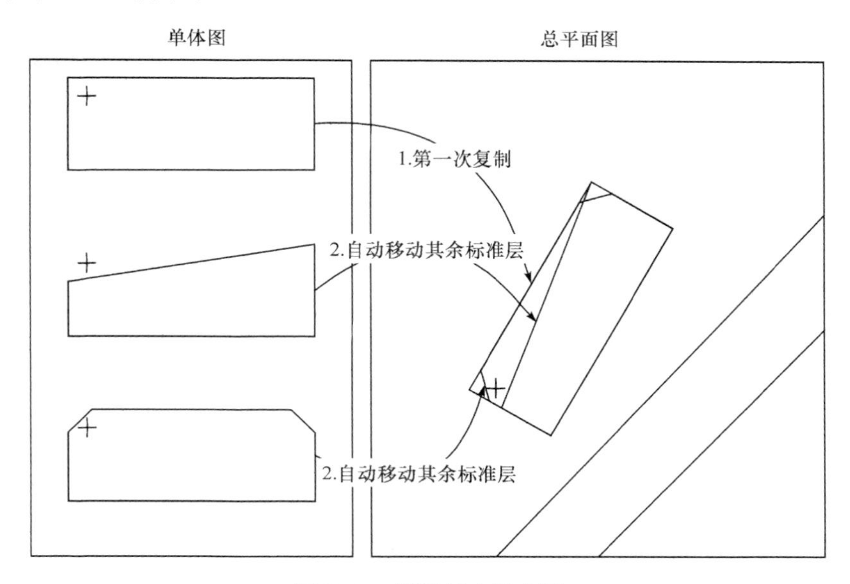

图7.13　图形插入示范图

2) 报表插入图形

在表格输出后,用户可以选择将输出的表格文件插入CAD图形中。

3) 叠加分析

本轮方案能与上一轮未通过的方案进行叠加比较,以显示本轮方案的改动情况,不同的信息用不同的颜色加以区分。可以调出历史要点红线并叠加到报审总

平面图上，系统将作分色处理，如果一致，其中一种颜色将覆盖另一种颜色，肉眼可判别。

4）报审图形显示

按图层自身属性，显示、绘制、输出所有参加、不参加本次报审的要素内容；不按图层属性，根据“是否参加本次报审”属性值进行不同颜色的相应要素显示、绘制、输出；根据用户选择，对选中的内容弹出对话框，显示和调整参加或者不参加本次报审的内容。在打印、输出、核准总平面图时，区别颜色，并在图上标注“待审批”标志。计算结果除显示具体计算指标结果外，还必须同步显示、输出实际参与计算的用地范围、建筑物、层数列表等。

3. 辅助工具服务

辅助工具主要涉及图形和属性的处理与设置。

1）度量单位设置

设置当前图形的设计度量单位，选项有毫米、厘米、分米、米、千米。

2）多义线转换

将所有可见图层的非多义线实体转化为多义线实体，并且将彼此相连的多义线（包括 Spline 线）转换为一条多义线。对两个断点重合的多义线做自动封闭处理。

增加一些线形的转换功能，如椭圆、椭圆弧的多义线转换功能。

3）获取最大轮廓线

绘制所选多个对象的最大外轮廓线。产生的外轮廓线都存放在“最大轮廓线层”上，用户可以通过图层归并将该层上的轮廓线归并到其他规范图层上。

增强原有功能，对有些图形未封闭的情况，也能进行最大轮廓线提取。

4）线构面

根据容差判断的半自动选线跟踪构面（含不实交的交叉线），选择单个封闭实体构面、选点构面。

5）属性输入

属性输入是主要的图形归整功能。主要达到两个目的：一是将图形实体、图层等处理成符合管理部门技术规范的标准图形；二是将规划信息赋值给图形，用来计算经济指标和查询。属性与图形实体是一体的，不同的图形实体具有不同的属性。所有要求赋属性的实体都必须是不自相交的封闭多义线，否则，实体将不能被赋属性。不同标准图层上的实体要求输入的属性不同，主要的属性输入包括“附加属性”中的内容。

6）查看属性

用户通过属性录入功能，将相关信息赋给了实体，用户可以通过查看属性功

能，一次性选择多个实体，同时查看这些实体的属性，不需要逐个通过属性录入窗口来查看属性。

7）单层边界提取

用户可以根据需要，通过拉杆或按钮“向下一层”、“向上一层”来选择要提取的楼层外廓，用户也可以在输入框中直接输入楼层，然后单击确定来提取边界。

8）总平面图提取

仅对单体图进行绘制，输入实体、边框线、属性、插入点、旋转点，设定按钮系统自动提取成为总平面图，指标计算图。

建立单体图与总平面图的必然联系（需要解决插入点、旋转点的问题）。

9）停车位计算

可以建立几个标准尺寸的车位，车位尺寸可以修改，单击车位后可以显示尺寸值。放置车位后自动计算车位数。

10）1.25倍、1.3倍高度控制辅助

实时计算建筑间距是否符合规划控制要求，通过选择一条线、输入±0标高、北檐口标高，自动生成间距系数；并可以根据±0标高、北檐口标高、间距长度三者在一个标准间距系数下动态变换。

11）审查标注（辅助审批模块）

在需要标注的地方，输入标注信息，在特定层（规划审批意见层）选择的位置上标注文字信息，所有的审批意见都标注在该层，其他层锁定。

12）释放重叠标准层

释放重叠层的属性到图形中，将图形中建筑的高度赋到每个建筑中去。用户可以通过旋转坐标系观看三维效果。

13）日照建模分析

通过建筑软件建模，计算单栋建筑边界线每一部分大寒日一天的连续日照时间，在图形上显示，并能输出相应指标报表。

14）获取最大包络体

外部条件中各种要素带有相应属性，对照控制退让规则库中的退让要求并结合不同的建筑高度与不同退让要求之间的关系，通过面的求交运算，得出不同高度建筑的二维适建范围面和三维适建范围包络体。

在提出要点时，实际退让控制范围可以由经办人员在不同高度建筑的二维适建范围面和三维适建范围包络体内进行绘制和调整。如果绘制的最终要点控制范围超出了规定的最小二维适建范围面和三维适建范围包络体，则需要进行预警提醒。

用地红线的退让只自动考虑总地块（规划设计用地范围图层）用地红线的退让问题，不考虑内部分地块的用地边界退让问题。

能够根据最小退让值自动临时显示最小控制退让范围线，动态显示和绘制平行线，平行线距离可以手工输入确定值。确定后，最小范围线消失。绘制最小退让平行线时，可以只显示外部条件控制要素的最小控制范围。

需要考虑具体地块上的多控制范围、多高度的交叉集，高度退让范围、高度限制体块可视化(多层次空间)。

4. 检查工具服务

检查工具主要包括图形与属性检测。

1) 多义线检测

检测所有图形是否为多义线且是否封闭、是否为 PolyLine。在检测过程中，还将对检测到的一些图形数据做自动处理(如添加尾节点使之封闭，对多义线中的重合点做剔除处理等)。

2) 图层完整性检查

该检测主要对图层进行标准图层的检测，检查缺失哪些标准图层。如果缺失了标准图层，则当前的数据有可能没有进行标准化处理或处理得不彻底，需做进一步详细检查。

3) 属性检测

属性检测的功能是检测所有图形是否具有属性(检查地块编号、“建筑外廓线”的“建筑幢号”属性是否有内容)、图形在属性输入后是否有位置的移动(所属地块是否发生了改变)、图形的形状是否发生了改变(图形的面积是否发生了改变)。

4) 图形相交检测

相交检测的功能是避免指标的重复计算以及设计时不符合设计规范的明显错误，对所有多义线图形的自相交、相交、重合和包含错误进行检测，并且对检查到的错误实体进行高亮显示。

5) 标注坐标检查(辅助审批模块)

主要有长度距离标注检测、坐标检测等。

自动检测坐标标注的 X、Y 值，与实际不符的，给出错误报告并高亮显示。

6) 标准检查

检验相应的外部条件和地形图是否与提供的一致，不一致的，给出错误报告并高亮显示。

7) 退让检查

选择一根需要退让的红线，显示一条动态的平行线，并动态地显示当前的退让距离，默认为细则规定的道路最小退让。

同样方法核对指标计算图中绿地边界是否符合规范。对建筑间距、高度按照控制区进行智能检测。

8）建筑日照间距检查

通过输入建筑高度和间距系数，自动复制建筑北侧墙边线的平行线，检查北侧建筑的距离。

5. 报表输出服务

报表输出主要包括检测错误列表和按要求报表输出两个部分。

1）错误列表打印输出

能够对有错误的列表进行打印输出。错误列表包括多义线检查、图形检查、属性检查、图层缺失、标注检查、所有数据（矢量）均没有按数字报建要求进行处理等。

2）输出报表

根据用户选择，以自定义报表的形式输出相应的“标准表单”中的相关指标。提供简洁的报表输出，例如，只输出每栋的建筑面积、计容积率面积、停车面积、停车位等重要信息。

提供批量处理多个地块的指标统计功能。

在总地块边界以及分地块边界输入属性时，给设计人员提供一个按钮，将要点中提到的控制要求输入进去，然后在输出表格时，可以通过将不符合的指标项用不同颜色表示来进行区分。

6. 计算公式服务

计算公式服务主要是为规划审批人员提供报建数据的规划指标（面积、容积率等）分析与统计服务。

1）计算对应图层说明

图层分别为总用地边界、分地块边界、集中绿地范围、有效绿地范围、室外停车场、建筑屋顶平面、建筑基底外边线、建筑垂直投影轮廓线地上建筑标准层、不计容积率的地上建筑标准层、地下建筑标准层、计一半面积的内容、保留建筑基底外边线、保留建筑垂直投影轮廓线。需要分清楚其中的四个地块范围（图7.14）。

（1）征地范围＝代征用地＋建设用地；

（2）建设用地范围＝可以用于建设的所有用地范围（不包括代征用地范围），范围线可以绘出；

（3）项目用地范围＝有权属的建设用地范围，范围线可能不画出来，只知道具体面积；

（4）规划设计范围＝含实际的项目用地范围，可能包括有明确用地性质的相邻地块。

2）分地块计算公式

建设用地面积＝用地边界图形面积（单位：公顷，$1hm^2=1$ 万 m^2）。

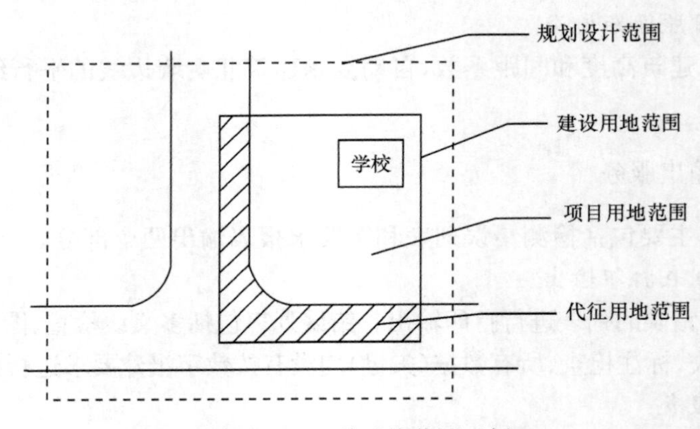

图 7.14 四种地块范围示例

总建筑面积＝居住区用地内建筑总面积＋其他建筑面积。

计容积率面积＝地上建筑标准层＋计一半面积的内容＋保留建筑垂直投影轮廓线[地上部分]。

建筑容积率＝计容积率面积/建设用地面积。

建筑覆盖率＝(保留建筑垂直投影轮廓线＋建筑垂直投影轮廓线)/用地边界图形面积。

绿地率＝有效绿地范围/总用地边界。

集中绿地＝集中绿地范围。

室内机动车＝地上建筑标准层[室内机动车]＋地下建筑标准层[室内机动车]＋保留建筑垂直投影轮廓线[室内机动车]。

室内非机动车＝地上建筑标准层[室内非机动车]＋地下建筑标准层[室内非机动车]＋保留建筑垂直投影轮廓线[室内非机动车]。

室外机动车＝室外停车场[机动车]。

室外非机动车＝室外停车场[非机动车]。

建筑基底总面积＝建筑基底外边线。

最高建筑高度＝Max(地上建筑标准层,不计容积率的地上建筑标准层,保留建筑垂直投影轮廓线)。

最大建筑层数[地上]＝Max(地上建筑标准层,不计容积率的地上建筑标准层,保留建筑垂直投影轮廓线)。

最大建筑层数[地下]＝Max(地下建筑标准层,保留建筑垂直投影轮廓线)

3）分层计算公式

各使用功能面积＝地下建筑标准层＋地上建筑标准层＋计一半面积的内容。

本层总面积＝地上建筑标准层＋计一半面积的内容＋不计容积率面积＋地下建筑标准层。

计容积率面积＝地下建筑标准层＋地上建筑标准层。

停车面积＝地上建筑标准层＋计一半面积的内容＋不计容积率面积＋地下建筑标准层。

停车位指标＝室内 $33m^2$/车位。

4）分栋统计公式

本栋基底面积＝建筑基底面积。

思 考 题

（1）简述规划实施管理的基本内容。

（2）试述规划审批基本业务工作流程。

（3）规划实施管理系统的数据服务有哪些?

（4）试述规划实施管理系统功能服务。

（5）试述数字报建业务流程。

（6）简述规划审批“数字报建”辅助设计与审查系统的框架与模块。

（7）试述规划实施管理系统功能服务。

第8章　规划动态监测系统

8.1　系 统 概 述

城市规划动态监测系统是数字规划系统中以 RS、MIS、GIS、CAD 为技术手段，以计算机网络为信息发布交换平台，以城市规划强制性内容为主要业务内容，建立的城市特别是重点风景名胜区的各类开发活动和规划实施情况的动态监测信息系统。其具体方法是运用遥感技术，对不同时相的高分辨率卫星遥感影像数据进行比对，提取出反映城市建设用地变化情况的变化图斑，然后结合城市规划的相关资料，对城市总体规划的实施情况进行综合评价，得到规划实施过程的结果，包括符合规划情况、用地性质变更情况、用地面积、相关规划实施管理情况等，发现违反城市规划的重大事件时，及时依法处理。

系统的目标是通过对规划监察违法案件从受理、立案、调查取证、案件审理、送达执行到结案归档各个环节的信息进行统一处理，从分析规划监察的业务流程出发，分析数据的构成以及特点，并构建如图 8.1 所示的业务模型，实现违法案件从受理、立案、调查取证、案件审理、送达执行到结案归档的全过程计算机化办案。

对案件处理流程及使用的各类审批表按有关法律法规规定和相关文件进行统一规范，用一组业务流程图描述执法监察业务办案过程的规范化工作程序以及相应的审批表，实现图形、案卷简单快捷查询；受理案件及时入库以及办公过程的实时监督；用直观形象、清晰整洁的界面完成办文办公的全过程，为领导提供有关信息，简化“两违”案件的办公流程，提高办公效率。动态监测系统将会与多种数据源打交道，每种数据源的数据格式也会各不相同。从系统最高层次的角度，我们可以将动态监测系统看成是由三个逻辑层组合而成的，在三个层中并没有直接的程序接口，它们是通过数据共享产生的数据流联系在一起的(图 8.2)。

在系统的实现上，在采用面向对象和组件技术结合 API 的基础上进行二次开发，同时增加变化检测模块，将整个系统按照业务流程和功能划分为图像处理与变化检测子系统、矢量数据建库与管理子系统、影像数据建库与管理子系统、GIS 分析与查违应用子系统、GPS 应用子系统、Web GIS 应用子系统和综合应用示范子系统。

1）图像处理与变化检测子系统

主要完成基本图像处理、几何校正、影像配准、分类和融合、变化检测功能，将

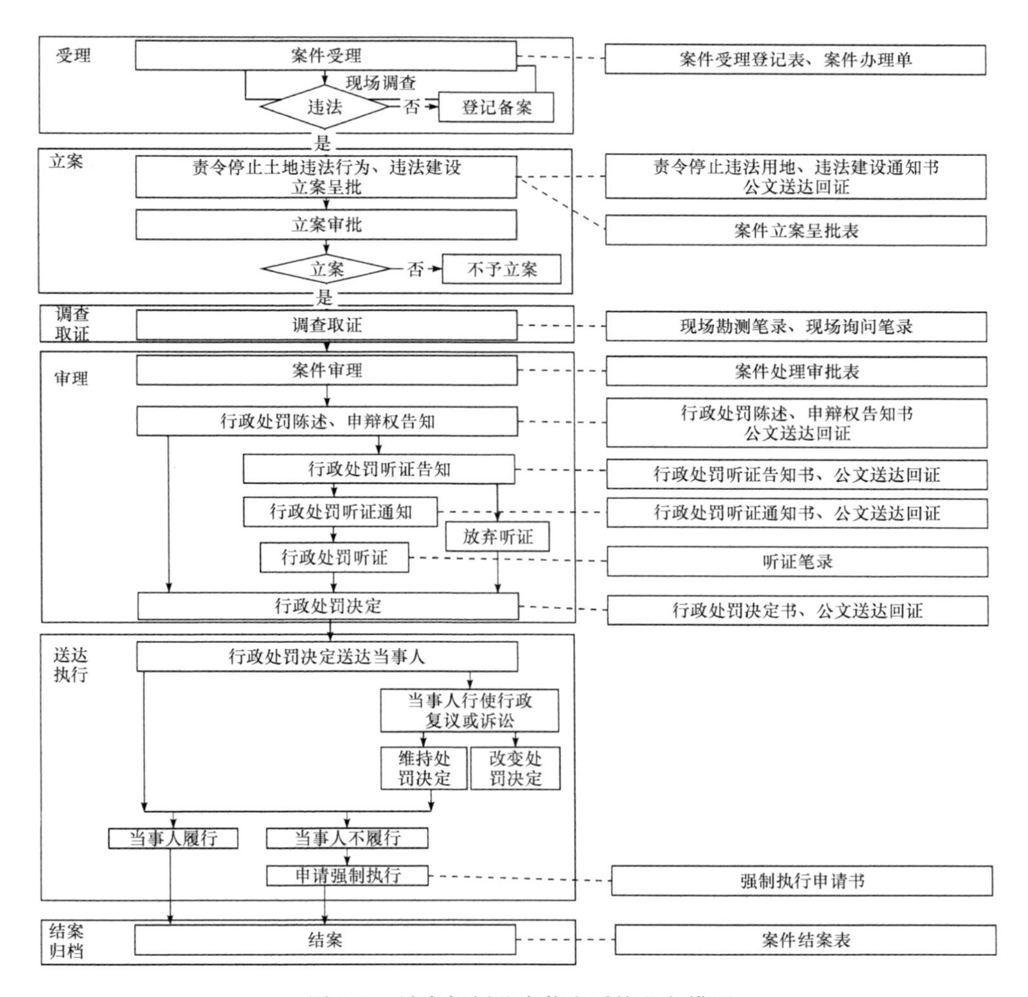

图 8.1　城市规划监察信息系统业务模型

得到的图像数据处理成为具有精确地理坐标的影像图。通过对比不同时相的影像，可以检测出地物的变化情况，并将相应的影像、变化矢量图斑等信息存入数据库。

2）矢量数据建库与管理子系统

主要完成矢量数据建库、数据入库和管理功能。

3）影像数据建库与管理子系统

主要完成多时相影像数据建库、数据入库和管理功能。

4）GIS 分析与查违应用子系统

主要通过对变化图斑的对比分析来查处违章用地和建筑。

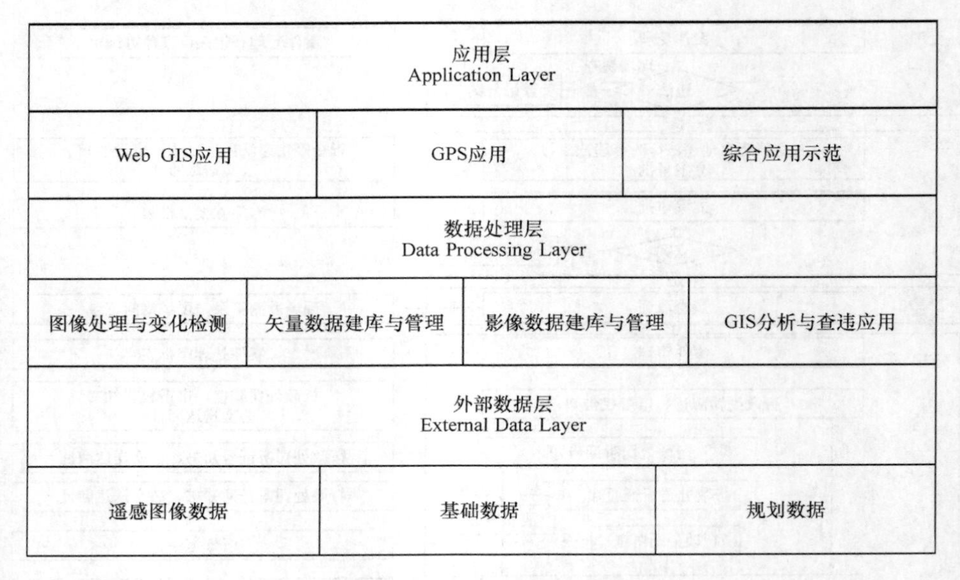

图 8.2　动态监测系统逻辑层

5）GPS 应用子系统

主要为野外验证提供导航服务，并为查违工作提供辅助信息。

6）Web GIS 应用子系统

在本系统建立的审批数据库、影像数据库以及变化图斑数据库的基础上，通过政府专用网络环境向相关部门进行有关信息发布。

7）综合应用子系统

将利用遥感手段进行城市规划综合应用的成果进行专题项目的演示。

8.2　业务模型

城市规划动态监察主要是对规划建设工程在建前、建中及建后进行及时的监督和检查，以确保其用地和建设符合规划设计要求。具体工作包含 6 个部分：验灰线、验±0、规划验收、违章查处、在建项目跟踪、行政复议和诉讼。

验灰线业务是指验线组根据审批后的建设核准图纸和放线数据，进行验线工作，验线结束且合格时签验线单。在取得验线单及建委发的施工许可证后，工程方可开工动土。其流程如图 8.3 所示；验±0 业务是指一般的低层住宅在基础做好或高层建筑建了两层后，查验其高程是否符合要求，其流程如图 8.4 所示。

验±0 和验灰线产生的结果有建设工程验线结果表、验(放)线整改通知书、验±0 合格通知书、总平面定位图、验线成果平面图、验线审核注记层、验线审核意

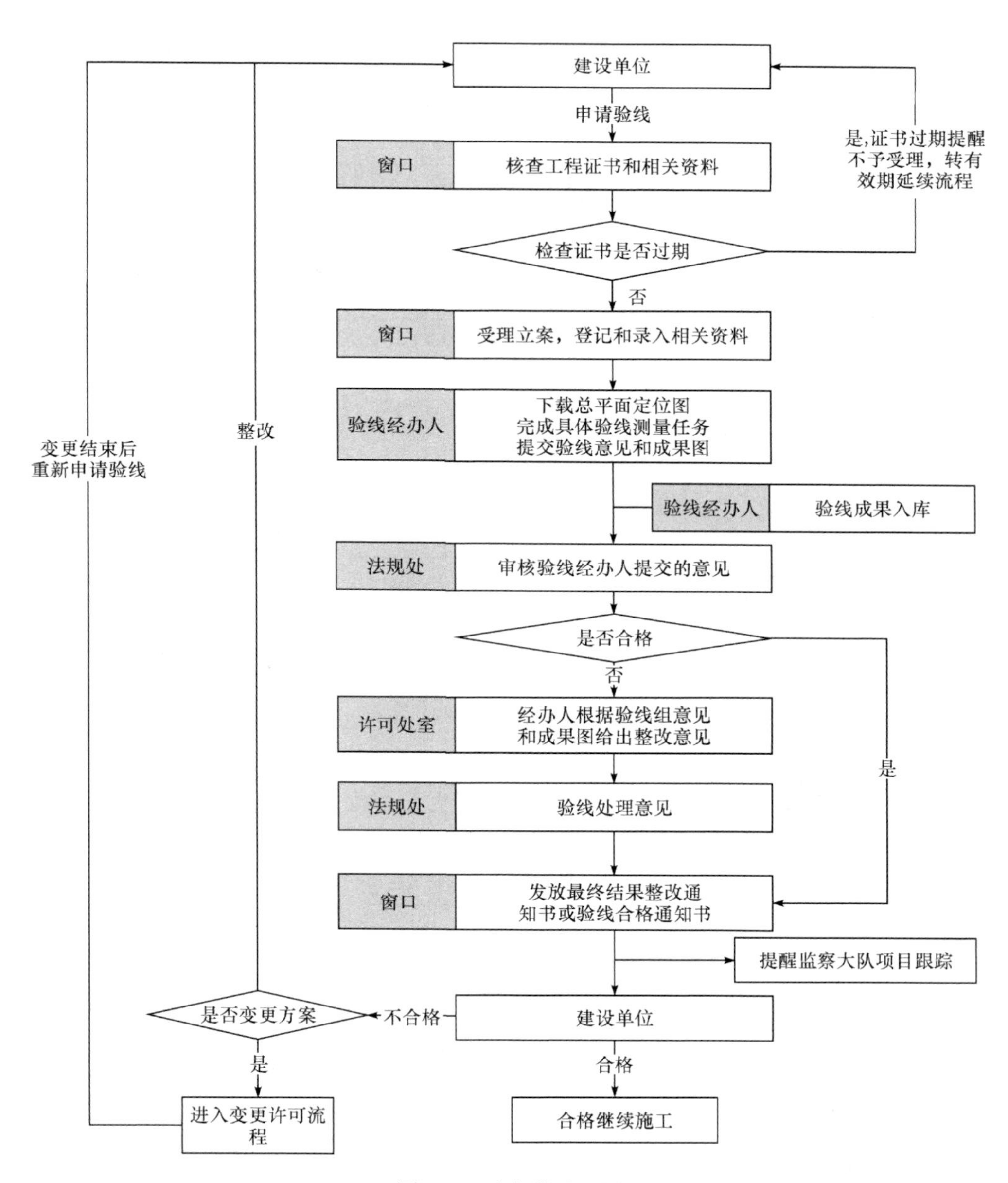

图 8.3　验灰线流程图

见、验线组处理意见等，存放在验线成果库里。验线业务与其他业务之间的交叉关系见表 8.1。

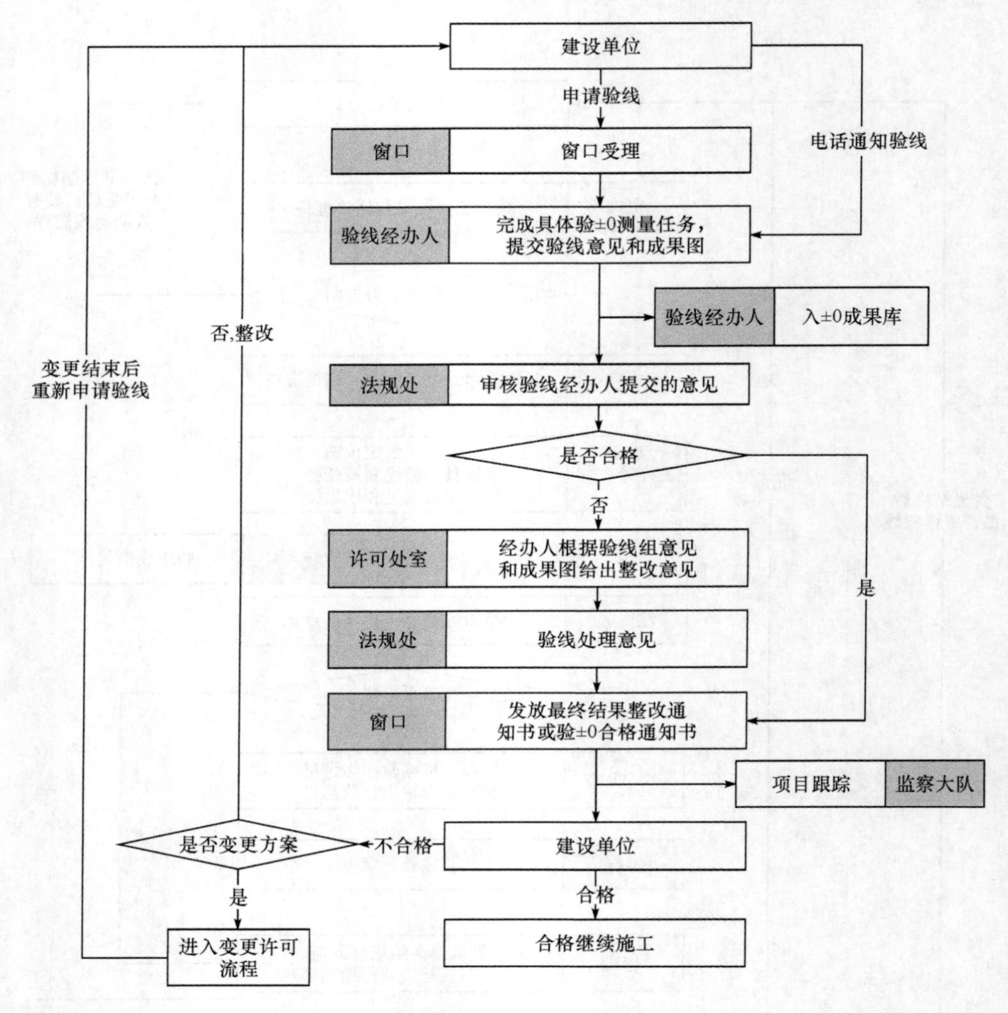

图 8.4　验±0 业务流程图

表 8.1　验线业务与其他业务的关系

序号	相关业务	与其他业务之间的交叉关系说明
1	规管审批	许可变更:发证处室经办人确认验线失误原因,申请变更
2	规划监察	验线预报:验线审核结果提醒大队进行项目跟踪; 验±0 时,如果不合格,则需要监察大队进行违章处理
3	综合业务	当验线(灰线或±0)合格时,提醒综合组做公示牌

规划验收是建筑物竣工后的验收工作,城市中需要法规处和市政处进行会审,而在分局,则由对应经办人完成。验收的内容主要有:①建设内容与建设工程规划

许可证内容是否一致;②建筑物的位置及层数、高度、平面、立面、功能与核准图是否相符;③附属用房、绿化、道路等各类配套工程的实施情况;④用地红线内应予拆除的原有建筑、施工用房、临时建筑及违法建设是否全部拆除;⑤施工现场是否清理完毕;⑥市政配套设施是否按照规划要求进行建设,应废除的杆塔是否已经拆除。产生的结果数据有规划验收审批表(分局\市政处\法规处)、建设工程受理通知书、规划局建设工程规划验收合格书、规划局建设工程规划验收整改意见通知书等。其与其他业务的交叉关系见表 8.2。

表 8.2　规划验收业务与其他业务的交叉关系

序号	相关业务	与其他业务之间的交叉关系说明
1	规管审批	与对应的审批案件相关联,建立对应关系
2	规划监察	项目跟踪:规划验收完成后提醒大队,合格则通知大队督察科终止对该项目的跟踪,否则,提醒大队继续跟踪; 违章举报:违章建筑申请验收时,可以直接向监察大队进行举报
3	规划编制	提供验收的图形数据

规划验收的流程如图 8.5 所示。

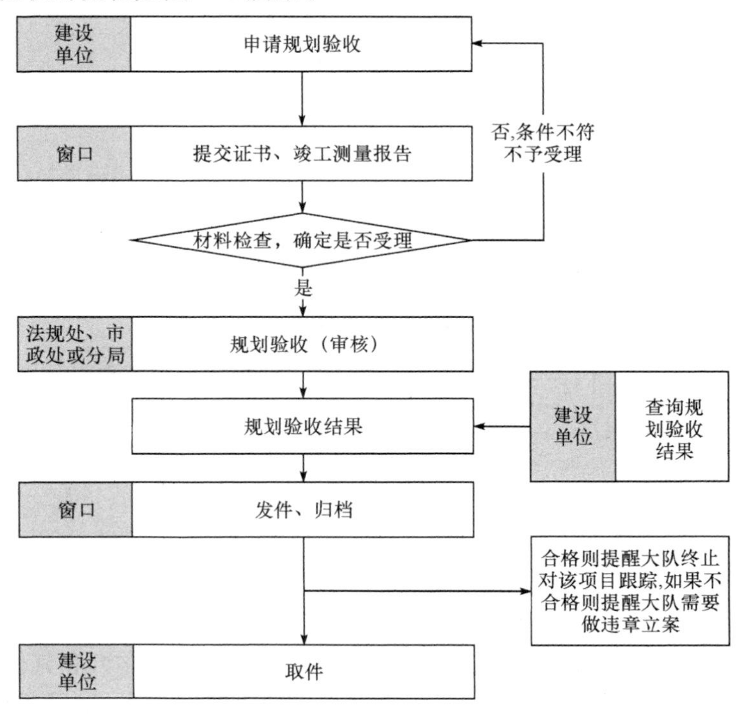

图 8.5　规划验收流程图

违章查处的核心业务是对违法建设的行为依法进行行政处罚。具体的业务由监察大队、法规处、分局等单位和处室合作完成。其中法规处作为固定扩展人员，可以全程监控业务的处理过程。产生的结果数据有陈述、申辩权告知书，行政处罚听证告知书，送达证，现场勘验示意图等。其与其他业务的交叉关系见表8.3。

表8.3　违章查处业务与其他业务的交叉关系

序号	相关业务	与其他业务之间的交叉关系说明
1	规管审批	建设许可证发出后，提醒大队做项目跟踪
2	批后管理	验线、±0、竣工测量、规划验收，提醒大队做项目跟踪； 验线、±0、竣工测量、规划验收不合格，直接转到督察科预立案； 法规处根据来文信息转督察科预立案； 快速运转转一般违章案件； 项目跟踪转违章预立案
3	行政办公	信访、上访、邮件举报等直接转到法规处或督察科预立案

违章查处业务的流程如图8.6所示。

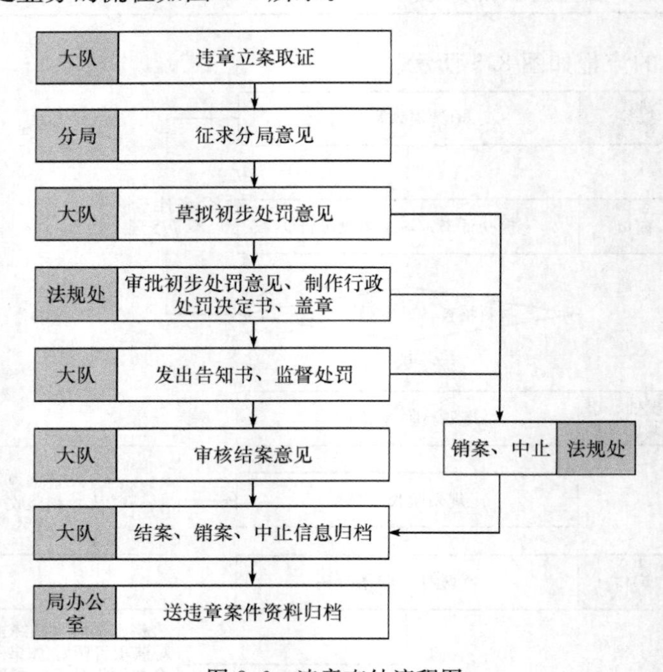

图8.6　违章查处流程图

当窗口发出建设工程许可证时，规划监察大队根据项目类型和其他条件确定是否建立跟踪。如果确定建立跟踪，则提交具体的跟踪经办人，记录跟踪信息，如果发现违规，及时处理。产生的主要数据就是项目跟踪记录数据。在建项目跟踪

与其他业务的交叉关系见表 8.4,在建项目跟踪流程图如图 8.7 所示。

表 8.4　在建项目跟踪与其他业务的交叉关系

序号	相关业务	与其他业务之间的交叉关系说明
1	规管审批	发出《建设工程许可证》,提醒大队建立跟踪
2	批后处理	验灰线、验±0 提醒大队,建立对应的跟踪信息;规划验收后,如果合格,则提醒大队终止项目跟踪;如果不合格,则提醒核查
2	违章查处	跟踪发现违章,根据具体情况判断是否立案处理

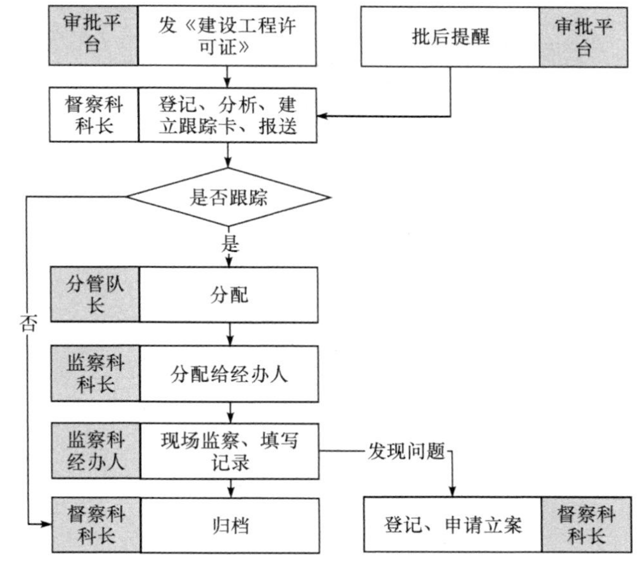

图 8.7　在建项目跟踪流程图

行政复议分为复议和被复议,规划局复议的受理范围是区县的行政许可;对应规划局发出的行政许可需要到法院或上级单位申请复议,规划局只能受理自己管辖范围内的案件。由局领导和法规处负责完成。其与其他业务的交叉关系见表 8.5。

表 8.5　行政复议与其他业务的交叉关系

序号	相关业务	与其他业务之间的交叉关系说明
1	规管审批	根据案件关联提示经办人审批案件所对应的复议信息
2	批后管理	根据案件关联提示经办人审批案件所对应的复议信息

行政复议和诉讼流程如图 8.8～图 8.10 所示。

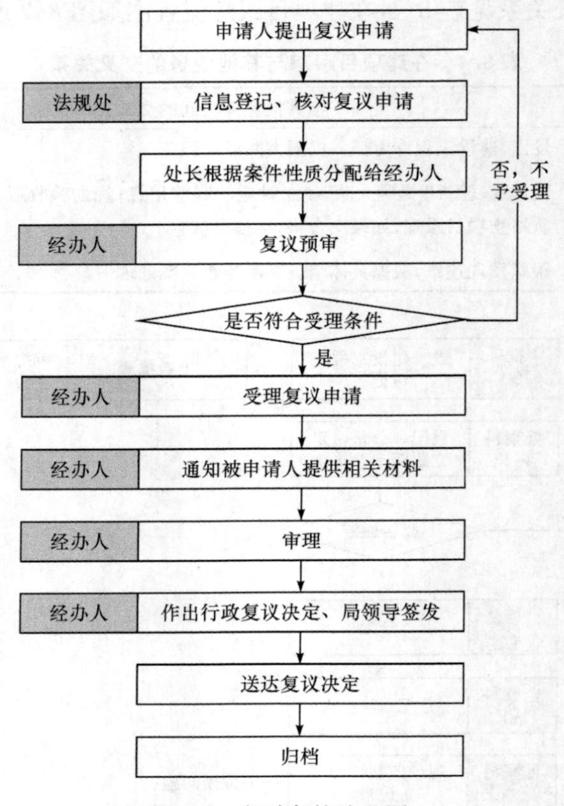

图 8.8　行政复议流程图

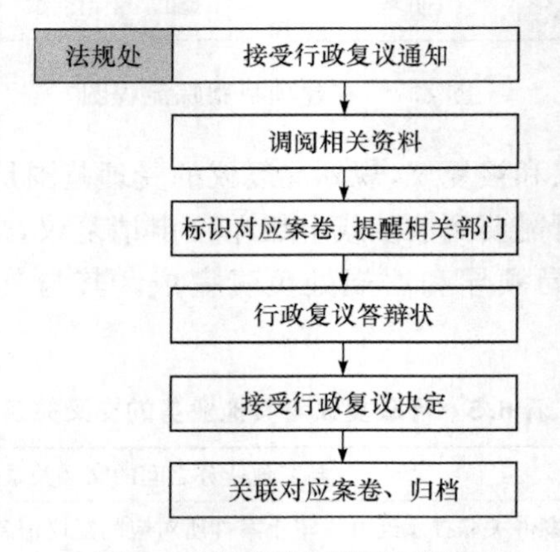

图 8.9　行政被复议流程图

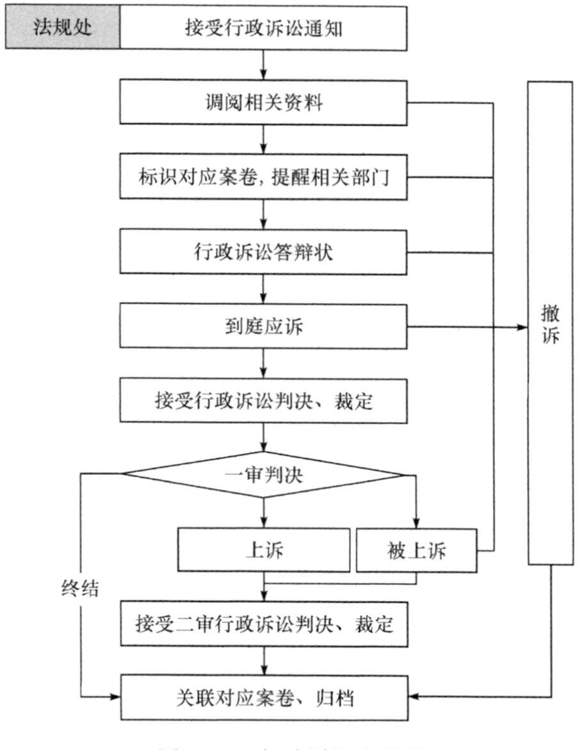

图 8.10　行政诉讼流程图

8.3　数据服务

规划动态监测系统主要涉及多时相遥感数据、基础地形数据、规划控制数据、规划成果数据、规划管理数据、验线数据、竣工测量数据、违法建设判读核查数据、规划监察表单数据。其中，多时相遥感数据用于实时、动态监测规划建设的用地范围；基础地形数据用作规划量测的标准；规划控制数据、规划成果数据、规划管理数据是建设工程实施的依据，三者结合可作为判定工程是否违规的依据；验线数据、竣工测量数据、违法建设判读核查数据是工程进行或完工时规划监察部门量测得到的核查数据，也是规划监测的主要成果；规划监察表单数据则是监察工作涉及的各种文档数据，包括建设单位的申请表单、监察单位下发的整改意见、合格证书等，是规划监察结果的正式书面表达。各阶段所涉及的数据见表 8.6。

表 8.6 规划检测的数据服务

监测阶段	数据清单	数据类型
验灰线和验±0	《建设工程验线报验单》、《建设工程验线须知》、《规划局建设工程验放线收件单》、《合格通知书》、《整改通知书》、《建设工程验线结果表》、《验(放)线整改意见通知书》、《建设工程验线情况表》、验±0 审批表单、地籍图、底层平面图、总平面定位图、验线成果平面图、验线注记层、放线成果图、多时相遥感数据	文档数据、图形数据、属性数据、栅格数据
规划验收	《建设工程竣工验收受理收件单》、《建设工程规划验收合格书》、《建设工程竣工验收受理收件单》、《建设工程规划验收整改意见通知书》、规划验收审批表、竣工测量图、多时相遥感数据	文档数据、图形数据、属性数据、栅格数据
违章查处	《核查通知书》、《违法建设停工通知书》、《现场勘验笔录》、《停止建设决定书》、《违章通知书》、《核查情况登记及立案审批表》、《案件移送单》、《调查询问笔录》、《行政处罚陈述、申辩权告知书》、《行政处罚决定书》、《督促执行通知书》、《到期未执行案件处理建议表》、《申请执行书》、《案件结案审批表》、《违法案件联系单》、违法建设现状照片、现场勘验示意图、多时相遥感数据	文档数据、栅格数据、图形数据、属性数据
在建项目跟踪	验灰线产生的数据、验±0 产生的数据、规划验收产生的数据	图形数据、属性数据
行政复议和诉讼	行政复议申请、行政被复议通知、行政诉讼通知、以上业务的结果数据	文档数据、图形数据、栅格数据、属性数据

1. 基础地形数据

本系统需要调用以下三种比例尺的基础地形数据，以满足不同层面的应用：1∶500基础地形图，主要应用于城市地块划拨、详细规划、地下管线、地下普通建筑工程的现状、工程项目的施工核查等；1∶2000 基础地形图，主要应用于城市控制性规划、分区规划、专项规划项目核查；1∶10 000 基础地形图，满足城市各专题规划核查的需要。

2. 规划控制数据

规划控制数据主要包括规划用地红线和规划道路红线，是城市用地规划实施的成果，是城市用地管理、行政执法的主要依据，同时也是规划监测业务和规划管理相沟通的信息主线。控制性详细规划的核心成果——应用图则部分为规划控制线数据库，即确定城镇建设与发展用地的空间布局和功能分区以及镇中心区、主要工业区等位置、规模，建立城镇拓展区规划控制黄线、道路交通设施规划控制红线、市政公用设施规划控制黑线、水域岸线规划控制蓝线、生态绿地规划控制绿线、历

史文化保护规划控制紫线等规划控制线规划控制体系。

3. 规划成果数据

规划成果数据是指总体规划、分区规划、控制性规划、修建性详细规划以及各类专项规划等的结果数据，是城市发展的控制性文本，也是规划实施的依据。它包括图形数据、属性数据、文本数据等多种格式，数据丰富、全面，是规划动态监测的直接比对依据。

4. 规划管理数据

规划管理数据是指规划部门行使规划管理职能时涉及并产生的各类非空间数据，主要有行政办公数据、业务文档数据、城建档案数据以及法律法规等，这类信息主要通过办公自动化系统进行管理和使用。它们一方面使工作人员在办公过程中易于获取各类实时、准确的辅助信息，有助于实现规划业务的规范化；另一方面，可以加强对规划局业务的动态监督，利于廉政建设。

5. 验线数据、竣工测量数据

这部分数据是规划动态监测业务前半部分的结果数据，主要是针对所检测项目的一些测量和属性调查数据，也是监测工作的主要数据成果之一，是核查判断的“证据”，也是规划部门对城市规划进行控制的必要数据。其中起主要作用的是实地测量的图形数据和属性数据。

6. 作为审批辅助依据的规划信息图——规划过程成果

城市规划涉及社会生活的各个方面，规划过程也包含社会发展的各个领域，这样就会用到具体行业中的属性或相应数据，例如，基本农田图可用来核查城市建设是否侵占了基本农田；建筑高度分布图可用来检查建筑高度是否合乎规划要求；特定意图区分布图可用来考察该区内是否存在其他用途的建筑等。

7. 违法建设登记数据

当所监察的项目存在违法操作时，需要对违法案件进行登记立案存档，需要登记如表 8.7 所示的信息。

表 8.7　违法案件信息

违法建设档案字段名一览表							
案件编号	AJBH	字符型	8B	调查人	DCR	字符型	27B
行政相对人	XZXDR	字符型	40B	调查时间	DCSJ	日期型	8B

续表

违法建设档案字段名一览表							
性质	XZ	字符型	20B	勘定图	KDT	通用型	4B
所属街办	SSJB	字符型	40B	违章建设照片	ZP	通用型	4B
法人代表	FR	字符型	8B	处罚决定送达时间	CFJDSDSJ	日期型	8B
单位地址	DWDZ	字符型	40B	送达形式	SDXS	字符型	40B
职务	ZW	字符型	14B	送达人	SDR	字符型	20B
违法地址	WZDZ	字符型	40B	批准人	PZR	字符型	8B
联系电话	LXDH	字符型	14B	签收情况	QSQK	字符型	30B
报案人	BAR	字符型	20B	处罚内容	CFNR	字符型	250B
报案方式	BAFS	字符型	20B	听证情况	TZQK	字符型	80B
报案时间	BASJ	日期型	8B	听证意见	ZXLYJ	字符型	254B
影响程度	YXCD	字符型	20B	复议结论	FYSLQK	字符型	180B
结构	JG	字符型	20B	行政诉讼情况(一审)	SSYS	字符型	80B
层次	CC	字符型	2B	行政诉讼情况(二审)	SSES	字符型	80B
面积	MJ	数值型	8B	结案小结	JAXJ	字符型	250B
操作员	CZY	字符型	8B	案件执行情况	AJZXQK	字符型	40B
操作时间	CZSJ	日期型	8B	结案时间	JASJ	日期型	8B

8.4 功能服务

按照规划监察业务流程的需要,规划动态监测系统的功能可分为以下几个部分。

1. 监管审核

监管审核是整个监管系统的核心部分,主要通过对监测结果进行部级审核,将需要地方核查的监测结果及审批意见下发,实现对各城市或风景名胜区的监管,包括监管的流程化管理,监管状态的记录、查询、统计等。监管审核功能主要包括以下内容。

1）案卷管理

建立案卷监管、案卷流转、案卷监控、案卷查询统计,可以随时查询在办案件的

办理状态(图 8.11)。

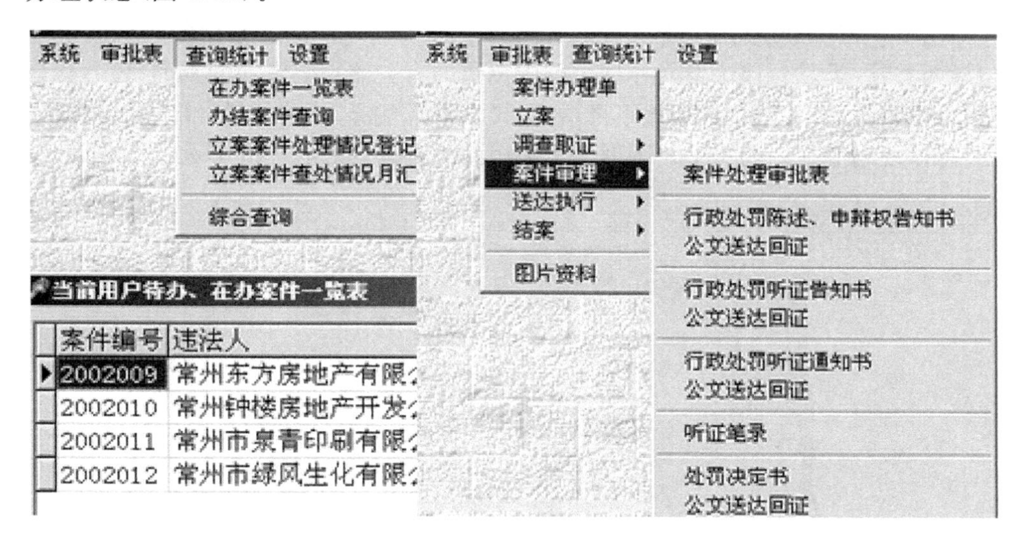

图 8.11　违章查处系统运行界面

受理案件、立案案件等有关信息的统计,如图 8.12 所示。

预览

100%

案件受理情况登记表

序号	被处罚单位（人）及地址	案源	立案	报结	受理日期	到场日期	报队日期	报法规处日期	局批日期	送达日期
1	常州市泉青印刷有限公司	领导交办	是	否	2002-01-04	2002-01-04				2002-01-10
2	常州东方房地产有限公司	领导交办	是	否	2002-04-25	2002-01-07				2002-01-15
3	常州公路运输有限公司		是	否	2001-12-31					
4	常州钟楼房地产开发公司	巡查	是	否	2001-01-23	2002-01-23				2002-02-01
5	常州交运集团有限公司	巡查	是	否	2002-12-07	2001-12-07	2001-01-04			
6	常州交运集团有限公司	巡查	是	否	2001-12-07					

图 8.12　受理案件、立案案件等有关信息

2) 地图操作

地图操作主要包括图层管理、地图显示、地图编辑、地图打印输出、专题图制作。实现对监测结果数据的专题分析功能,包括生成直方图、饼图等。

3）查询统计

主要包括标准统计、自定义查询和图斑查询统计。对图斑数据的查询和统计包括两类：一类是对违法案件办理过程中拍摄的有关照片等资料的查询；另一类是对与违法单位有关的包括用地审批情况、规划审批情况、地籍权属、红线图、分区规划、总体规划等在内的文字与图形等相关信息的查询，如图 8.13 所示。

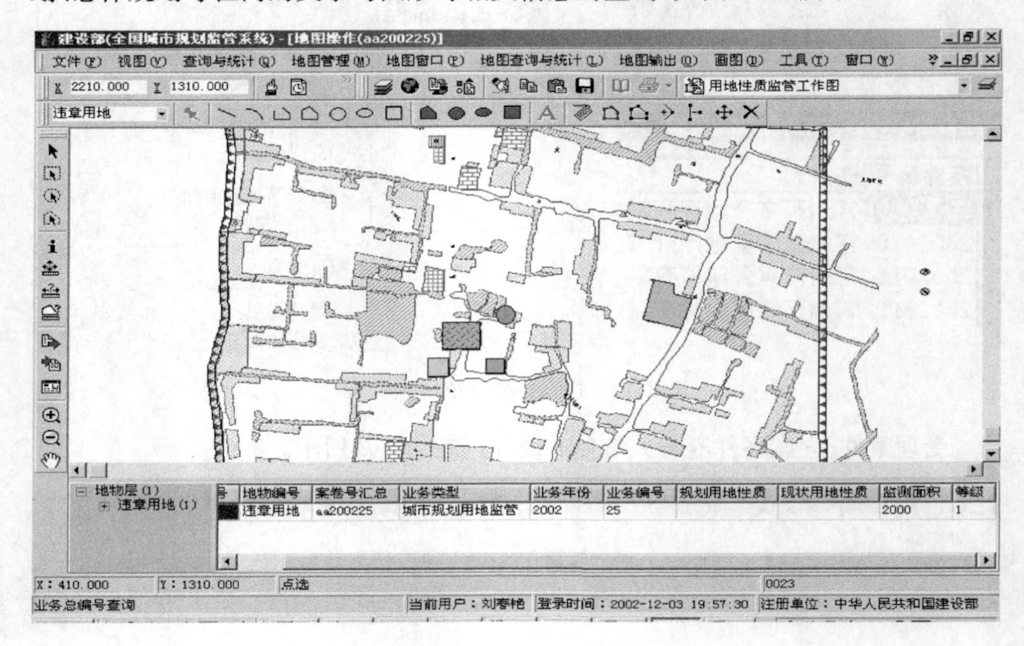

图 8.13　图斑查询统计

2. 监管核查上报

监管核查上报主要服务于被监管的地方，实现对监管差异图层及其记录和审批表格的接收，核查并填写好情况汇报后，将核查情况打包，反馈给动态监测系统进行复核。监管核查上报功能主要包括以下内容：监管包的接收、监测结果的核查和审批、地图显示、图形编辑、表格处理、监测结果的打包输出。图斑核查审批界面如图 8.14 所示。

3. 网上发布

规划动态的监察结果发布是以网站形式公布。

1）首页

首页涵盖了基本所有栏目的最新信息，是整个网上发布系统主要特点的体现。首页的页面按照各主要栏目的重要性和内容的性质排列各个板块，并适当使用客

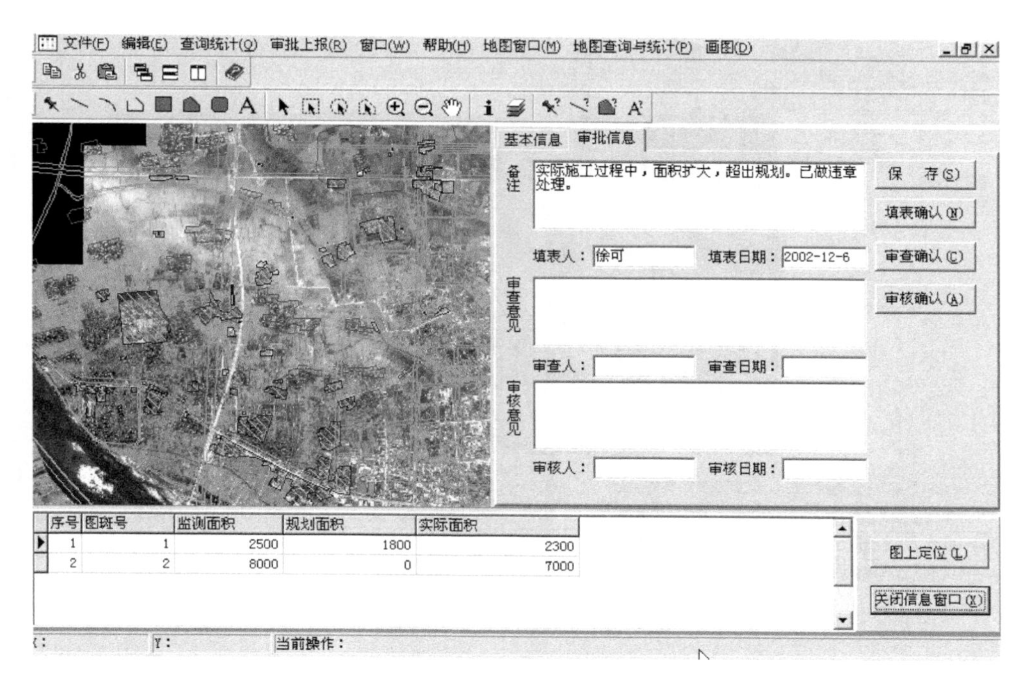

图 8.14　图斑核查审批界面

户端脚本语言来丰富页面设计，实现动态效果。

2）新闻动态

主要分为实时新闻、公告和动态追踪三个部分。新闻主要是规划局等相关单位的新闻时事；公告就是发布各种公告；动态追踪主要是关注一些重要的建设项目和规划项目，现阶段主要追踪城市规划和风景名胜区监督管理系统的建设情况。

设计将新闻动态分为三个子栏目：新闻、公告和动态。三个子栏目都在首页具有独立的板块，提供各栏目最新的内容。点击各个板块的相关标题就可以查看具体的详细内容。各个板块的下方都有进入下级页面的链接。数据主要包括实时新闻、报道上级各主管部门的相关指示和会议、公告、动态追踪、相关法规、违规通报，以图文并茂的形式发布各种违规信息。使公众不仅能够通过文字了解基本的情况，还能够通过图片查看具体的违规情况。点击违规图斑，可以查看更加具体的违规举报信息（图 8.15）。

图 8.15　网上发布子系统首页

4. 其他功能

规划动态监察系统还有其他一些附加功能，见表 8.8。

表 8.8　规划动态监察系统的附加功能

序号	功能	功能需求
1	信息提示	立案、周期、提醒(声音、音乐提醒)
2	注记层编辑	添加一个注记层标注违章案件位置，在此基础上添加查询、更新、统计、编辑等功能
3	示意图输出	在《现场勘验(笔录)》表单显示现场示意图，同时能打印输出

思　考　题

(1) 简述将规划动态监测系统按照业务流程和功能划分为哪些子系统。
(2) 具体描述规划动态监测系统的业务模型有哪些，各自的流程是怎么样的？
(3) 试画出验灰线的业务流程。
(4) 规划动态监测系统的数据服务有哪些？
(5) 试述规划动态监测系统的核心部分是什么，并详细介绍其功能服务。
(6) 规划动态监测系统的功能服务有哪些？

第9章　基于知识规则的城市规划系统

9.1　专家系统结构与框架

基于知识的系统(Knowledge-Based System,KBS)是专家系统(expert system)的另一个名称。常规的专家系统是一种基于规则(Rule-based)的系统,系统基于既定的"规则"进行推理。

基于规则的系统主要由四部分组成:知识库、推理机、解释系统、用户界面。图9.1表示一个典型的基于规则的专家系统的各个组成部分及其相互之间的作用关系。

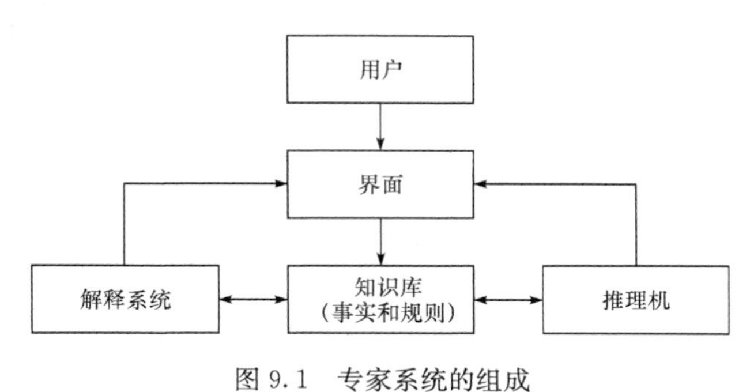

图9.1　专家系统的组成

9.2　基于知识规则的城市规划系统

城市规划的专家系统除具有与一般专家系统相同的结构外,还有其显著的特点,即城市规划所涉及的知识与规则多具有空间性及空间相关性,如空间关系(拓扑关系、距离关系、方位关系)等,因此其架构有所不同。

从图9.2可以看出,系统包括规则库、空间规则引擎、空间规则表达模型、SpatialRuleML(空间规则标记语言,即基于RuleML扩展的可准确表达规则中空间关系的一种标记语言)以及可视化用户界面组成。其中,规则库存储的是解析后的自然语言规则,并通过SpatialRuleML语言进行结构化表达,最后由空间规则引擎驱动得到匹配的空间关系函数并执行对问题的求解,由可视化界面表达。

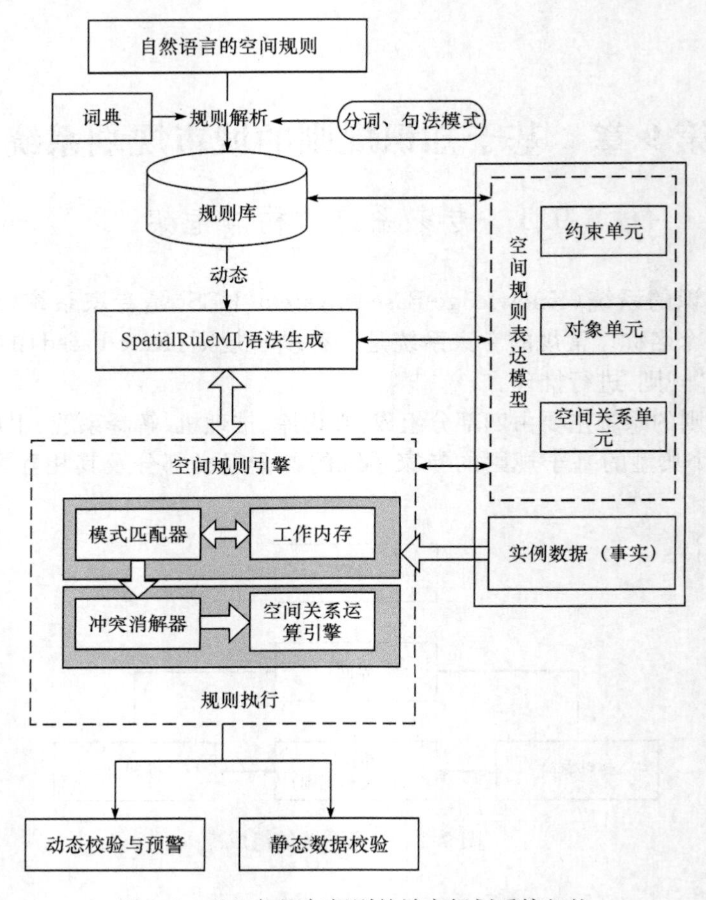

图 9.2　基于知识与规则的城市规划系统架构

9.3　城市规划知识规则的分类与特征

9.3.1　城市规划知识规则的特点

城市规划空间决策知识规则是一种行为指导，是城市规划成果编制过程中需遵循的准则，它约束和规范着城市规划成果的编制、审批、管理，可以理解为规划实体对象需遵循的规则，具有以下特点。

1. 来源丰富，体系庞杂

城市规划知识规则主要来源于国家、省(自治区)、直辖市、地方政府颁布的法律、规定、标准、办法等。在城市规划的过程中，从规划编制、实施管理到监督检查，

都有相应的法规作为遵循的依据，使城市规划建设按照正常有序的轨道进行。

2. 科学性与经济性

城市规划是一门综合学科，其规范不仅具有一定的科学性，而且具有一定的经济性。例如，当建筑垂直风向前后排列时，为了使后排建筑有良好的通风，前、后排建筑之间的距离应为(4～5)H(H 为前排建筑高度)。从用地的经济性考虑，不可能选择这样的标准来满足通风的间距要求。为了使建筑物具有良好的自然通风，又节约用地，故避免建筑物正面迎风，将建筑与夏季主导风向成 30°～60°布置，使风进入两房屋之间，形成房屋的穿堂风。这样，当建筑间距缩小到(1.3～1.5)H 时，既使得前、后排有良好的通风，又节约了用地，既经济又较合理。

3. 多空间关系约束性

城市规划空间决策知识规则具有多空间关系约束的特性，例如，《丽水市城市规划管理技术规定》(送审稿)第二十三条：高层居住建筑与高层居住建筑平行布置时的建筑间距，南北向布置的，不小于南侧建筑高度的 0.5 倍，且不小于 24m，山墙之间的距离不得小于 15m。这条规则既有方向关系约束，即“南北向布置”、“南侧”，又有度量关系约束，即“平行布置”、“不小于 24m”等。利用这些规则进行空间决策的时候，既要考虑方向关系约束，又要考虑度量关系约束，并且相互之间的约束是有次序的，不能颠倒，否则会使决策失去科学性。

9.3.2　城市规划知识规则的分类

城市规划知识规则体系庞杂，为了方便城市规划空间决策知识规则的检索、决策分析，将城市规划空间决策知识规则分为以下几类。

1. 按来源划分

城市规划知识规则主要来源于国家、省、自治区、市级的法律、部门规章、技术规定、管理条例等。国家规范主要是中华人民共和国建设部批准的《城市规划编制办法》、《城市电力规划规范》、《城市居住区规划设计规范》等。省、自治区标准规范主要是一些管理条例和技术规定，如《江苏省村镇规划建设管理条例》。市级规范主要是一些地方政府根据当地具体情况，依据上层次城市规划规范，对上层次城市规划规范的补充或改进，主要有《丽水市城市规范管理技术规定》、《南京市城市规划条例》等，具体如图 9.3 所示。

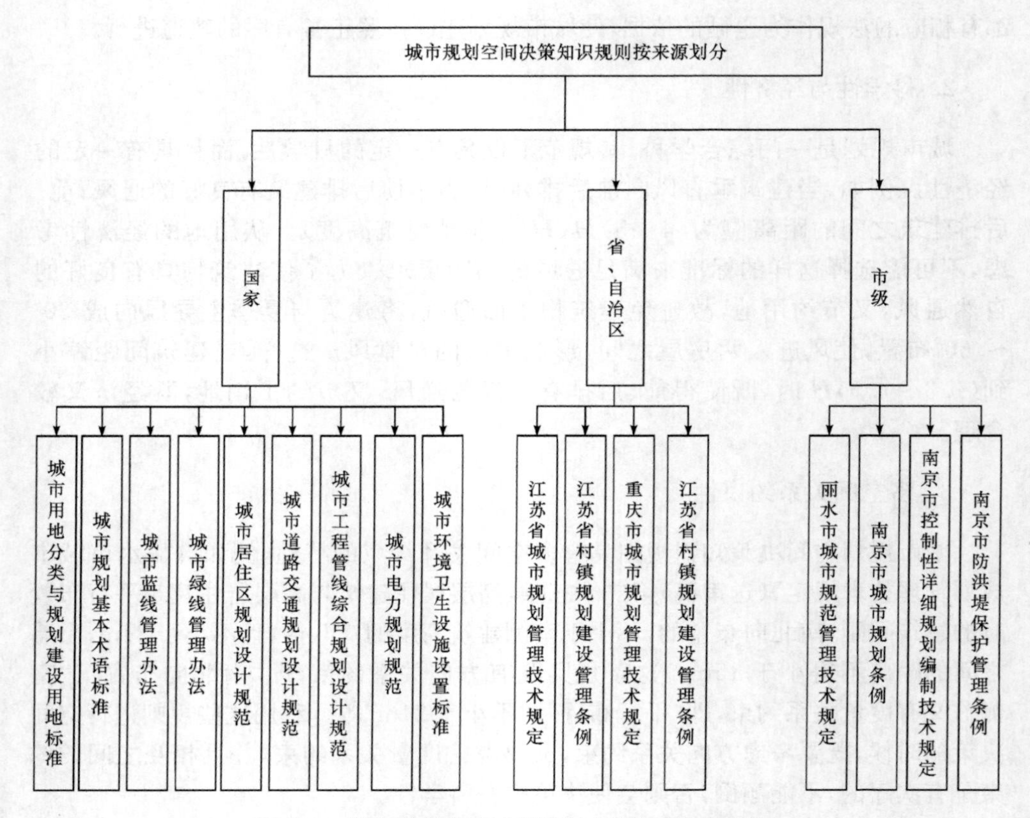

图 9.3　按来源划分的城市规划空间决策知识规则

2. 按规划层次划分

城市规划知识规则按规划层次划分，可以分为城镇体系规划、总体规划、控制性详细规划、修建性详细规划和城市设计等。

1）城市总体规划知识规则

城市总体规划是城市在一定时期内发展的计划和各项建设(或物质要素)的总体部署，是城市规划编制工作的第一阶段，也是城市建设和管理的依据。城市规划规范对城市总体规划的约束主要是通过对地块的用地兼容性、道路的绿地率、大型市政设施的数量、规划控制线等的控制实现的，如图 9.4 所示。

2）控制性详细规划知识规则

控制性详细规划是以城市总体规划或分区规划为依据，确定建设地区的土地利用性质和使用强度的控制指标、道路和工程管线控制性位置以及空间环境控制的规划要求。各类规范对控制性详细规划的约束主要是通过地块的容积率、建筑

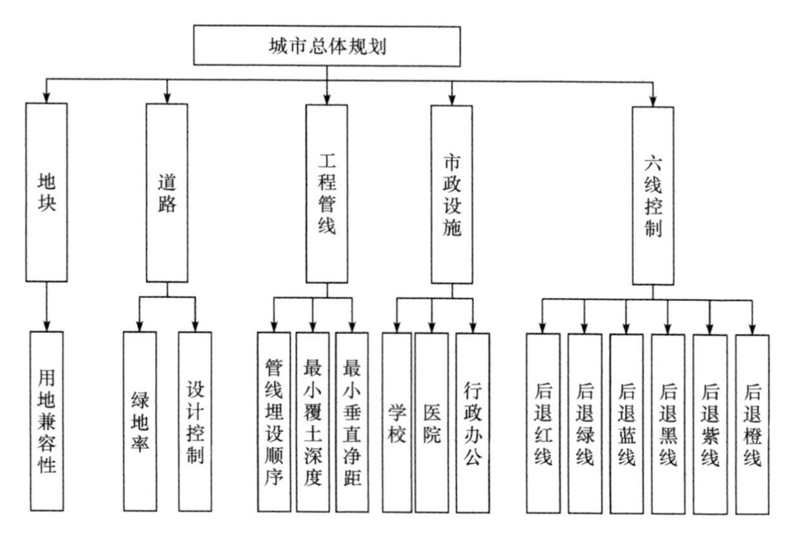

图 9.4　城市总体规划空间决策知识规则

密度、绿地率、建筑高度、出入口、停车位配置，道路的红线位置、控制点坐标和标高，工程管线的走向、管径和工程设施的用地界线，市政设施的位置、数量；规划控制线后退等的控制实现的，如图 9.5 所示。

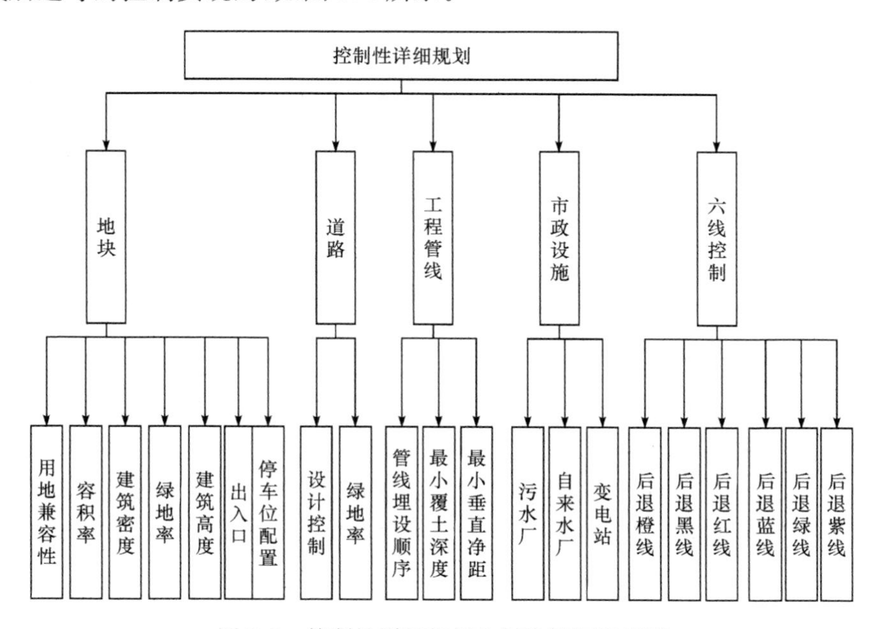

图 9.5　控制性详细规划空间决策知识规则

3）修建性详细规划空间决策知识规则

修建性详细规划是以总体规划、分区规划或控制性详细规划为依据，制定的用以指导各项建筑和工程设施的设计和施工的规划设计。各类规范对修建性详细规划的约束主要是对修建项目的人均绿地面积、容积率、建筑密度、绿地率、停车位配置，建筑的建筑间距、建筑高度、出入口，工程管线的埋设方向、最小覆土深度、最小垂直净距，市政设施的具体位置等的控制实现的，如图 9.6 所示。

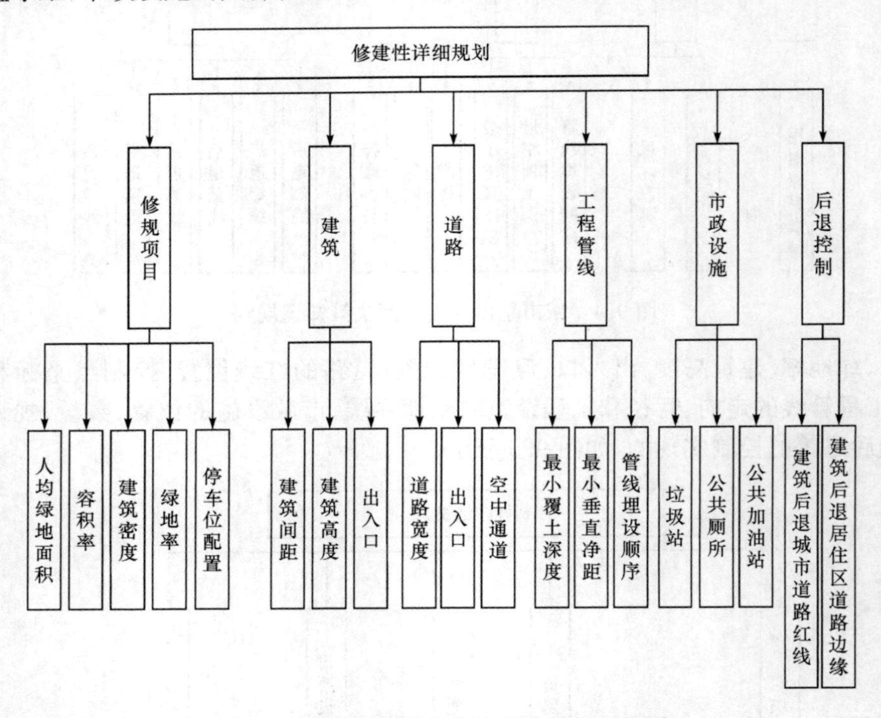

图 9.6　修建性详细规划空间决策知识规则

3. 按空间关系划分

城市规划规范中规划要素的空间约束主要体现在空间关系的约束上。按照 GIS 空间关系分类理论，结合城市规划规范的特点，将城市规划空间决策知识规则分为拓扑关系规则、方向关系规则、度量关系规则、组合空间关系规则。具体的空间关系又按照空间关系谓词不同进行具体细分，如图 9.7 所示。

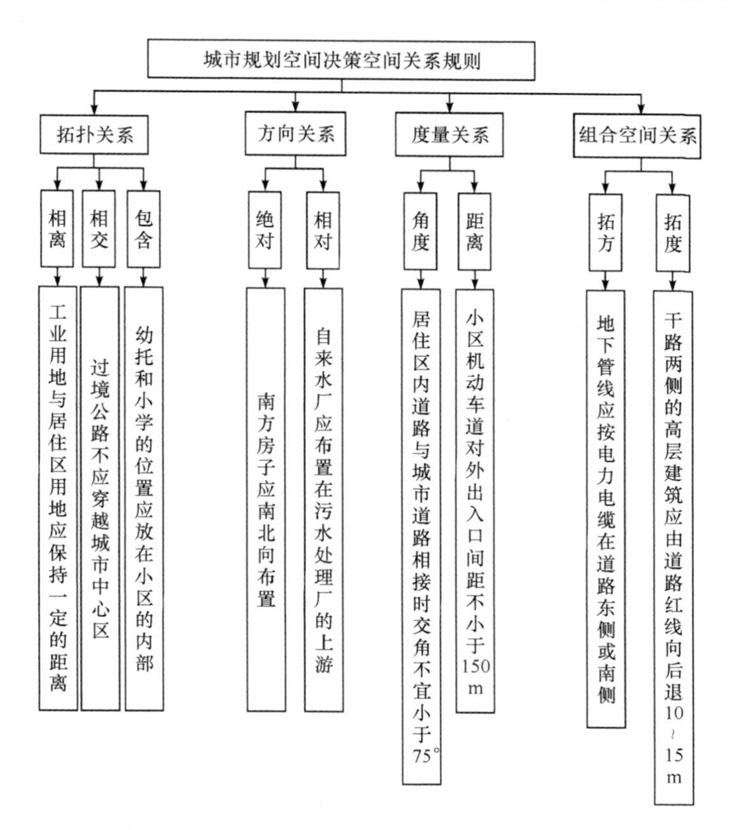

图 9.7　城市规划空间决策知识规则空间关系规则

9.4　城市规划知识规则的表达与存储

9.4.1　知识规划的表达

作者经过多年对城市规划专家系统的研究和建设，提出一套基于知识单元和 SpatialRuleML 综合表达规则的方法，将规则抽象为一个三元组：

$$R=(O,S,V) \tag{9.1}$$

式中：R 为规则 Rule；O 为对象单元 Object；S 为空间关系单元 Spatial；V 为约束单元 Value。可以看到，规则中的对象具有多重约束信息，以使它们与无数的地理对象区别开来。所以在规则解析模型中，将空间对象表示为带约束条件的元组，约束条件分别表示为 C_P（属性约束）和 C_S（空间约束），则对象单元可表示为

$$O=[O_i \quad C_P \quad C_S]=\begin{bmatrix} & C_{P1},C_{S1} \\ O_i & C_{P2},C_{S2} \\ & \vdots \\ & C_{Pn},C_{Sn} \end{bmatrix} \tag{9.2}$$

空间关系 S 是两个对象之间建立起来的空间上的联系，所以将空间关系单元表示为

$$S=[O_A \quad O_B \quad R_S] \tag{9.3}$$

式中：O_A、O_B 分别为带属性约束和空间约束的对象，可以用上述对象表示模型表达；R_S 为由空间关系词汇经语义映射得到的空间函数或空间操作，在空间关系描述模型研究阶段对空间关系进行分类，使其能找到分类体系中的某一种进行对应，则 R_S 可表示为

$$R_S=\begin{bmatrix} \text{距离} \\ \text{方向} \\ \text{拓扑} \end{bmatrix} \otimes \begin{bmatrix} \text{点—点} \\ \text{点—线} \\ \text{点—面} \\ \text{线—线} \\ \text{线—面} \\ \text{面—面} \end{bmatrix} \tag{9.4}$$

空间关系的判断最后都将转换为空间操作或函数，所以在解析模型中，最终将空间关系转换为以对象几何特性为参数的空间函数：

$$R_S=F_S \otimes (d_1,d_2) \tag{9.5}$$

式中：F_S 为空间函数；d_1、d_2 为空间函数所涉及对象的几何特性。

空间约束值 V 在规则中有两种描述方式，分别为定量和定性，在定量描述中主要包括区间数值、比较数值、单一的确定性数值。在领域应用时，需要将数值转化为定量的单一确定值或数值函数，所以将约束值表示为

$$V=[N \quad F] \tag{9.6}$$

式中：N 为从规则中提取到的表示数值的词；F 为由表示数值的词转换得到的数值函数或确定的数值。

综上所述，领域规则的解析模型可表示为如图 9.8 所示。

将规则用知识单元表述清楚后，根据既定的映射表实现空间约束词、属性约束词、比较词、统计词等与函数的语义映射，最后将规则用 SpatialRuleML 表述出来，如图 9.9 所示。

一个规则可以分为两个部分：前件部分和后件部分。前件(Antecedent)又称条件部分、模式部分或左部(Left-Hand-Side，LJS)，是规则触发的条件。单独的条件称为条件元素或一个模式；后件(Consequent)又称右部(Right-Hand-Side，RHS)，是规则触发时将要执行的一系列行为。

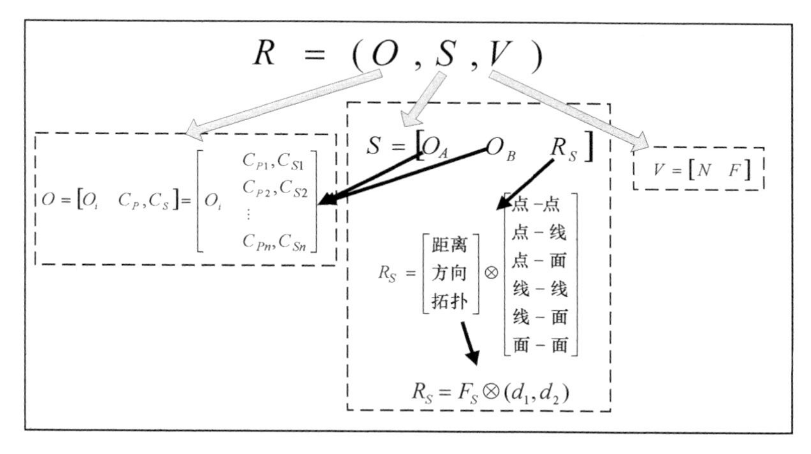

图 9.8　规则表达解析模型

```
<?xml version="1.0" encoding="gb2312"?>
<RuleML>
  <Assert>
    <Implies>
      <Body>
        <Atom>
          <Rel>Conditions</Rel>
          <Var>建筑</Var>
          <Ind>$ConditionA(P{EQ{CODE,J11027}},S{TP{O,R} O=道路交叉口 R=10)</Ind>
          <Var>城市道路</Var>
          <Ind>$ConditionB(P{EQ{CODE,S11013},Width{} GT{16} LT{29}},S{Distance{}}</Ind>
        </Atom>
      </Body>
      <Head>
        <Atom>
          <Rel>ValidObjects</Rel>
          <Var>建筑</Var>
          <Var>城市道路</Var>
        </Atom>
      </Head>
    </Implies>
    <Implies>
      <Body>
        <Atom>
          <Rel>Constrain0</Rel>
          <Var>建筑</Var>
          <Var>城市道路</Var>
          <Ind>$Constrain(S{Distance{}GT{5}})</Ind>
        </Atom>
      </Body>
      <Head>
        <Atom>
          <Rel>道路交叉口四周的建筑物后退红线宽度16-29米的城市道路距离不小于5米</Rel>
          <Var>建筑</Var>
          <Var>城市道路</Var>
        </Atom>
      </Head>
    </Implies>
  </Assert>
  <Query>
    <oid>
      <Ind>道路交叉口四周的建筑物后退红线宽度16-29米的城市道路距离不小于5米</Ind>
    </oid>
    <Atom>
      <Rel>道路交叉口四周的建筑物后退红线宽度16-29米的城市道路距离不小于5米</Rel>
      <Var>建筑</Var>
      <Var>城市道路</Var>
    </Atom>
  </Query>
</RuleML>
```

<Assert>包含对规则的完整描述和解析
两个<Implies>分别对空间对象和规则的空间约束进行解析
在空间对象的<Implies>中包含对空间对象的约束进行解析的<Body>和得到满足空间约束的对象集合<Head>
在规则的空间约束<Implies>中<Body>包含多个空间约束的<Atom>,<Head>包含对空间完整描述的<Ato>

<Query>关于事实库的表达，是一个不包含事实的原子组，通过操作算子联系在一起。

图 9.9　RuleML 表达规则

9.4.2　知识规则的存储

知识规则的存储是知识规则应用的基础，包括以下几个方面。

1. 构建规则词典库

选择城市规划中具有代表性的样本数据，建立具有代表性的领域词典库。主要包括：分词词库(A)、空间对象词库(O)、空间关系词库(S)、领域专业词词库(F)，解释映射表如图 9.10 所示。分词词库包含了所有的词；空间对象词库主要用来存放表示对象的词汇，用来提取规则中的对象；空间关系词库用来存放表示空间关系的词汇，用来抽取规则中的空间关系；领域专业词词库用来存放具有领域特征的特殊词库，如表示统计信息的词汇具有专业的领域解释和计算公式(表 9.1～表 9.4)。

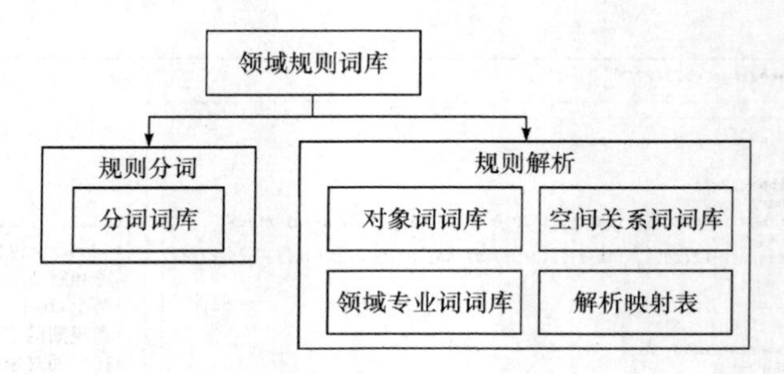

图 9.10　词典库设计

表 9.1　分词词库

编号	词项	同义词	句法元素	语义项
1	旧城		对象空间条件	0
2	中心区		对象空间条件	空间关系
3	低层		对象属性条件	1～3层(不定)
4	居住建筑		对象	对象
5	用地面积		对象属性条件	统计
6	小于		比较词	＜
7	平方米		单位	单位
8	建筑密度		统计词	统计
9	最小距离	最小间距	空间关系	距离

表 9.2　空间对象词库

编号	词条	几何类别	语义项	CODE
1	居住建筑	面		J11027
2	后退用地红线	线	规划术语	H12003
3	停车场	面		S31027
4	规划道路红线	线	规划术语	K11013
5	城市道路	线		S11013

表 9.3　空间关系词库

编号	词条	语义项	同义项	空间关系类
1	东西向	E(A,B) ∨ W(A,B)	东西方向	方向
2	南侧	S(A,B)	南面	方向
3	间距	Distance(A,B)	距离/间隔	距离
4	距离	Distance(A,B)	间距	距离
5	最小距离	MainDistance(A,B)	最小间距/最短距离	距离
6	四周	Center(P,r)		拓扑

表 9.4　领域专业词库

编号	词项	函数	备注
1	用地面积	Area{}	
2	容积率	RJL{}	总建筑面积/建筑用地面积
3	建筑密度	JZMD{}	建筑基底总面积/建筑用地总面积
4	绿地率	LDL{}	各类绿化用地总面积/城市建成区总面积×100%
5	建筑间距	BuildDistance{}	两栋建筑物或构筑物外墙之间的水平距离

2. 知识规划表结构设计

基于关系数据库的规则存储主要解决以下三个问题：恰当地分配存储空间；决定数据(知识规则)的物理表示；确定存储结构。城市规划规则表见表 9.5。

表 9.5　规则表

字段名称	数据类型	说明
RuleID	CHAR(10)	规则 ID 号
OBJECTAID	CHAR(10)	实体 A
OBJECTBID	CHAR(10)	实体 B
ConditionA	CHAR(100)	实体 A 的条件

续表

字段名称	数据类型	说明
ConditionB	CHAR(100)	实体 B 的已有条件
ConditionAB	CHAR(100)	实体 AB 的条件
Constrain	CHAR(50)	对实体 AB 的关系约束
ErrDescription	CHAR(100)	错误信息描述
Recourcefile	CHAR(50)	规则来源

规则表是整个规则库的核心表，它包含规则的 ID 号，实体 A 和实体 B，以及实体 A、实体 B 和实体 AB 的条件，实体 AB 的空间关系约束，规则来源等信息(表 9.6)。

表 9.6 空间关系条件表

字段名称	数据类型	说明
SpaID	CHAR(10)	空间约束 ID 号
SpationTypeID	CHAR(10)	空间关系类型 ID 号
ObjectAID	CHAR(10)	实体 1ID 号
ObjectBID	CHAR(10)	实体 2ID 号
SpaKeyWordID	CHAR(10)	空间谓词 ID 号
CompareID	CHAR(10)	运算符 ID 号

知识规则包含两类空间关系：一类为实体本身及实体之间的空间条件关系；另一类为实体之间的空间约束关系。例如，在《丽水市城市规划管理技术规定》第二十三条中“高层居住建筑与高层居住建筑平行布置时的建筑间距，南北向布置的，不小于南侧建筑高度的 0.5 倍，且不小于 24m”，“平行布置”就是高层建筑之间的空间条件关系，而“24m”是高层建筑之间的空间约束关系。空间条件关系和空间约束关系的结构是相同的，因此在规则库设计中将两者合并，称为空间关系条件表。

在城市规划空间决策知识规则中，除了对空间关系进行约束外，还对实体的属性进行约束，其属性条件表结构见表 9.7。

表 9.7 属性条件表

字段名称	数据类型	说明
AttID	CHAR(10)	属性约束 ID 号
CompareID	CHAR(10)	运算符 ID 号
ObjectID	CHAR(10)	实体 ID 号
AttributeField	CHAR(20)	属性字段
AttributeFieldValue	CHAR(20)	字段值

下面以具体实例说明知识规则在规则库中是怎么存储的。

例如,高层居住建筑与高层居住建筑平行布置时的建筑间距,南北向布置的,不小于南侧建筑的建筑高度的 0.5 倍,且不小于 24m。

高层　居住　建筑与高层　居住　建筑　平行布置时的建筑间距,南北向布置的,不小于　南侧建筑的建筑高度的 0.5 倍,且不小于 24m。

其中:下划线"____"代表属性条件,下划线"……"代表空间关系条件,下划线"____"代表约束。

其中建筑物类型约束为居住建筑,建筑物的层数约束为高层,建筑物之间的空间关系约束是平行布置,建筑物体自身的坐落方向限制为南北向,建筑物之间的间距不小于 24m 是结论。

上述规范按照规则库表的设计原则,设计见表 9.8~表 9.10。

表 9.8　属性条件表(A)

AttID	Compare	Object	AttributeField	AttributeFieldValue
1	等于	建筑物	是否建成区	是
2	等于	电力线	电压	35
3	等于	建筑物	类型	居住
4	等于	建筑物	层数	高层
5	等于	建筑物	建筑高度	建筑高度×0.5

表 9.9　空间关系条件表(S)

SpaID	Compare	ObjectA	ObjectB	SpationType	SpaKeyWord
1	大于等于	建筑物	电力线	度量关系	8
2	等于	建筑物	建筑物	度量关系	平行
3	等于	建筑物	—	方向关系	南北向
4	等于	建筑物	建筑物	方向关系	南侧
5	大于等于	建筑物	建筑物	度量关系	A(5)
6	大于等于	建筑物	建筑物	度量关系	24

表 9.10　规则表(R)

RuleID	ObjectA	ObjectB	ConditionA	ConditionB	ConditionAB	Constrain	ErrDescription	Recourcefile
1	建筑物	建筑物	A(3) AND A(4) AND S(3)	A(3) AND A(4) AND S(3)	S(2)	S(4) AND S(5) AND S(6)	高层居住建筑与高层居住建筑平行布置时的建筑间距,南北向布置的,小于南侧建筑的建筑高度的 0.5 倍,或小于 24m。	《丽水市城市规划管理技术规定》第二十三条

为了便于规则的录入和计算机的识别,相应地设计了一些事实表,主要有空间关系大类表、空间关系小类表、运算符对应表、实体对应表。通过这些表,建立用户-专家-计算机三者之间的联系。具体表内容简要见表 9.11～表 9.14。

表 9.11 规范索引表

字段名称	数据类型	说明
RecourceID	CHAR(10)	规范索引 ID
RecourceName	CHAR(20)	规范名
RecourceChName	CHAR(100)	规范中文名
GFDLID	CHAR(10)	规范大类 ID
GFXLID	CHAR(10)	规范小类 ID
GHTYPEID	CHAR(10)	规划类型 ID
GHZBDLID	CHAR(10)	规划指标大类 ID
GHZBXLID	CHAR(10)	规划指标小类 ID
YDXZID	CHAR(10)	用地性质 ID
KZM	CHAR(10)	扩展码
CONTYPEID	CHAR(10)	规范类型 ID

表 9.12 实体对应表

<table>
<tr><td rowspan="12">C6(教育科研设计类)</td><td rowspan="3">C60</td><td></td><td></td><td>教育科研设计类</td><td></td></tr>
<tr><td>01</td><td>1</td><td>教育科研设计中心点</td><td>C60011</td></tr>
<tr><td>02</td><td>7</td><td>教育科研设计用地面</td><td>C60027</td></tr>
<tr><td rowspan="9">C61</td><td></td><td></td><td>中小学类</td><td></td></tr>
<tr><td>01</td><td>1</td><td>幼儿园中心点</td><td>C61011</td></tr>
<tr><td>02</td><td>1</td><td>小学中心点</td><td>C61021</td></tr>
<tr><td>03</td><td>1</td><td>高级中学中心点</td><td>C61031</td></tr>
<tr><td>04</td><td>7</td><td>幼儿园用地</td><td>C61047</td></tr>
<tr><td>05</td><td>7</td><td>小学用地</td><td>C61057</td></tr>
<tr><td>06</td><td>1</td><td>初级中学点</td><td>C61061</td></tr>
<tr><td>07</td><td>7</td><td>初级中学用地</td><td>C61077</td></tr>
<tr><td>08</td><td>7</td><td>高级中学用地</td><td>C61087</td></tr>
</table>

表 9.13 空间关系大类表

SpationTypeID	SpationTypeEnglishName	SpationTypeChineseName
1	Topology	拓扑关系
2	DirectionIn	内部方向关系

续表

SpationTypeID	SpationTypeEnglishName	SpationTypeChineseName
3	DirectionOut	外部方向关系
4	Direction	自身方向关系
5	MeasureAngle	角度度量关系
6	MeasureDistance	距离度量关系

表 9.14　空间关系小类表

KeyWordID	KeyWord	中文名
1	Disjoint	相离
2	Cross	相交
3	Contain	包含
4	Within	被包含
5	Area	面积
6	Angle	角度
7	Distance	距离
8	North	北方/北部
9	South	南方/南部
10	East	东方/东部
11	West	西方/西部
12	North-west	西北方/西北部
13	North-east	东北方/东北部
14	South-west	西南方/西南部
15	South-east	东南方/东南部
16	Upriver	上游
17	Downriver	下游
18	Upwind	上风向
19	Downwind	下风向
20	MainDir	主要朝向
21	SecondDir	次要朝向
22	West-east	东西向
23	North-south	南北向

9.5 知识规则解析

9.5.1 分词方法

知识规则解析的步骤分为自然语言分词、句法模式匹配、领域规则解析 3 个阶段。

自然语言分词的基础是:①完备的分词词典;②高效的分词算法。首先根据领域规则解析模型对规则进行单元粒度分析,在一般分词词典的基础上建立词典库。依据词典库的结构及领域规则的特点,设计了分词算法,对以单句形式存在的领域规则进行高效分词;鉴于规划领域的知识规则的特点,选择基于字符串匹配的正向最大匹配分词算法进行分词。对于数值的识别与一般词汇有所区别,分词词典中不可能存储每一个可能出现的数值,所以需要单独对数值及数值符号进行处理。当待匹配的词的第一个字为数值时,逐字判断下面的字符是否为数值或数值符号:如果为数值或数值符号,则将其与前面的数值合并为一个词;如果非数值或数值符号,则进行分词,将下面一位设为分词的起始位置。

算法测试:图 9.11 为在设计的词典库的基础上,输入一条城市规划领域规则后进行分词的结果。

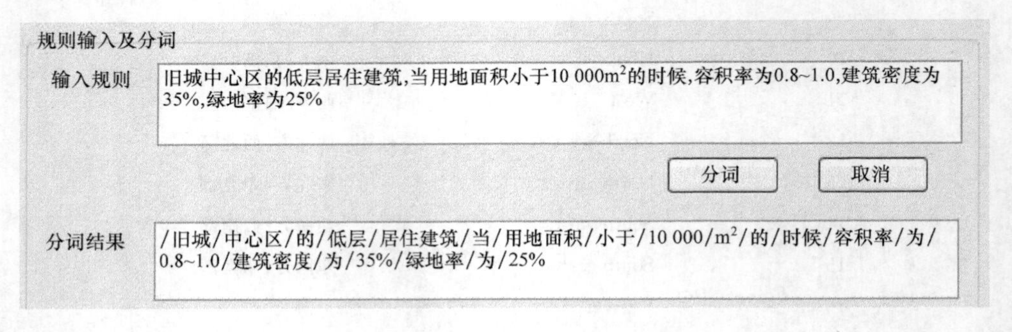

图 9.11 分词结果

9.5.2 知识与规则粒度划分

通过分析各种知识表示方法,可知不同的知识表示方法的知识表达细度是有差别的,为此,根据规划领域知识规则的特点,借鉴知识单元的概念,并利用其相对独立性及灵活性来解决规则的知识表示问题。将城市规划领域规则划分为对象单元、对象约束单元、空间关系单元、约束值单元(图 9.12)。

经过分析,城市规划知识规则的对象有一些描述信息,将这些描述信息理解为对地理对象的约束,将这些描述信息或约束条件定义为约束单元,并可进一步将此

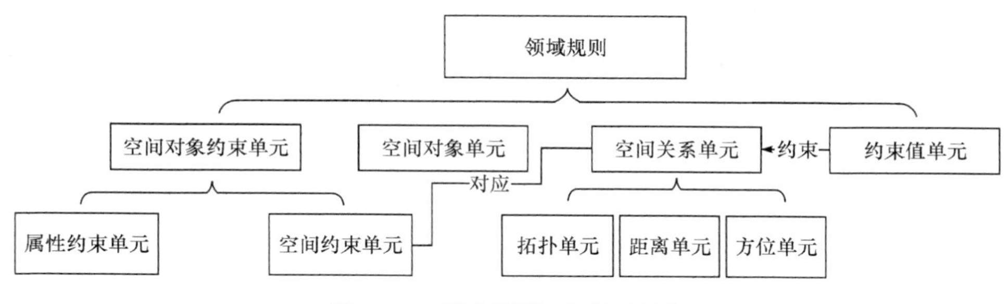

图 9.12　领域规则知识单元划分

单元划分为属性约束单元和空间约束单元。属性约束单元是从属性上描述或限制对象的，空间约束单元则是从空间上描述或限制对象的。根据空间关系的分类，还可将空间约束单元分为拓扑约束单元、距离约束单元和方位约束单元。方位约束单元可通过单对象方位表示模型对只有一个对象的方位进行描述，这些方位模型在城市规划中很常见，如建筑朝向、河流流向、主风向等。方位模型更多地涉及两个对象之间的相对方位，根据参考框架的不同，可分为内部参考框架、直接参考框架和外部参考框架。拓扑约束单元和距离约束单元根据涉及的对象的几何类型来选取表示模型。将空间拓扑关系先按照对象的几何类型进行划分，进一步分为重叠、相离、相交、相切、相接、包含、相等、包含于，共可描述 24 种领域常用的空间拓扑关系。距离计算与几何对象类型密切相关，由对象的几何类型来决定如何表示模型。

9.5.3　句法模式及其匹配

句法模式是空间对象单元(O)、对象空间约束单元(S)、对象属性约束单元(P)、空间关系单元(SR)、约束值单元(V)的排列组合方式。

经过分词后的规则，结合词典库中各词条的词性，基于知识单元来构建单条规则的句法模式，知识单元是相对独立的、能够根据特定的领域知识描述和解决一个问题的实体。以一条城市规划规则为例。

旧城/中心区/的/用地面积/小于/10 000/m^2/的/低层/居住建筑/容积率/为/0.8～1.0/,/建筑密度/为/35%/,/绿地率/为/25%/。

对象:居住建筑

对象属性约束条件:低层∩用地面积<10 000m^2

对象空间约束条件:位于旧城中心区

领域统计名称:容积率　建筑密度　绿地率

约束值:0.8～1.0　35%　25%

该规则的句法模式:[对象空间约束]的[对象属性约束]的[对象属性约束]

<对象><统计词>为<数值>,<统计词>为<数值>,<统计词>为<数值>。

采用双层句法模式匹配算法的目的是将一条领域规则经句法分析后的句法模式与句法模式库进行匹配,选择结构最相似的句法模式。具体步骤如图 9.13 所示。

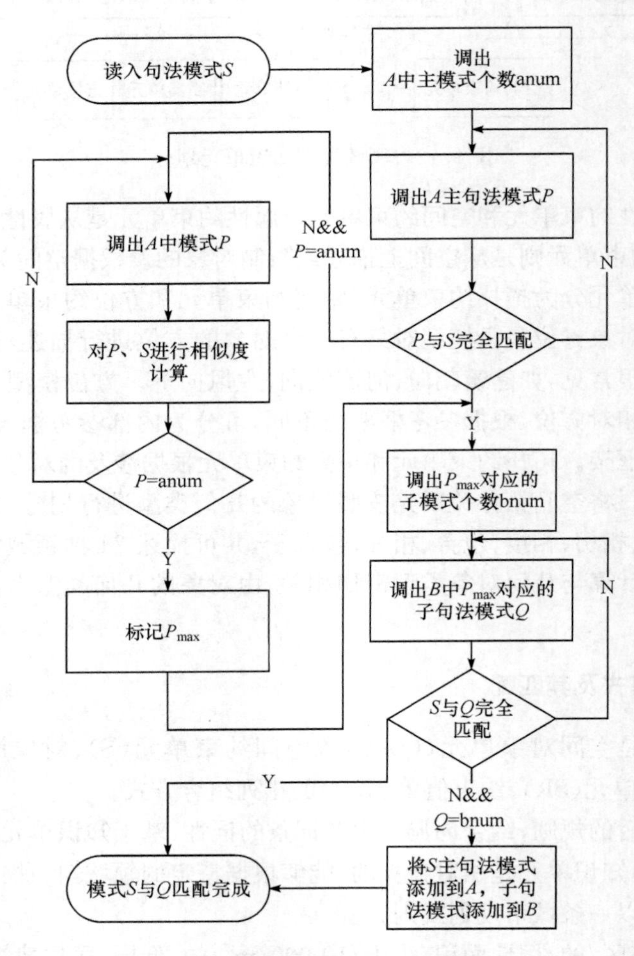

图 9.13　双层句法模式匹配算法

其中,A 是主句法模式库,B 是次句法模式库,S 是待处理句法模式;P 是句法模式库中句法模式的主干成分,Q 是句法模式库中句法模式的修饰成分,anum 是 A 中主模式个数,bnum 是 B 中子模式个数,P_{max}是相似度匹配结果最大值。

分析语料库中的规则,总结规则特点,确定知识单元的粒度,采用知识单元表示的方法对各单元进行描述,对空间关系单元中的空间关系描述结合规则的领域要求,选取合理的描述模型,并建立空间关系词与空间函数的映射。

9.5.4　知识与规则的解析

通过上文对领域规则的分析，应用词典库和分词算法，结合领域规则解析定理，实现了领域规则的初步解析(图 9.14)，并将解析结构填充进已经设计好的录入界面。解析结果为基本识别出对象、对象约束、空间关系及空间关系约束值等重要信息。从领域规则组成的角度来说，通过解析，已初步将规则划分为一个个知识单元。但由于自然语言的复杂性，识别结果用于规则表示或将结果录入数据库之前需要人工干预，对冗余信息进行筛选，规范知识单元。

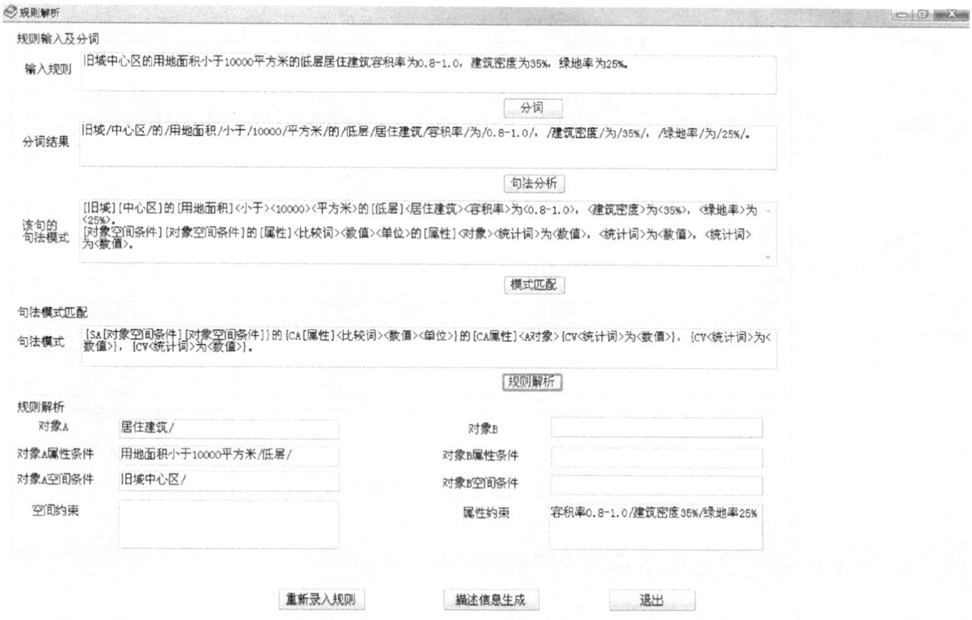

图 9.14　规则解析结果示例

基于 SpatialRuleML 知识单元的知识表示方法能够较好地体现知识的继承、复用和共享，并且很容易被可视化地表示，实现了知识表示形式的标准化规范和通用化。

1. 描述信息的内容

在用 SpatialRuleML 描述规则之前，生成规则的描述信息，对规则的基本信息进行确定，并实现空间约束词、属性约束词、比较词、统计词等与函数的语义映射，为生成 SpatialRuleML 的规则描述提供基础，也有利于修改和理解规则。

描述信息中包含了所有的知识单元，并且对知识单元进行了更细致的描述。

其中，对象约束中包含了约束名，由约束名映射得到的函数及约束的个数；统计信息中包含统计名，由统计名映射得到的函数及统计值。在由领域规则解析得到的知识单元生成描述信息的过程中，需要制定生成规则，以实现描述信息的自动、准确生成。下面以示例(图 9.15)来阐述描述信息的生成规则。

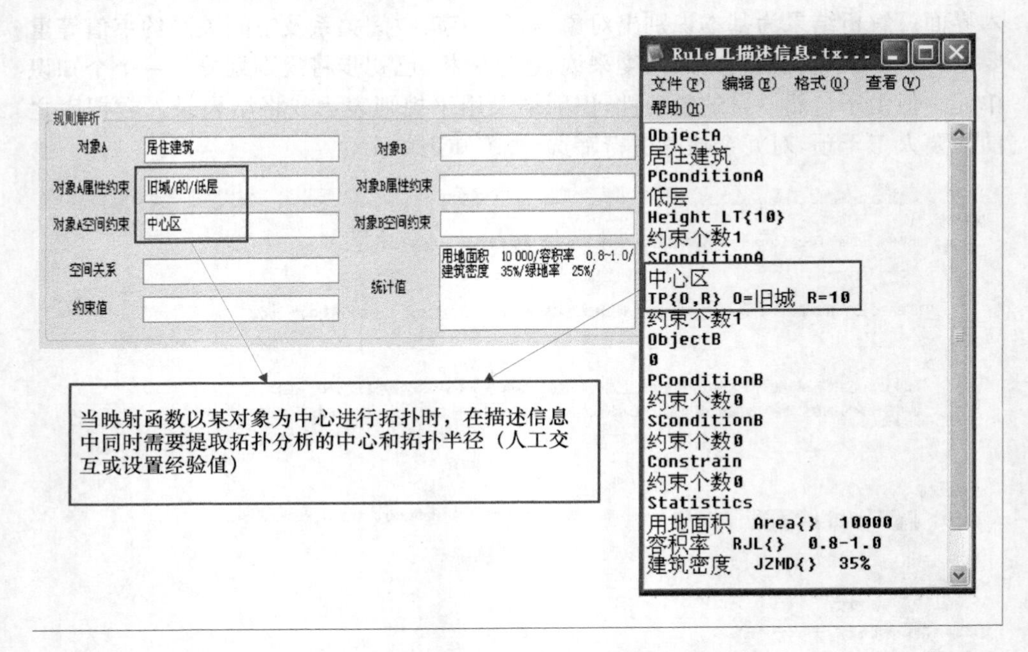

图 9.15　规则描述信息生成规则示例

2. 知识单元与 SpatialRuleML 的结构单元映射

SpatialRuleML 知识表达方式具有一定的结构，可以看作是由一个个结构单元构建而成的，其中<Atom>是相对细粒度的结构单元，由<Atom>组成的<Body>和<Head>的描述粒度大于<Atom>。这些不同粒度之间与规则的知识单元之间存在着对应关系，虽然它们之间不是完全的一一对应，但其对应关系仍然具有一定的规律。

SpatialRuleML 规则的表达由<Assert>和<Query>组成，<Assert>是对规则的完整描述，<Query>则是由规则引起的查询操作。<Assert>由<Implies>组成，<Implies>由<Body>和<Head>组成，而每个<Body>和<Head>又都包含基本的原子<Atom>。表达对象的< Implies >包含对对象的约束进行表达的<Body>和对满足约束的对象集合进行描述的<Head>。规则空间约束的< Implies >包含由多个空间约束<Atom>组成的<Body>和对规则进行

完整描述的<Head>。

3. 约束条件与函数名称映射

在规则解析后，虽然已经得到了关于对象的约束和规则的空间约束，但其表达仍然是自然语言的词汇，要让计算机识别这些约束，并将其转换为查询或空间操作（这里将空间查询和空间操作理解为函数，由函数名称进行标识），需要建立起约束与函数名称之间的联系。

映射表（图 9.16）主要包括属性约束词汇、空间约束词汇和表示比较的词汇与函数的映射，此映射表包含于词典库中，是计算机实现空间查询和空间操作的关键。

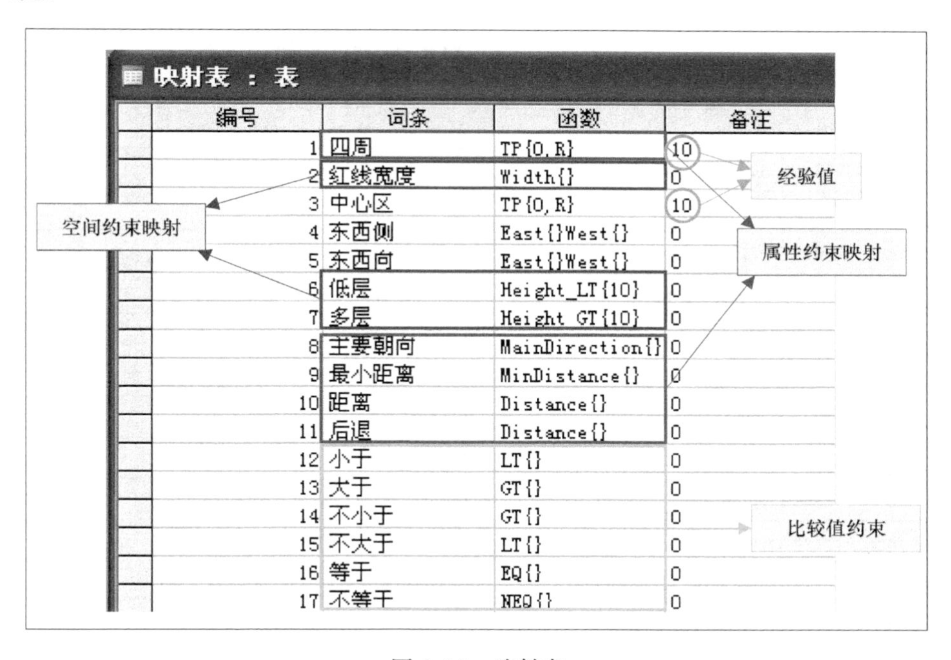
映射表 : 表

编号	词条	函数	备注
1	四周	TP{0,R}	10
2	红线宽度	Width{}	0
3	中心区	TP{0,R}	10
4	东西侧	East{}West{}	0
5	东西向	East{}West{}	0
6	低层	Height_LT{10}	0
7	多层	Height_GT{10}	0
8	主要朝向	MainDirection{}	0
9	最小距离	MinDistance{}	0
10	距离	Distance{}	0
11	后退	Distance{}	0
12	小于	LT{}	0
13	大于	GT{}	0
14	不小于	GT{}	0
15	不大于	LT{}	0
16	等于	EQ{}	0
17	不等于	NEQ{}	0

图 9.16　映射表

在空间约束函数中，有很多带有距离数值，如拓扑关系需要拓扑距离，在约束表中存储经验值，此经验值可随地方规则进行更改或由专家经验确定。

GIS 等软件通常通过空间操作和空间函数来提取、分析图形中对象间的空间关系。需通过设计如下函数（表 9.15）实现对城市规划领域中空间关系的判断与分析。

表 9.15　空间函数

Topology_ Equal(point，point)	Topology_ Disjoint(region，region)
Topology_ Equal(line，line)	Topology_ Disjoint(region，line)
Topology_ Equal(region，region)	Topology_ Disjoint(region，point)
Topology_ Touches(region，region)	Topology_ Disjoint(line，line)
Topology_ Touches(line，line)	Topology_ Disjoint(line，point)
Topology_ Touches(point，line)	Topology_ Disjoint(point，point)
Topology_ Touches(region，line)	Measure_ Distance(point，point)
Topology_ Touches(point，region)	Measure_ Distance(point，line)
Topology_ Within(region，region)	Measure_ Distance(point，region)
Topology_ Within(line，region)	Measure_ Distance(line，line)
Topology_ Within(point，region)	Measure_ Distance(line，region)
Topology_ Within(line，line)	Measure_ Distance(region，region)
Topology_ Within(point，line)	Measure_ Area (region)
Topology_ Within(point，point)	Orient_ Angle (Object，object)
Topology_ Contains(region，region)	Orient_ East (Object，object)
Topology_ Contains(line，region)	Orient_ South(Object，object)
Topology_ Contains(point，region)	Orient_ West(Object，object)
Topology_ Contains(line，line)	Orient_ North(Object，object)
Topology_ Contains(point，line)	Orient_ ES (Object，object)
Topology_ Contains(point，point)	Orient_ EN (Object，object)
Topology_ Crosses(region，line)	Orient_ WS(Object，object)
Topology_ Crosses(region，point)	Orient_ WN (Object，object)
Topology_ Crosses(line，line)	Orient_ Top(Object，object)
Topology_ Crosses(line，point)	Orient_ Down(Object，object)
Topology_ Overlaps(region，region)	Orient_ Left(Object，object)
Topology_ Overlaps(line，line)	Orient_ Right(Object，object)
Topology_ Overlaps(point，point)	

注：在距离量算时，对应于领域语义，我们进一步将距离计算分为中心距离、最小距离和最大距离：

Measure_ Distance_ Centre()；

Measure_ Distance_ Min()；

Measure_ Distance_ Max()。

4. 由描述信息生成 Spatial Rule ML

当建立约束与函数的联系，理清知识单元与 Spatial Rule ML 结构单元之间的对应关系时，在生成规则的指导下，即可由领域规则描述信息自动生成 Spatial Rule ML 表达形式(图 9.17)。

图 9.17　描述信息生成 Spatial Rule ML

9.6　知识规则管理与应用

规则库的性能一方面取决于规则的质和量，另一方面则取决于规则库的管理和维护。随着规则库技术的应用领域越来越广泛和复杂，规则库中知识规则的层次和数量都在急剧增加，在对规则库进行有效的组织和建立后，就面临着对规则库的管理和维护问题，这是影响规则库运行效率和运行能力的关键所在。规则库管理不仅仅面向规则管理人员，更多的是面向城市规划的业务人员和高层管理人员，是为了适应规则的频繁变化而给业务人员和管理人员提供的制定、删除、修改等业务规则的入口。

9.6.1　知识规则库管理

知识规则库管理包括知识规则的添加、修改、删除、检索和检查。

1. 知识规则的添加

为了方便用户建立、修改、使用规则库，系统提供了不同知识规则类型的提交模板。刚提交的知识规则实例先放入待审核库中，待专家审核通过后才可加入规则库，以便复用。在此模块中，可以添加规则树中任意结点规则，添加界面如图 9.18 所示。

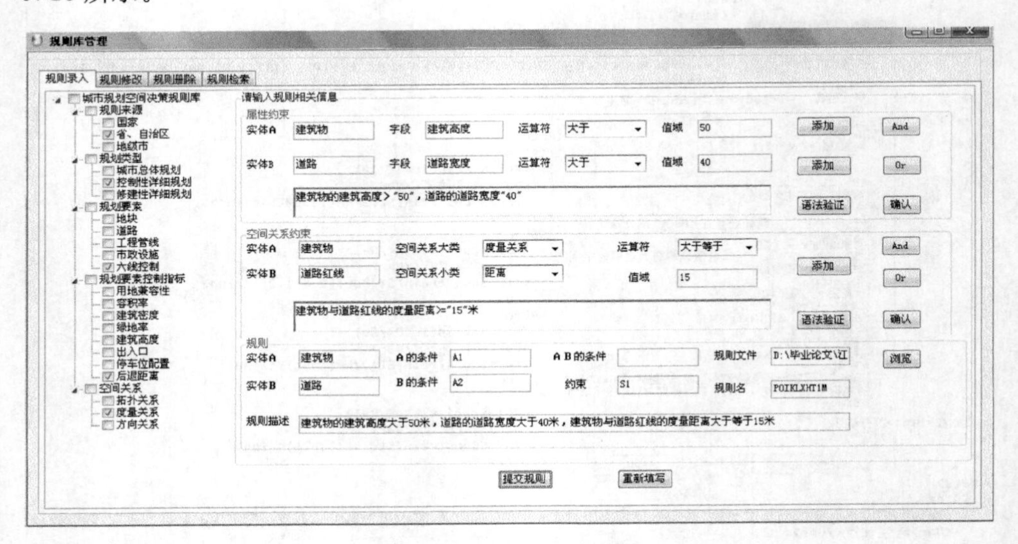

图 9.18　规则库添加界面

2. 知识规则的修改、删除

对特定权限的用户（一般是该规则库的管理员）允许其删除规则、修改规则的内容。修改后的规则信息要保存在“规则修改请求”队列中，以等待审核。如果修改操作涉及规则树结点信息，审核通过后要对规则树进行相应的调整。

规则的删除操作允许特定权限的用户删除规则树中的任意结点规则。如果删除的是非终端结点，则要确保其子结点及对应的终端结点中没有数据；否则，不允许删除。若删除或修改终端结点中的某条规则，则要对规则的索引文件进行相应的删除或修改。

3. 知识规则库检索

规则检索功能是由系统中的适配器来实现的，规则库中存储着各种大量的规则，建立一个合理的组织和检索机制是至关重要的。关于规则的组织形式，在前面章节中已经进行了详细论述，这里只针对规则树的特点，设计一个可以实现高效检

索的规则适配器。

根据系统预先定义的规则检索种类，选择规则检索的样式，在相应的具体规则检索索引列表中选择要检索的关键字。在规则适配器的控制下，首先到事实库中匹配计算机能够识别的相应映射语言，然后按照规则索引文件名的命名规范，到规则库中根据规则名检索匹配相应的规则。规则适配器根据相关的检索算法控制整个规则检索的流程。

规则适配器的核心功能是要提供一个高效的检索算法。规则是通过一种特殊的树型结构组织起来的。每一条规则的规则名(名称)则体现了规则的树型结构，规则名的命名方便了规则的检索，用户只需要根据检索方式，到相应的事实库进行相应的匹配，然后到规则库中对相应的规则名中的对应关键字进行匹配查找。检索算法的核心思想是:按照规则的命名方案，依照查询类型的英文缩写，在规则库中对规则名进行 SQL 查询，查询规则名中相应的字母与查询类型英文缩写相同的，把符合条件的规则显示在结果列表中。图 9.19 是检索所有“空间关系为度量关系的规则”，在规则库中只需要查询规则名的最后一个字母为“M”的规则即可。

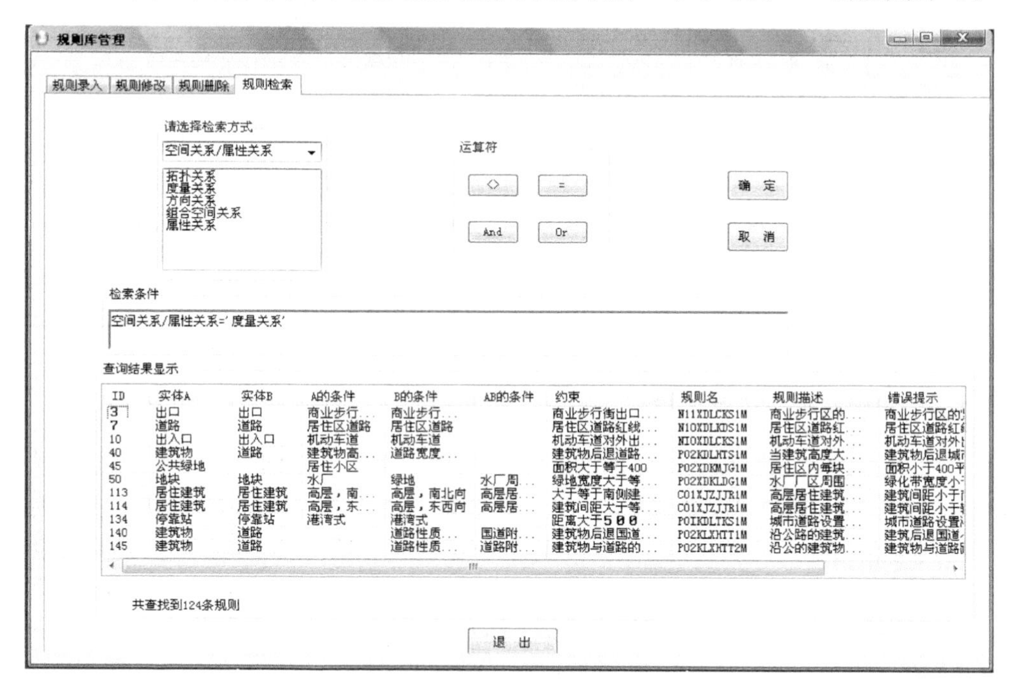

图 9.19　规则检索界面

4. 规则库有效性检查和合法性检查

知识规则内容的有效性和完整性是衡量一个系统可用性的重要指标。知识规则的有效性是指当前所获得的知识规则及其之间存在不合法性、矛盾、循环、蕴含、冗余等。在系统构建初期，由于规则库规模小，可以通过人工方法维护以确保规则的有效性。但随着系统的完善，规则库中的规则数量越来越大，各规则之间的相互影响和相互联系也越来越复杂，难以通过人工方式进行检查。这种情况下，规则库具有有效性检查的功能就显得尤为重要了。

规则的合法性动态检查主要是检查录入规则的一些基本信息是否合理、是否有必须填写的信息而没有填写、是否有不合法的字符等信息。例如，当规则是角度度量关系时，输入的谓词值是“750”，根据要求，角度值应该为 0°～360°，所以从逻辑上来说是错误的。表 9.16 是一些合法性检查的约束条件。

表 9.16　规则合法性检查约束表

序号	约束对象	具体约束描述
1	度量关系谓词	值域在[0°,360°]且不能为空
2	规划类型英文简写	字符串长度不能为 1 且不能包含空格
3	控制指标小类英文简写	字符串长度不能为 2 且不能包含空格
4	控制指标大类英文简写	字符串长度不能为 2 且不能包含空格
5	要素性质大类英文简写	字符串长度不能为 2 且不能包含空格
6	建筑密度谓词	值域在(0,100)
7	绿地率谓词	值域在(0,100)

9.6.2　知识规则引擎及应用

城市规划空间决策涉及大量的空间关系，依据基本的空间关系分类原则，结合城市规划特点，梳理城市规划规范，在一般空间关系分类的基础上，凝练出具有城市规划特点的空间关系。由于 NxBRE 引擎识别函数需要自带运算符，所以根据一般常识，将空间关系按照运算符进行了划分，最后总共有 140 个函数之多。为了便于识别函数，各函数命名主要采用英文简写形式，如拓扑包含等于函数（T_Contain _EQ）；度量距离大于等于函数（M_Distance_GR_EQ）。在 RuleML 中，用“binder”识别。例如：

<Ind uri="nxbre://binder"> M_Distance _LessThan(5)</Ind>

下面以“车库出入口退离规划道路红线不小于 5m”这条规则为例，具体看规则库里的规则是怎么动态生成 RuleML 文件的（表 9.17～表 9.19）。

表 9.17　TABLE:RULES

RuleID	ObjectA	ObjectB	ConditionA	ConditionB	ConditionAB	Constrain	ErrorInformation	Resource
1	停车场(库)出入口	规划道路红线	P(1)	P(2)	/	S(1)	车库出入口退离规划道路红线小于 5m	C01KDKCK1M

表 9.18　TABLE:PROPERTY_CONDITIONS

ID	Field	Opreator	Value	Rule_ID
1	CODE	=	A30002	1
2	CODE	=	K11013	1

表 9.19　TABLE:SPATIAL_CONDITIONS

ID	SptionType	Opreator	Value	Rule_ID
1	M_Distance	>=	5	1

上述三张表是规则库中主要的三张,分别用来存储“车库出入口退离规划道路红线不小于 5m”这条规范的规则。根据规则库转 RuleML 文件的原理,首先根据属性条件判断要素是否为车库出入口和道路红线。“$Condition”是对 RuleML 文件的扩展,“P”代表属性条件表,“EQ”是自定义函数,表示相等。条件信息解析完成后,就要对约束信息进行解析,判断完要素是车库出入口和道路红线后,就要判断两类要素之间的距离是否满足约束条件,即如果要素为车库出入口和道路红线,那么车库出入口到道路红线的距离是否大于 5m。

城市规划空间决策规则库应用领域广泛,城市规划成果编制、城市规划方案评价、城市规划电子审批是常见的几种应用。

在规划成果编制的过程中,可以利用规则库的知识规则,对规划编制的“中间成果”或“最终成果”进行动态预警和静态校验。“中间成果”的动态预警是在对主要规划要素进行成图后,根据相应的事件调用规则库中相应的规则,对图形进行检查。如果图形中要素的空间关系与规则库中相应知识规则的空间关系不吻合,那么就会标注并以高亮的方式显示,规划人员可根据具体提示信息进行定位查看并修改,使得城市规划成果更具科学性。图 9.20 是对道路红线进行修改时,触发到与该道路有关的约束,并对其进行检查,将不符合规范的数据信息显示在列表中,双击后可显示相应的红头文件。

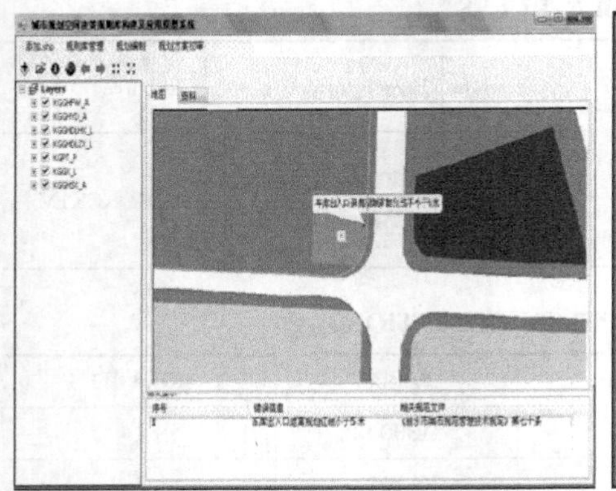

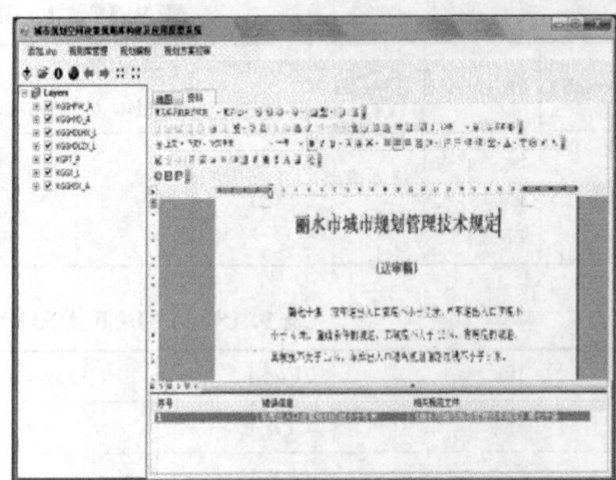

图 9.20 城市规划编制动态预警示例

思 考 题

(1) 简述基于规则的系统主要由哪几部分组成。
(2) 知识规划库概念模型怎么设计？
(3) 知识规划库逻辑模型怎么设计？
(4) 知识规划库物理模型怎么设计？
(5) 简要叙述知识规则解析有哪些步骤。
(6) 领域规则词典包括哪些词库？
(7) 知识规则库的管理主要有哪些？
(8) 试述规则引擎在城市规划领域的应用。

主要参考文献

鲍军鹏,刘晓东,沈军毅.2003.基于XML的知识融合与知识库组织.计算机工程,29(3):56-57
蔡雨阳,郑蝶杭.2001城市信息化规划的新构架——CIDC.科技导报,(12):40,41
曹传新.2001.我国数字城市规划宏观背景及其思维理念体系.经济地理,21(5):580-583
曹菡.2002.空间关系推理的知识表示与推理机制研究.武汉:武汉大学博士学位论文
陈桂林.2000.一种改进的快速分词算法.计算机研究与发展,37(4):418-424
陈军,蒋捷,周旭,等.2009.地理信息公共服务平台的总体技术设计研究.地理信息世界,(3):7-11
陈乐.2008.新与旧的相遇——从上海新天地规划设计谈起.黄河科技大学学报,10(1):86,87
陈汭新,曹伟民,任波.2006.数字规划总体设计及实践.计算机与数字工程,34(10):127-132
陈星,刁勇峰.2004.基于模糊Petri网的产生式知识表示模型的推理.微型机与应用,(12):62-64
陈亚飞.2008.基于Agent和GIS的空间智能决策支持系统探讨.福建电脑,11:44,45
程节华.2008.基于FAQ的智能答疑系统中分词模块的设计.计算机技术与发展,18(7):181-186
崔蓓,周亮,窦炜.2009.数字规划信息平台高可用性建设与优化研究.江苏城市规划,(12):31-35
邓超,郭茂祖,王亚东.2003.一种基于产生式规则的不确定推理模板模型的研究.计算机工程与应用,30(3):57-61
邓敏,刘文宝,冯学智.2005.GIS面目标间拓扑关系的形式化模型.测绘学报,34(1):85-90
邓敏,刘文宝,李俊杰,等.2006.矢量GIS空间方向关系的演算模型.遥感学报,11(6):821-828
邓敏,张燕,李俊杰.2006.GIS空间目标间方向关系的统计表达模型.地理信息世界,10(5):70-76
杜世宏.2004.空间关系模糊描述及组合推理的理论和方法研究.北京:中国科学院研究生院博士学位论文
范伟,姜博.2009,哈尔滨启用数字城市规划监察系统.城市规划通讯,(7):9
方立东,刘波,程哲.1999.城市规划监察管理信息系统的设计开发.运筹与管理,8(4):96-101
冯宗周.2006.建立城市规划模型的初步思考.兰州:兰州大学硕士学位论文
高军,刘文新,吴冬梅.2006.数字城市规划体系理论与实践.规划师论坛,12(22):5-8
宫辉力,李京,陈秀万,等.2000.地理信息系统的模型库的研究.地学前缘,(7):17-22
郭庆胜,杜晓初,闫卫阳.2005.地理空间推理.北京:科学出版社
郭耀武.2005.城市总体规划数据入库初探.规划管理,(5):83-85
何新东,宋迎昌,王丽明.2008.GIS在区域规划中的应用初探.地理信息世界,3:43-47
何新贵.知识处理与专家系统.北京:国防工业出版社
贺桂林,刘静.2008.基于GIS在城市数字规划模型的研究.湖南环境生物职业技术学院学报,14(2):14-17

胡迎新,张翠肖,沙金,等. 2006 城市规划监督管理系统的研究与设计. 河北省科学院学报,23(2):5-8

胡运发. 2003. 数据与知识工程导论. 北京:清华大学出版社

黄波,王英杰. 1996. GIS与ES的结合及其应用初探. 环境遥感,11(3):234-240

黄秀兰. 2008. 基于多智能体与元胞自动机的城市生态用地演变研究. 长沙:中南大学硕士学位论文

黎夏,叶嘉安. 2001. 主成分分析与Cellular Automata在空间决策与城市模拟中的应用. 中国科学, 31(8):683-690

李德仁,黄俊华,邵振峰. 2008. 面向服务的数字城市共享平台框架的设计与实现. 武汉大学学报, 33(9):881-885

李杨. 2009. 异构数据库之间自动同步更新的研究与实现. 北京:中国地质大学(北京)硕士学位论文

李振星,徐泽平,唐卫清. 2002. 全二分最大匹配快速分词算法. 计算机工程与应用,38(11):106-109

李宗华,彭明军. 2009. 武汉市地理空间信息共享服务平台的建设与应用. 测绘与空间地理信息,(6):1-3

厉旭东,周丽娟,孙毅中. 2008. 基于规则的城市规划成果GIS入库校验. 江苏城市规划,12:35-38

梁怡. 1997. 人工智能、空间分析与空间决策. 地理学报,52:104-113

廖加宁. 2008. 基于GIS的城镇用地规划分析决策系统设计. 中国国土资源经济,7:32-34

刘瑜,方裕,邬伦,等. 2005. 基于场所的GIS研究. 地理与地理信息科学,5(21):6-14

刘治国,王育坚. 2009. 浅谈向Google Earth发布3D模型的方法. 信息技术,(6):25-28

卢志刚,张友峰. 2008. 基于GIS的城市总体规划成果数据库建立的研究. 科技广场,12:66-68

罗静,党安荣,毛其智. 2009. 面向服务的数字城市规划平台集成研究. 北京规划建设,(2):113-116

罗名海. 2003. 城市规划数字化及其综合研究框架. 武汉大学学报(工学版),36(3):26-28

罗燕琪,陈雷霆. 2001. 专家系统中知识表示法研究. 电子计算机,151:28-31

马爱功. 2009. 基于元胞自动机的河谷型城市扩展研究. 兰州:兰州大学硕士学位论文

毛建华,何挺,刘春燕. 2000. 空间关系符号表示及其推理. 江西师范大学学报(自然科学版),24(4):367-369

潘安,李时锦,唐浩宇. 2006. 全过程的数字规划支持系统(DPSS)研究. 计算机应用与软件,23(1):12-14

彭绪富. 2008. 电子政务中多方联合签名审批系统设计. 地理信息世界, 29(4):29-32

秦宇,张晶,张洁,等. 2008. 基于空间认知的北京定位导航系统的设计与实现. 首都师范大学学报(自然科学版),2(29):60-64

邱苏文. 2006. 北京城市规划编制中信息整合标准化和制度化的建设. 规划师,(6):16-18

曲国辉,赵志庆. 2007. 数字城市规划内涵及其共享平台构建. 哈尔滨工业大学学报(社会科学版),9(4):34-38

沙宗尧,边馥苓. 2004. 基于面向对象知识表达的空间推理决策及应用. 遥感学报, 8(2):165-171
沈琪,马金辉. 2006. 高分辨率遥感数据在现代城市规划中的应用. 甘肃科学学报,(3):44-47
石磊,王阿川. 2005. 地理信息系统专家系统一体化的研究现状与发展. 林业机械与土木设备, 33(2):15-17
史慧珍. 2004. 数字城市规划的技术方法研究. 北京:清华大学硕士学位论文
宋小冬,陈启宁,时剑青. 2000. 苏州工业园区城市规划管理业务及信息规范化研究. 城市规划汇刊,(6):13-17
苏理宏,黄裕霞. 2000. 基于知识的空间决策支持模型集成. 遥感学报,4(2):151-155
孙毅中, 严荣华, 崔秉良. 2005. 城市规划管理信息系统动态构建方法研究. 测绘通报,(3):17-20
孙毅中. 2005. 城市规划管理信息系统动态构建. 北京:测绘出版社
田盛丰,黄厚宽. 1999. 人工智能与知识工程. 北京:中国铁道出版社
王礼江,岳国森,程卫兴. 2006. 基于 Oracle Spatial 的空间线线拓扑关系判断的实现. 测绘学报, 35(1):77-82
王生生,刘大有,杨博. 2002. 混合性定性空间查询语言 MQS-SQL. 电子学报,30(12A):1995-1999
王树西,刘群,白硕. 2003. 自然语言界面的专家系统的研究. 计算机工程及应用,17:5-38
王秀峰,李利. 2003. XML 文档操作的高级语言:XSLT. 现代电子技术,21:52-54
王英,王云中,杨盘洪. 2004. 基于 GIS 技术与不确定性推理的农业专家系统. 太原理工大学学报,35(5):526-529
王永庆. 1998. 人工智能原理与方法. 西安:西安交通大学出版社
吴俐民,丁仁军,冯亚飞,等. 2008. 基于 GIS 的规划管理信息系统设计思路探讨. 专题研究, 12(24):13-15
吴明光,余粉香. 2008. 基于规则的空间数据组织模式研究. 测绘科学,33(3):121-123
吴涛,张毛迪,陈传波. 2008. 一种改进的统计与后串最大匹配的中文分词算法研究. 计算机工程与科学,30(8):79-82
夏定纯,徐涛. 2004. 人工智能技术与方法. 武汉:华中科技大学出版社
徐国敏. 2009. 数字城市规划. 建筑与发展,(8):242-244
徐伟,王儒敬,杨化峰. 2005. 基于 RuleML 的多级知识单元知识表示方法. 计算机工程与应用, (1):174-177
许珺. 2008. 对于线状地理特征空间关系的自然语言理解. 地球信息科学, 10(3):263-269
薛军,王儒敬. 2003. 一种基于文本知识库的推理方法研究. 计算机工程与应用,39(21):189-191
杨秋生,潘胜军,秦楠. 2009. 三维地理信息系统在城市规划中的应用形式及要点. 城镇化与城市发展,(9):276-277
杨英. 2009. 基于 JZEE 和组件化可拔插的共享支撑平台的研究. 武汉:武汉理工大学硕士学位论文
姚兴山. 2008. 基于 Hash 算法的中文分词研究. 现代图书情报技术,162(3):78-81
叶斌,王芙蓉,诸敏秋,等. 2005. 南京市测绘成果数据库建库、动态更新及共享机制研究. 香港:

第八届海峡两岸城市地理信息系统学术论坛交流论文集
叶斌. 2008. 以信息化为抓手、提高城市规划科学性——南京市规划局详细化及控制性详细规划工作概述. 江苏城市规划,(5):33-35
翟金慧,张和生. 2008. GIS 在城市规划中的应用. 测绘科学, 33:229,230
张洁,杜斌,王鑫. 2009. 基于 GIS 的城市规划管理信息系统分析设计. 中国西部科技, 8(2):1-2
张金柱,张东,王惠临. 2008. 基于字位信息的中文分词方法研究. 现代图书情报技术,164(5):39-43
张丽,王莉莉. 2009. GIS 北京市怀柔区市区两级空间信息共享应用平台的研究. 吉林师范大学学报(自然科学版),(8):107-109
张亮,陈家骏. 2007. 基于大规模语料库的句法模式匹配研究. 中文信息学报,21(5):31-35
张为民,李建仍. 2007. 城市地下管线的综合规划与管理. 山西建筑,33(20):48,49
张维明. 2002. 语义信息模型及应用. 北京:电子工业出版社
张雪松,周熔,张虹. 2007. 城市规划批后管理数字技术研究. 新技术应用, 31(6):55-60
张雪英,闾国年. 2007. 自然语言空间关系及其在 GIS 中的应用研究. 地球信息科学, 9(6):77-81
张雪英,闾国年,宦建. 2008. 面向汉语的自然语言路径描述方法. 地球信息科学,10(6):757-762
赵仁亮,陈军. 2000. 基于 V9I 的空间关系映射与操作. 武汉测绘科技大学学报,25(4):318-323
赵曾贻. 2008. 一种基于词语的分词方法. 苏州大学学报,18(3):44-48
周成虎,骆剑承,杨晓梅,等. 1999. 遥感影像地学理解与分析. 北京:科学出版社
周岚,叶斌,王芙蓉,等. 2010. 基于"3S"的历史文化资源普查与利用——以南京市为例. 规划师,26(4):72-77
周岚,叶斌,徐明尧. 2006. 探索住区公共设施配套规划新思路——南京城市新建地区配套公共设施规划指引介绍. 城市规划,30(4):33-37
周岚,叶斌 ,徐明尧. 2007. 探索面向管理的控制性详细规划制度架构——以南京为例. 城市规划,31(3):14-19
周翔. 2006. 基于词汇功能文法的面向数据的汉语句法分析方法研究. 上海:复旦大学硕士学位论文
朱阿兴,李宝林,杨琳,等. 2005. 基于 GIS 模糊逻辑和专家知识的土壤制图及其在中国应用前景. 土壤学报,42(5):844-851
邹江,童纯跃,彭明军. 2006. 基于高分辨率遥感影像的城市规划动态监测研究. 中华建设,(4):68,69
Clementini E, Felice P D. 1996. An algebraic model for spatial objects with indeterminate boundaries. //Burrough P, Frank A U. Geographic Objects with Indeterminate Boundaries. London: Taylor & Francis
Cohn A G, Hazarika S M. 2001. Qualitative spatial representation and reasoning: an overview. Fundamental Informatics, 46(1-2):1-29
Du Shihong, Wang Qiao, Yang Yiping. 2004. A qualitative description model of detailed direction relations . Journal of Image and Graphics,9(12):1496-1503
Egenhoffer M J, Clementini E, Felice P D. 1994. Topological relations between regions with

holes. Geographical Information System, 8(2):129-142

Frank A U. 1992. Qualitative spatial reasoning about distances and directions in geographic space. Journal of Visual Languages and Computing, 3(4):343-371

Goyal R K. 2000. Similarity assessment for cardinal directions between extended spatial objects. PHD Thesis, The University of Maine

Hernandez D, Clementini E, Feilice P D. 1995. Qualitative Distances//Kuhn W, Frank A. Spatial Information Theory: A Theoretical Basis for GIS, Number 988 in LNCS. Berlin: Springe-Verlag: 45-57

Hong J. 1994. Qualitative distance and direction reasoning in geographic space. Ph D Thesis, University of Maine

Knight B, Taylor S, Petridis M, et al. 1999. A knowledge based system to represent spatial reasoning for fire modeling . Engineering Applications of Artificial Intelligence, 12(2):213-219

Liu Y, Wang X, Jin X, et al. 2005. On internal cardinal direction relations //Cohn A G, Mark D M. Spatial Information Theory. Cognitive and Computational Foundation Proceedings of COSIT 05, LNCS3693. Berlin: Springe Verlag: 283-299

Loh D K, Holtfrerich D R, Van Stipdonk S E P. 1998. Automated construction of rulebases for forest resource planning . Computers and Electronics in Agriculture, 21(2):117-133

Mark D M, Egenhofer M J. 1994. Calibrating the meanings of special predicates from natural language. line-region relations. Spatial Data Handling Proceedings, (1):538-553

Papadias D, Egenhofer M J. 1997. Hierarchical spatial reasoning about direction relations. GeoInformatica, 1(3):251-273

Randel D A, Cui Z, Cohn A G. 1992. A spatial logic based on regions and connection//Nebel B, Rich C, Swarfout W, et al. Proceedings of the 3rd International Conference on Principles of Knowledge Representation and Representation and Reasoning. San Franciso: Morgan Kaufmann Publishers: 165-176

Worboys M. 2001. Neamess relations in environment ental space. International Journal of Geographical Information Science, 15(7):663-651

Yao X, Thill J C. 2005. How far is too far——a statistical approach to proximity modeling. Transactions in GIS, 9(2):157-178

Zhang J, Liu Y, Sun J, et al. 2006. The semantic analysis about the spatial orientation expression of GIS in Chinese case study of Beijing//Gong Jianya, Zhang Jingxiang. Proceedings of SPIE. Geoinformatics, 20:11-13